有机固体废弃物的
处理及应用技术研究

董永胜　著

YOUJI GUTI FEIQIWU DE
CHULI JI YINGYONG JISHU YANJIU

U0200647

中国水利水电出版社
www.waterpub.com.cn

内 容 提 要

本书包括绪论、有机固体废弃物、有机固体废弃物资源化技术、有机固体废弃物处理过程中污染物控制及处理、有机固体废弃物新工艺等内容。系统地探讨了有机固体废弃物的分类原则，不同有机固体废弃物的好氧和厌氧发酵技术，详细介绍了处理有机固体废弃物的工艺和常用的设备，并对利用有机固体废弃物开发乙醇和氢气新能源的工艺做了详细描述。本书中，除介绍有机固体废弃物的基本特性之外，对相关的微生物也做了比较系统的论述。本书结构严谨、清晰，内容上深入浅出、图文并茂、简明易懂，便于读者理解。

图书在版编目(CIP)数据

有机固体废弃物的处理及应用技术研究/董永胜著.--北京：中国水利水电出版社，2015.6（2022.9重印）

ISBN 978-7-5170-3320-2

Ⅰ.①有… Ⅱ.①董… Ⅲ.①有机垃圾－垃圾处理－研究 Ⅳ.①X705

中国版本图书馆 CIP 数据核字(2015)第 140807 号

策划编辑：杨庆川　责任编辑：陈　洁　封面设计：崔　蕾

书　　名	有机固体废弃物的处理及应用技术研究
作　　者	董永胜　著
出版发行	中国水利水电出版社
	(北京市海淀区玉渊潭南路 1 号 D 座 100038)
	网址：www.waterpub.com.cn
	E-mail：mchannel@263.net(万水)
	sales@mwr.gov.cn
	电话：(010)68545888(营销中心)、82562819（万水）
经　　售	北京科水图书销售有限公司
	电话：(010)63202643、68545874
	全国各地新华书店和相关出版物销售网点
排　　版	北京厚诚则铭印刷科技有限公司
印　　刷	天津光之彩印刷有限公司
规　　格	170mm×240mm　16 开本　16 印张　287 千字
版　　次	2015年9月第1版　2022年9月第2次印刷
印　　数	2001-3001册
定　　价	48.00 元

凡购买我社图书，如有缺页、倒页、脱页的，本社发行部负责调换

版权所有·侵权必究

前　言

有机固体废弃物已经越来越影响到人们的生活质量，由有机固体废弃物引起的环境问题已成为一个世界性难题。

有机固体废弃物指的是生物可降解的废弃物，主要包括四种类型：一是农作物秸秆、枯枝落叶及草皮等植物性残体；二是人、畜排泄物及家禽的饲料残渣；三是农产品加工业的残屑；四是生活垃圾、城市污泥及其废弃物等。

有机固体废弃物其污染的特点主要是：种类繁多、成分复杂、数量巨大。目前我国对于固体有机废弃物的整体处理水平比较低，处理和处置技术远远落后于欧美日等发达国家，废弃物污染在环境中的体现为：污染大气环境、污染水环境、污染土壤环境及影响生活环境，危害公众健康。

现在我国对于有机固体废弃物的处理主要有三种方式：卫生填埋、焚烧处理和堆肥化处理。其中卫生填埋是最主要的方式，能够占到全部处理量的70%左右；其次是高温堆肥处理，能够占到总量的20%左右；剩余的5%以焚烧处理；另外5%基本是露天堆放和回收利用。三种处理中堆肥技术是生物处理技术的最主要方法，可以对有机固体废弃物起到减量化、无害化和资源化的利用途径，并且因其保护环境、节约资源和原料、费用低及投资少的优点被广泛采用。堆肥是在微生物作用下使有机物矿质化、腐殖化和无害化而变成腐熟肥料的过程，在微生物分解有机物的过程中，不但生成大量可被植物吸收利用的有效态N、P、K化合物，而且可合成构成土壤肥力的重要活性物质——腐殖质。堆肥有好氧和厌氧之分。这是本书重点的内容之一，详解了堆肥过程中的物理和化学物质的变化过程。

有机固体废弃物的处理为资源化利用提供了合适的途径，但在处理有机固体废弃物的过程中由于有机物质的降解作用，往往出现二次污染的问题，譬如各种臭气、金属类物质等都可能发生转移或者富集，因此采用合适的检测手段和处理方法也是目前对有机固体废弃物处理过程中必不可少的工作之一。对于恶臭物质和重金属的处理常采用物理法和化学法，并且这两种方法往往需要有机的结合才能有效可行，在处理的过程中，为了减少运行的成本和获得相对高效的收益，生物法(生物过滤、生物吸收、土壤堆肥和矿化垃圾)常常加入其中，在实际运行的过程中起到了关键性的作用，大量微生物益生菌活跃在各个过程中。

在生物质资源日益匮乏的今天，从有机固体废弃物中获得新的清洁可再生能源物质替代化石燃料也是当前研究的热点，本书中将国内外最近利用作物秸秆获得乙醇及氢气的研究，以及从废弃物中获得蛋白质、木糖及氨基酸等相关研究也做了比较详细的介绍。

本书共分5章，包括绪论、有机固体废弃物、有机固体废弃物资源化技术、有机固体废弃物处理过程中污染物控制及处理、有机固体废弃物处理新工艺。

作者在写作此书的过程中，参考了大量相关专家、学者的研究成果或者文献，在此对这些作者的工作表示衷心的感谢。本书的出版获得了齐鲁工业大学各相关单位的大力帮助和支持，更得到本单位多位专家学者的指导，一并表示感谢。

有机固体废弃物的处理在我国处于起步阶段，很多新的技术和成果还远远没有应用到本行业中来，也希望更多的研究者加入该行业。由于作者水平有限，很多国内外技术和成果没有消化和吸收，错误和不妥之处在所难免，恳请广大的读者朋友批评指正。

作者于齐鲁工业大学

2015年1月

目　　录

第1章　绪　论

在社会生产力不断进步、人们生活水平不断提高的同时，环境问题也屡见不鲜。其中有机固体废弃物作为环境问题的一大类，对环境污染造成的影响实在不容小觑。据2006年统计资料显示，我国有机固体废弃物的年产量约占全世界产量的30%左右，并呈现不断增加的趋势。因而，对有机固体废弃物的处理、处置必须十分重视。

1.1　有机固体废弃物的概述

众所周知，工业化进程的快速推进，一方面促进了人们生活水平的不断提高，另一方面也由此导致了固体废弃物产生量以惊人的阶梯速度上升，并且成为严重破坏环境、危害人们身心健康的重要污染源之一。比如，“废物山”现象举目皆是；城市工业企业郊区化过程中，大量固体污染物未得到有效的无害化处置，时时影响着居民的身体健康；生活中，各种医疗废物、生活垃圾、废旧物资等废物被焚烧、酸洗、土冶炼等活动在许多地方的存在，造成当地土壤不能耕种、水无法饮用、大气严重污染等等。据《2007年中国环境状况公报》，固体废弃物达到175 767万t，比上年增加16%，综合利用能力不足，综合利用量(含利用往年贮存量)、贮存量、处置量分别为110 407万t、24 153万t、41 355万t，分别占产生量的62.8%、13.7%、23.5%。此外，危险废物危害严重，产生量为1 079万t，排放量为736 t。《2011年中国环境状况公报》，全国工业固体废弃物产生量为325 140.6万t，综合利用量(含利用往年贮存量)为199 757.4万t，综合利用率为60.5%。

所谓有机固体废弃物是指生物可降解的废弃物，主要包括4种类型：一是农作物秸秆、枯枝落叶及草皮等植物性残体；二是人、畜排泄物及家禽的饲料残渣；三是农产品加工业的残屑；四是生活垃圾、城市污泥及其废弃物等。据2004—2005年统计资料显示，我国禽畜粪便排放量达26×10^8 t(湿重)，农作物秸秆产量达7×10^8 t，城市生活垃圾为3.0×10^8 t-3.5×10^8 t，城市污泥为0.2×10^8 t，已成为世界上农业有机废弃物产量最大的国家。

面对如此之多、成分错综复杂的有机固体废弃物，如何有效地处理并保护好环境是全世界范围内面临的一个严重的环境问题，也是各国环境保护工作者正努力解决的问题之一。

1.2　有机固体废弃物的污染现状

有机固体废弃物作为环境污染的主要污染源之一，具有种类繁多，成分复杂，数目惊人等污染特点。而在经济发展的过程中，由于“重发展，轻环保”等众多因素的影响，致使我国对固体废弃物污染的处理控制起步较晚，虽然近些年在处理废物与环保上付出了很大努力，且已取得一定治理进展，并加快了一些适合中国目前经济技术发展水平的固体废弃物处理技术的研究与应用，但与欧美日等发达国家相比，固体废弃物治理整体水平还很低，处理、处置技术还远不能满足人们对良好生态环境的需求。因此对有机固体废弃物的处理与发展，任重而道远。

而固体废弃物对环境的污染十分广泛，常常污染大气、污染水、污染土壤、影响生活等等。

1.2.1　污染大气环境

固体废弃物造成大气环境污染的来源多种多样。比如废物的细粒随风而起，进入大气后，增加了大气中的粉尘含量，加重了大气的粉尘污染；而在固体废弃物的堆放中，有些有害成分由于挥发及化学反应等因素，产生有毒气体，也导致了大气的污染。另外在生产过程中，由于除尘效率低，致使大量粉尘直接从排气筒排放到大气环境中，加之有些煤矿堆积如山的煤矸石发生自燃时，火势蔓延，难以扑灭，并排出大量二氧化硫气体等都一定程度上污染了环境。

1.2.2　污染水环境

固体废弃物的大量存在，致使水域生态平衡问题日益严峻。大量固体废弃物进入到江河湖海形成淤积，阻塞河道、侵蚀农田、危害水利工程。不仅如此，固体废弃物中的有毒有害物质进入水体，导致一定的水域成为“死水”，造成大量的水体发生酸性、碱性、富营养化、矿化、悬浮物增加，甚至毒化等变化，严重破坏了水生态平衡，影响了人们的身心健康。

1.2.3　污染土壤环境

固体废弃物对土壤环境的污染，相对也是比较严重的。固体废弃物堆存占用了大量土地，有毒有害成分借机渗进土壤，使其酸化、碱化、毒化，这不仅破坏了土壤中微生物的生态平衡，还严重影响了动植物的生长发育。

除此之外，有些有毒有害成分还会经过动植物进入到食物链，进而危害人体健康。据专家估计，堆存1万t废物就要占地1亩，而受污染的土壤面积往往比堆存面积大1—2倍，甚至还要多。2014年4月18日环保部和国土资源部土壤污染状况调查公报的调查结果显示，全国土壤环境状况总体不容乐观，部分地区土壤污染较严重。全国土壤总的点位超标率为16.1%，其中耕地土壤点位超标率更是高达19.4%。其污染类型以无机型为主，有机型次之，复合型污染比重较小，无机污染物超标点位数占全部超标点位的82.8%，主要无机污染物包括镉、汞、砷、铜、铅、铬、锌、镍等重金属，它们的点位超标率分别为7.0%、1.6%、2.7%、2.1%、1.5%、1.1%、0.9%、4.8%。而在不同土地利用类型土壤中，耕地土壤点位超标率最高，为19.4%，林地土壤点位超标率为10.0%，草地土壤点位超标率为10.4%，未利用地土壤点位超标率为11.4%。而土壤污染对环境以及人们的生活影响主要有以下方面：

(1)影响农产品的产量和品质。土壤污染会影响作物生长，造成减产，而一些农作物还可能会吸收某种污染物而导致富营养化，从而影响农产品质量，给农业生产带来巨大的经济损失。另外，长期食用受污染的农产品也会严重危害人们的身体健康。

(2)危害人居环境安全。住宅、商业、工业等建设用地土壤污染还可能通过经口摄入、呼吸吸入和皮肤接触等多种方式危害人体健康。污染场地未经治理直接开发建设，会给有关人群造成长期的、不可忽视的危害。

(3)威胁生态环境安全。土壤对植物、土壤动物(如蚯蚓)和微生物(如根瘤菌)的生长和繁衍有直接联系，一旦受到污染，就会危及到正常的土壤生态过程和生态服务功能，不利于土壤养分转化和肥力保持，影响土壤的正常功能。另外，土壤中的污染物还可能发生转化和迁移，继而进入地表水、地下水和大气环境，影响其他环境介质，造成一系列如饮用水源等的污染。

1.2.4　影响生活环境卫生，危害公众健康

如果垃圾粪便不作无害化处理，而是简单地作为堆肥使用，不仅会导致土壤碱度提高，还会破坏土质。这些垃圾粪便中所含的重金属通过堆肥进入土壤，并在土壤中富集，这些富集重金属的土壤被植物吸收后进入食物链，会严重危害人体身体机能，还可能传播大量的病原体，引起疾病。

以有机固体废弃物垃圾为例：我国目前有99%的城市垃圾是直接露天堆放或转移至农村堆放，而这些有机固体废弃物中含有大量的病原微生物、有机N、P等元素，若大量露天堆放，就会散发出令人窒息的恶臭，致使成群的蚊蝇虫鼠类在这里繁衍生息，其中的有害物质不仅使土壤遭受污染，还会

令地下水和地表水水质恶化，进而循序渐进地不断污染食物链，危害人类健康。因此，对它们的无害化处理已成为我国可持续发展所无法回避的重大环境问题之一。如果不经过处理或处理方法不合适，就会对环境造成更加严重的污染，比如：垃圾渗滤液的产生使土壤肥力下降；堆放垃圾时产生臭气，孳生蝇蚊，以及其他有害或温室气体等等，影响人们的生活，破坏自然景观。据统计，中国城市生活垃圾历年存量达60多亿t，有一些中小城市甚至无固定场地堆放垃圾，从而导致生态环境的恶化。虽然就目前而言，城市的每个街道都配备有环卫保洁人员，每条街上还有一定数目的垃圾筒、果皮箱，用于每天的垃圾存放、运输，但是垃圾分类收集还很困难。垃圾混合收集增加废旧资源的再利用成本，降低可利用于堆肥的有机物的资源化价值，同时还导致大量有害物质如电池、废油等进入垃圾，加大垃圾无害化处理的技术难度，而有些垃圾的处理，如焚烧处理中，会产生一些有毒物质，如毒性比KCN还强几千倍的二噁英等一些剧毒气体；大量混合垃圾中的废电池等含有重金属离子，导致污染水体、土壤，破坏生态环境，危害人类的生存与发展。

因此，有机废弃物的处理处置已成为非常紧迫的任务，如果能在处理废物的同时利用其中的养分、能源等为我们的生产生活服务，就能变废为宝，缓解日益紧张的资源和能源问题。这对全世界来说，都是非常有益的。但在有机固体废弃物中，产量大、危害大、污染程度高是不能忽视的问题，而其中最难处理的当属工业化产生的大量畜禽粪便、污水污泥与生活垃圾等。

1.3 有机固体废弃物处理的方法

为了解决固体废弃物这一大问题，世界各国有不同的处理方法。其中，对生活垃圾的无害化处理，主要有三种方式：卫生填埋、焚烧处理和堆肥化处理。而我国目前处理处置城市有机固体废弃物的方式以填埋为主，占到全部处理量的70%左右，其次是高温堆肥，约占全部处理的20%左右，而焚烧与其他处理方式（如露天堆放和回收利用等）约占10%左右。

1.3.1 填埋

填埋，不是普通的坑埋，而是在处理废弃物的过程中加防渗层和覆盖层，避免垃圾填埋后对地下、地表水及周围环境的污染，是目前城乡有机废弃物最终的处理处置方式，同时也是一种较好的垃圾处置方式。一些发达国家如美国、英国、德国、法国等垃圾的卫生填埋占垃圾处理量的60%以上。不过，他们在填埋垃圾的同时，也较好地利用了土地及其他资源，如德国、法国等在垃圾卫生填埋场上种植草皮，修建花园、高尔夫球场等，并利用填埋场地下垃圾厌氧发酵产生的甲烷来发电，可谓一举多得。但随着城市垃圾的逐年增多，场地占用、工程费用愈来愈大，特别是填埋处理周期很长，存在潜在污染的可能性。如果对垃圾填埋场未作防渗处理，则造成潜在污染的可能性就更大。如美国、德国都有过垃圾填埋几十年后污染的先例。因此该方法初期虽然投资少、操作简单、处理有机固体废弃物比较大，但它占用大量土地，且容易对地下水造成污染和产生恶臭和温室气体等，所以并不是一种持久的方法，相对而言，也只是一种权宜之计。

1.3.2 焚烧

与填埋相较，焚烧方法则具有减量效果好、占地面积小等优点，它既可以彻底灭菌，也可以回收能源，有效地弥补了城市填埋场选址难、污染隐患的问题，但其最大的缺点是运行费用太高，且易产生一些如二噁英等有害气体对空气造成污染。而焚烧后的垃圾，体积减少 2/3 至 3/4。当然，这里所说的焚烧决不是一烧了之，而是用垃圾焚烧炉将垃圾焚烧后利用垃圾燃烧的余热发电。美国与日本等国家有相当数量的这样的焚烧炉，致使 1/3 以上的生活垃圾得到处理。这种集环保、发电于一体的垃圾处理技术，使垃圾成为一种资源，具有一定的发展空间，但存在一次性投资大，运行成本高及焚烧烟气中二噁英、重金属污染等二次污染的问题，故在发展中国家应用较少。

1.3.3 堆肥

堆肥是指在微生物作用下使有机物矿质化、腐殖化和无害化而变成腐熟肥料的过程。在微生物分解有机物的过程中，不仅会生成大量可被植物吸收利用的有效态 N、P、K 化合物，还可合成构成土壤肥力的重要活性物质——腐殖质，是生物处理技术的主要方法之一，被认为是有机固体废弃物减量化、无害化和资源化的主要途径。它与填埋和焚烧处理方法相比，具有保护环境、节约能源和原料、费用低、投资少等优点。但它并非适合所有的固体废弃物，一般适宜于易腐的、可被微生物降解的有机废弃物。堆肥有好氧和厌氧之分，由于好氧堆肥的高温可以杀死废弃物中的病原菌，且高温菌对有机质的降解速度快，因此目前大多数堆肥采用的是好氧堆肥。好氧堆肥（Aerobic Composting）是根据原始堆料中的 C、N、P 及发酵过程中微生物对堆制原料中 C、N、P、含水率、颗粒度的需求，人为地将影响堆制的各个因素控制在理想的范围内，并按一定比例将各种堆制物料混匀堆制，而微生物分解物料产生的热能，可使堆体温度高达 65℃以上，能有效杀死堆料中的病原菌及有害微生物，使有机物质发生迅速分解，并在堆体中进行物质的重组形成稳定的腐殖质。堆肥化处理，可有效实现有机废弃物的无害化、资源化。

综合国内外对有机固体废弃物在堆肥化中的处理经验，将有机固体废弃物进行堆肥化处理可使有机固体废弃物进入生物循环，减少了对环境的污染，是一种将城市生活垃圾减害化、资源化的处理方式，尤其是伴随科技水平的不断进步，有机固体废弃物中可降解有机物的含量进一步提高，更加有利于采用生物处理法。但该种方法也存在一定的问题，不同的有机固体废弃物所含物质差异很大，处理工艺及后续使用千差万别，且一般都存在发酵周期长、肥效差等缺点。虽然有机固体废弃物堆肥化处理在我国已有上千年的历史，但高温快速堆肥技术是发达国家在 20 世纪初开发研究成功的，目前在英国、美国、德国、日本等国家都已广泛采用高温堆肥技术对城市污泥进行无害化处理，如美国每年约有 49%的城市污泥制成肥料施于农田或林地；德国 ETH/OAM 再生公司研究开发的城市污泥无害化农用技术克服和解决了脱水污泥无害化和综合利用的问题，降低了城市污泥无害化处理的成本，在德国得到了广泛的应用。

第 2 章　有机固体废弃物

有机固体废弃物在固体废弃物中占有相当大的比重，其主要包含城市污泥、生活垃圾、集约化禽畜粪便以及作物残留物等，这一类别废弃物的有机质含量较高，进入环境后，它们易被降解，在堆积过程中还会产生高浓度的渗滤液以及臭气，是一种具有潜在危险的废弃物，如果处理不善，则会严重污染环境。

下面分别介绍这些有机固体废弃物的来源、分类及危害性。

2.1　城市污泥

2.1.1　有机固体废弃物——城市污泥

城市污泥是城市污水处理厂在污水净化处理过程中产生的沉积物，它是一种极其复杂的非均质体，含有有机物残片、细菌菌体、无机颗粒及胶体等。污水处理厂在给水与处置废水的过程中，采用不同的处理方式，所产生的堆积物、杂质等都称为污泥。由于污泥处理技术及工艺水平的高低，污泥的变化因素及属性也千差万别，污泥的成分较为复杂并存在多样化，可按照多种方式进行分类，并且进行分类后，均有各自的名称。在污水处理过程中，约 50%的污染物都会被转移到污泥中，如氮、磷、有机物、重金属以及大量微生物等。特别是我国大多数城市污泥中重金属 Cu、Zn、Pb 的含量高达数百至数千 mg/kg，接近或超过我国《农用污泥中污染物控制标准》(GB4284—84)。据调查，每处理万吨废水就会产生 0.3—3.0 t 干污泥。2007 年我国城市污泥产生总量已高达到 900 万 t(干重)，约为 2002 年的 5 倍，虽然我国污水处理设施已经普及，但污泥产生量每年仍会以约 10%的速率增长。由于污泥含水率高(75%－99%)、容易腐烂、有恶臭，并且它含有的氮、磷、重金属等成分容易随水溶液迁移，因此，如果污水处理不当，则会给环境带来巨大负担。

2.1.2　污泥的分类

若根据污泥的来源进行分类，我们可将污泥分为给水污泥、生活活性污泥及工业废水污泥三种。而如果按照水中抽取和分离污泥的方式进行分类，我们可将之分为沉淀污泥（如堆积起来的沉淀、物理及化学污泥等）、生物处置污泥（也就是通过二级处理后所形成的污泥，如生物滤池、转盘等方式后产生的易腐污泥和活性污泥等）。大多数污水处理厂产生的污泥均为沉淀或生物处理污泥这两种，也就是混合型污泥。实际上，鉴于处理污泥的各个阶段，我们会对污泥进行分类和取名，如生物污泥、腐殖污泥、干燥污泥等。污泥中水分所占的比例对于污泥的处理和综合利用，以及污水的处理均起着无比重要的作用。将污泥进行填埋和污泥的堆肥处理方式所要求的含水率最低为60%，而污泥的焚烧处理则要求含水率不能大于50%。

2.1.3 有毒有害物质

在高达600℃的火炉中，污泥能够被点燃，并且能够产生一定的气体，而这些气体可以显示出污泥处于何种稳定性，从而确定出污泥属于挥发固体。从污水处理厂排出的污泥里，N、P、K等元素含量较高，肥效显著，对土壤的改善效果较为明显。然而，并不是所有的污泥都可以被利用，由于污泥中还含有重金属成分，所以，只有在污泥含有的重金属不超标的情况下，污泥才能作为制肥原料，用于改善土壤，促进植物生长。但是，这种污泥又同时存在着寄生虫卵、病毒以及有害细菌等大量的有毒有害物质，所以在使用污泥作为肥料之前要先做好防范工作。

2.1.4 污泥处理技术

污泥处理是指城镇污水处理厂污泥减容、减量、稳定以及无害化的处理过程，即将污泥进行控水、浓缩、稳定、调治等一系列的处理。在污泥未被完全安置前，都可以归集到此过程中。例如污泥堆肥，只有将污泥中所含有的有害物质处理干净后，肥性才能达到理想的效果；而由于污泥燃烧后所剩余的灰分所占比重较大，在没有对其进行填埋前都不能算安全安置。干化则是为了去掉泥饼中的大部分水份，节省运输经费，减少占地面积，节约填埋成本，并为其他的最终处置方案提供减量、卫生化和经济性条件。

污泥处理的主要目的是减少水分，为后续处理、利用和运输创造条件；除掉污染环境的有毒有害物质；回收资源，节省能源。对污泥进行处理大多采用好氧发酵或厌氧消化这两种方法。而好氧发酵实现的前提需要浓缩，厌氧消化需要脱水，所以，将污泥浓缩、脱水均属于污泥预处理技术。

1. 厌氧消化处理污泥

污泥以园林绿化、农业利用做为处置方式时，采用厌氧消化或高温好氧发酵(堆肥)等方式处理污泥。采用污泥厌氧消化工艺,可以产生沼气;厌氧消化后污泥在园林绿化、农业利用前,还应按要求进行无害化处理等方式处理污泥。

2. 高温好氧发酵处理污泥

污泥以填埋做为处置方式时,可采用高温好氧发酵、石灰稳定等方式处理污泥,也可加入粉煤灰和陈化垃圾对污泥进行改性。用石灰等无机药剂对污泥进行调理,降低含水率(高温好氧发酵后的污泥含水率应低于40%),提高污泥横向剪切力。利用剪枝、落叶等园林废弃物和砻糠、谷壳、稻秆等农业废弃物作为高温好氧发酵添加的辅助填充料,污泥处理过程中要防止臭气污染。

3. 污泥热干化

污泥以建筑材料综合利用做为处置方式时,可采用污泥热干化、污泥焚烧等处理方式。采用污泥热干化工艺应与利用余热相结合,鼓励利用污泥厌氧消化过程中产生的沼气热能、垃圾和污泥焚烧余热、发电厂余热或其他余热作为污泥干化处理的热源。

2.1.5 污泥处置技术

经处理后的污泥或污泥产品在环境中或利用过程中达到长期稳定,并对人体健康和生态环境不产生有害影响的最终消纳方式称为污泥处置。污泥处置包括土地利用、焚烧、卫生填埋和建筑材料综合利用、制肥、海洋倾倒等。

1. 土地利用

污泥土地利用是采取遮盖、抛洒等手段,把污泥当作有机肥或改良土壤的料剂,添加到土壤中,以便更好的改良土壤属性、使土壤变得更加有肥力的一种方式,它基本上是在改良土地或绿化园林的情况下使用。污泥中存在着较多的有机物质和微量元素,现实中我们也能将它们用于田地、林间、改善或修复土壤。换句话说,土地利用也就是我们所说的变废为宝,通过再利用污泥中的存效成分,能达到降耗环保的目的。

2. 焚烧

焚烧污泥即发挥污泥中有机成分多,热值较为明显等优势来处理污泥。该方法适用于经济较为发达的大中城市,使污泥能产生更高的热能,发挥污泥的利用价值。允许各种污泥、垃圾焚烧基地展开合作,或者合资建立和运营;针对经济水平较高的地区,允许污泥作为低质燃料在火力发电厂焚烧炉、水泥窑或砖窑总混合焚烧。污泥焚烧的做法有一定的好处,即能全面彻底的处理污泥，减少95%以上的污泥率，且处理时间较短，能够彻底的碳化污泥中的一切有机物，汞以外的重金属都能沉淀在灰渣里。

不过焚烧污泥也是有其弊处的，也就是燃烧时会形成大量的剧毒物质或气体，所以针对燃烧后产生的尾气，有关部门还需使用专业的设备来清除、化解。此外，这种方法的成本较高，根据西方国家使用的情况来分析，投资在焚烧、运行及维护方面的费用，要比投资其他设施、工艺高出2—4倍。

3.卫生填埋

填埋前的污泥需进行稳定化处理；横向剪切强度达到标准；填埋场应有沼气利用系统，渗滤液能达标排放。它有利的地方在于：使用方法简单明了、处理成本较低。不过这种方法的缺点是需以广大的土地面积为支撑，而且对处理技术及设备都提出了很高的要求，另外其渗透的液体往往还会污染生态环境。在人口数量剧增、土地资源越来越稀少的情况下，卫生填埋由于占地面积大、成本较高，在实际中使用的频率也不高。

4.建筑材料综合利用

污泥建筑材料综合利用是指污泥的无机化处理，用于制作水泥添加料、制砖、制轻质骨料和路基材料等。污泥建筑材料利用容易在生产和使用中造成二次污染。

5.制肥

经过水分调节的污泥放入好氧静态堆肥装置，好氧发酵成为性状良好的腐殖颗粒；然后可以依据农肥标准的不同，添加一定比例的氮、磷、钾等化肥原料，通过粉碎、搅拌后放入造粒装置，成型后经干燥、筛分成为成品。

6.海洋倾倒

海洋倾倒运行起来很方便、也无需购置其他昂贵的处理设备，但是污泥倒进海洋后，会对海洋环境会产生极大的破坏与污染，各国已陆续开始禁止向海洋倾倒污泥。

以上几种方法中，前3种方法为主要的污泥处理处置方法，对比情况见表2-1所示。

表2-1 污泥处理处置方法优缺点

处置方法对比	焚烧	土地利用	卫生填埋
技术可靠性	可靠，国外有许多工程案列	可靠，有一定的实践经验	可靠，有较长的应用实践

续表

处置方法对比	焚烧	土地利用	卫生填埋
操作安全性	较好	较好	较好，需防爆
占地面积	小	大	较大
管理	较容易	较复杂	较容易
处理成本	高	低	较高
选址	容易	大面积困难	需地理环境
运输费用	容易，如就近焚烧可节约运输费用	计划复杂，需考虑到期后等各种因素的影响，费用高	运输计划容易，费用高
适用条件	对热值有要求	重金属、病原菌及其他有害物质要求高	适用范围广
资源化利用	可利用部分热源	可以对污泥中的有机物广泛利用	可利用价值低
地面水污染	较小	可以在选址中合理控制	采用必要的措施避免
地下水污染	无	可能造成污染，但可以避免	有可能，需要采用防渗措施即可
大气污染	处理费用昂贵	处理过程产生臭味	可以通过一定措施处理如导气、覆盖等
土壤污染	无	很多有可能，通过选址可以控制	局限于特定区域
其他	投资及处置费用最高的一种，但运输费用相对最小	运输费用最小，但需要控制重金属等污染	填埋前需要对污泥的水分进行干化处理

目前，国外对于污泥处理已经逐步转变思维，因为卫生填埋和倾倒方法不尽合理，已经逐渐退出历史的舞台，而焚烧和土地利用成为了主流，尤其后者的处理方法随着技术的不断成熟，将成为污泥处置方式的主流。表 2-2 为国内外对这几种方法处理的现状。

表 2-2　德美等国近年来对污泥处置选择方法

国家%	农用%	填埋%	焚烧%	其他%
德国	48	28	21	3
英国	58	10	30	2
美国	57	14	22	7
日本	9	35	55	1
中国	42	40	4	14

随着社会的发展,国内污水处理厂越来越多,然而随之产生的污泥大都得不到有效的处理,到处堆置,引发了二次污染的问题越来越严重,政府及社会各界也已经看到了这一问题,并采取有针对性的应对措施,处置污泥行业便由此而生。从表 2-2 也可以看出,国内目前的技术分析,处置污泥大都是采取土地利用与填埋这两种方式。仍有 14%的污泥无任何处置,这将给环境带来巨大的危害;而污泥散发出的臭味本身存在的病原体、重金属等有害物质得不到有效处理是导致污泥土地利用进展慢的主要原因。想要解决污泥对环境的危害,首先要实现的就是污泥的无害化处置。

2.1.6　污泥处理处置存在的问题

由于污泥是一种有潜在危险的物质,所以污泥处理处置面临以下的问题:

①干污泥中有机物含量较低,一般含有 65%的有机物和 35%的无机物。

②湿污泥中含有大量不同的细菌、病毒和寄生生物,病菌在其中大量繁殖。

③污泥中还含有锌、铜、铅和镉等重金属化合物,有毒的有机化合物,杀虫剂等等,所有这些一进入食物链将会引发相当严重的健康问题。污泥的脱水性能在分离污泥的水分中,通采用过滤法和毛细吸水时间或指数比阻抗值这两种方法对污泥的脱水性能进行判断。

2.2　有机固体废弃物——生活垃圾

生活垃圾的来源广泛,组成复杂,受居民生活水平、能源结构等因素的影响,一般来说,日常生活中每人每天的生活垃圾量为 1－2 kg,随着生活水平的不断提高,近 10 年来中国城市生活垃圾平均以每年 8.98%的速度增长。我国对生活垃圾的处置以填埋为主，但是，填埋场的容量远远不能满足不断增加的垃圾产生量，这使得许多城市利用大片城郊边缘的农田来堆放它们，在我国已有 1/3 的城市处于垃圾的包围之中，地球卫星图片已经能明显的显示出部分城市周围的大片垃圾。这些固体废弃物不但占用土地，破坏景观，而且废物中的有毒有害成份随着雨水的洗刷，进入土壤、河流或地下水源，破坏了土壤与水体的生态平衡，同时，城市生活垃圾渗沥水是一种类似于城市生活污水的高浓度有机污水，它的水质成分极其复杂，污染负荷很高，危害程度严重，必须采取有效措施加以全过程控制。

2.2.1　有机固体废弃物——城市生活垃圾

我国在 2000 年颁布的《城市生活垃圾处理及污染防治技术政策》中，对其含义做了说明。城市生活垃圾是指：在城市日常生活中或者为城市日常生活提供服务的活动中产生的固体废物以及法律、行政法规规定视为城市生活垃圾的固体废物。这将城市生活垃圾的范围明确定义，且该范围比人们通常理解的“城市生活垃圾”内容要广，基本包括了各种类型的生活垃圾，主要有商业活动废物、居民生活废物、人畜粪便、公共机构废物以及其他的固体废物。

现在一般意义上认为生活垃圾具体又包括厨余垃圾、煤灰、纸类、玻璃、塑料、织物、其他有机物等组分。这类垃圾一般能占城市生活垃圾清运总量的 60%左右，随着社会的进步和居民生活水平的提高，其占比呈缓慢下降的趋势。这是一类最为复杂的垃圾成分，由于季节和时间都将对其造成影响，所以波动性较大。

近年来，我国城市生活垃圾组分具有以下变化趋势：

①垃圾中的有机物（主要是厨余垃圾）在 20 世纪八九十年代剧增，由 1985 年至 1990 年的 27.54%左右快速上升至 1996 年的 57.15%，但近两年上升势头减缓，约占 50%左右。

②垃圾中的可回收废物的比例增长较高，平均值由 1991 年的 11.7% 上升至 2000 年的 26.6%，增长了一倍以上。

③垃圾中可燃物成份增多，使得垃圾的热值有所提高。其中塑料橡胶类的比例由 1991 年的 2.77%增长到 11.49%，增长了 3 倍以上；废纸的平均值由 2.85%增长到 6.64%，增长了 1 倍以上；木竹、织物的含量变化相对较小。

对生活垃圾的分类是近代很多人研究的课题，但因为涉及的政策法规、社会群体差异、社会环境变化等多种原因，对生活垃圾的分类政策及消解的研究和实践涉及生态学、社会学、政策学、行为学和协同学等各个专业领域，形式错综复杂,下面一一介绍。

1. 生态学领域:城市生活垃圾分类收集与处理研究

一些发达国家像日本、美国、德国等在城市生活垃圾分类收集与处理的研究与实践工作方面做了较早的起步。早在20世纪80年代日本就开始对生活垃圾进行分类收集,因此垃圾处理技术得到了大力的支持和研发。垃圾的处置技术主要有三种:焚烧、堆肥、填埋。针对不同垃圾成分,适当的使用这三种处置技术。因此,垃圾分类是进行生活垃圾处理的前提。发达国家为了提高后续垃圾处理效率,纷纷出台法律政策,对居民投放垃圾的行为进行规范,按照规定的分类方式对生活垃圾进行投放。国外把生活垃圾称作固体废弃物(solid waste)或者家庭垃圾(house waste),居民源头分类已经成为人们日常生活习惯的一部分。在当今世界上垃圾源头分类做得最好的国家要数日本,在这方面日本是其他国家效仿的榜样。解决垃圾问题的最佳方式是源头削减,为减少生产企业包装材料的使用,政府出台了财政与税收政策。尽管发达国家的垃圾处理技术名列世界前茅,垃圾终端处理设施可以自动将垃圾分类。但是,依然存在着严重的垃圾问题,依旧是政府较为关注的公共问题之一。

我国在垃圾处理上起步较晚,垃圾处理技术较落后,主要以填埋为主。由于没有对垃圾分类行为进行具体细则规范,至今垃圾分类仍处于初级阶段。虽然提倡了几十年的生活垃圾分类,但只是走形式,并没有真正的付诸于行动。早在2000年时,全国就挑选了八座作为生活垃圾分类的试点城市,但没达到效果,多数是走形式。2011年广州市地方出台暂行规定,垃圾分类在全国范围内再次掀起热潮。但是设施配套不齐全,终端处理能力要求达不到,垃圾分类仍旧寸步难行。再加上存在弊端的技术、不强的自主研发能力和落后引进的设备等原因,垃圾终端处理引起诸多争议。因此,需要政府加大投入力度积极进行技术研发,并且倡导全民积极参与,以此能更有效的解决垃圾问题。

2. 社会学领域:城市社会学关于城市生活垃圾的研究

城市社会学作为社会学研究领域的一个延伸,其重点研究的是城市发展的历史、城市生态系统、城市生活方式、城市社会结构、城市地域结构、城市化、城市文化、城市社会问题、城市管理、城市规划等。我国有较多的城市社会学出版著作,但仅有郑也夫《城市社会学》这一本书谈及城市的垃圾问题。严格来讲,垃圾问题应当属于城市问题之一,但是城市环境问题只能由城市社会学从宏观侧面谈及主要是由于垃圾具有较强的专业性。垃圾分类行为应当属于社会学研究内容之一,尤其是在垃圾围困越来越严重的情况下。

国外对垃圾分类的研究注重于研究哪个群体更支持垃圾分类，而不仅仅局限于政策。从各项调查数据的显示来看，女人比男人更加支持垃圾分类，高收入人群的支持率比低收入群体的高，受良好教育的居民的支持率比素质低的人高，老人比年轻人支持的多。由此而知，垃圾分类政策是一项长期的、需要人人必须参与的政策。但在实际的实施过程中，并没有达到预期的效果。

3. 政策学领域：城市生活垃圾分类政策执行梗阻因素研究

历经了几个发展阶段的政策学领域，在 20 世纪 70 年代，执行政策在美国兴起了一股浪潮，之后蔓延到了欧洲大陆。美国学者哈罗德·拉斯韦尔(Harold Lasswell)是现代政策科学理论的开山人，后人研究政策执行都是以他提出的阶段论为基础的。在 1973 年杰弗里·佩尔兹曼(Jeffrey Pressman)和艾伦·威尔达夫斯基发表了《执行》(Implementation)这本书，之后，此书成为了执行政策的标志，一个特定的研究领域——执行政策就此产生。人们在探索中，尤其是在寻求政策执行的各种影响因素的过程中，逐渐变换研究视角，从政策制定逐渐深入转向政策执行，从而政策执行研究步入了一个多元化和综合性的时代。

4. 行为学领域：城市生活垃圾分类行为阻滞与激励研究

人际关系理论是与科学管理理论相提并论的。社会心理学是人际关系学派产生的根源，人际关系理论和科学管理都是成为公共行政的具有持续影响的传统思想。而管理学流派之一是行为学研究。行为学为管理学开启了一扇窗户，让人们开始从制度关注人性。促使人行为的动力是人的需求，这就强调管理者应当多一些人文关怀。激励理论是在行为学的基础上逐步发展起来的。在小范围内(企业，组织)起作用是马斯洛、X 理论、Y 理论、双因素理论的一个共同点，换言之，就是这些激励理论在面对较大群体或者整个社会时就会失效。公共政策的制定是有针对性的，是特定的，是为了目标群体能够遵照政策，但常常事与愿违。公共政策执行有待继续提高，尤其是研究激励这一大弱点。

在我国，以目前的出版作品来看，对于垃圾分类的研究多半偏重于后端的垃圾处理，前端的家庭源头分类很少涉及。从中国知识资源总库收集的学术论文来看，垃圾分类的可行性研究和垃圾分类的意义研究占据一多半。对垃圾分类行为研究较少，目前仅有一篇博士论文《城市居民生活垃圾源头分类行为研究》探讨了这个问题。因为理论层面的研究缺乏，垃圾分类问题一直没有得到很好的解决。

5. 协同理论领域:城市生活垃圾分类政策执行梗阻消解研究

哈肯(H · Haken)是德国斯图加特大学理论物理学的教授,同时也是协同理论的创始人。协同理论是近期开始出现的新学科,它由原有系统论(Synergetics)的基础上演变而来,可以应用到任何一门学科中,这也是它的优势。协同理论是一门科学,主要是关于系统中各个子系统之间的相互竞争与合作。使一切系统从无序转变到有序的过程是它的基本原理。协同理论涉及广泛的自然科学知识和数学知识,内容深奥,艰难,丰富多彩。他采用随机理论、概率论建立起序参量演化的主方程,吸取平衡相变理论的绝热消去和序参量概念的原理,在控制论、信息论的基础上解决了驱使形成有序结构的自组织理论的问题。哈肯正式提出协同理论的新概念是在 1977 年。自从协同理论出现后,各方面、各学科就开始普遍关注它,有许多学者接踵而至跨学科的投入协同理论和应用方面的研究。目前,在城市生活垃圾分类管理研究中尚未发现协同理论被学者引入进去。社会多元主体都需要参与到城市生活垃圾分类中去,这是一种需求。协同理论可以为构建一个良性有序机制提供理论基础。联合执法是协同理论多个部门同时执法的一种,但怎样实现部门之间的协调,有待深入研究。

对于学术界来说,目前城市生活垃圾源头分类问题研究仍处于零散阶段,缺乏专业性和系统性。根据已出版的专著来看,主要的技术是城市生活垃圾的后端处理,只有较少的涉及到前端分类管理。城市生活垃圾自我国 1992 年出台《城市市容和环境卫生管理条例》后开始进入政策视野,之后受到政府的高度关注。化学、环境学、电力学等学科开始研究城市生活垃圾的收集运输以及综合处理。尽管理论研究较多,但技术水平仍然处于低端。1998 年提出城市生活垃圾分类研究,从 2000 年开始,在全国八座城市推行试点分类。截至 2012 年 4 月 21 日,中国知识资源总库共收录了 386 条关于"生活垃圾分类"论文资料,其研究内容主要谈及生活垃圾分类的必要性与可行性和对生活垃圾分类对策的建议;共有 102 条记录关于"城市生活垃圾分类",3 篇硕博论文,分别是余洁《我国城市生活垃圾分类的法律规制研究》(西安建筑科技大学 2010 年 5 月)、陈玉婵《论我国城市生活垃圾分类收集法律制度的完善》(暨南大学 2010 年 4 月)、许金红《中国城市生活垃圾分类管理的研究》(西北大学 2011 年 6 月)。目前仍没有对城市生活垃圾分类政策执行的相关研究。随着垃圾问题的日益严峻,人们的关注点从"为何分"转移到"怎样分"。广州市于 2011 年 4 月 1 日实施《广州市城市生活垃圾分类管理暂行规定》,首次以法规形式强制居民对生活垃圾源头进行分类,在一片质疑声中再次拉开分类序幕,其执行效果如何,有待调查研究实证。

2.2.2　生活垃圾的分类

目前，以国家建设部发布的《城市生活垃圾分类及其评价标准》为依据，将城市生活垃圾分为六类，分别是：有害垃圾、可回收物、可燃垃圾、大件垃圾、可堆肥垃圾以及其他垃圾，详细内容如表 2-3 所示。以国家行业标准《生活垃圾分类标志》(GB/T19095—2008)为依据，现在我国生活垃圾按所属类别分为 14 种标志，产品包装以及垃圾桶是这些标志的依据，每个地区可以因地制宜，按照其特点类别设置具体有效的分类垃圾桶。目前，可回收垃圾和其他垃圾国垃圾是我国普遍的垃圾分类。此外，个别的住宅小区内有餐厨垃圾的单独分类。

表 2-3　生物垃圾分类

分类	分类类别	内容
I	可回收物	纸类未严重玷污的文字用纸 容器塑料、包装塑料等塑料制品 金属各种类别的非金属制品 玻璃有色和无色废玻璃制品 废旧纺织衣物和纺织制品
II	大件垃圾	体积较大、整体性强、需要拆分再处理的废弃物品(包括废用家电和家具)
III	可堆肥垃圾	垃圾中适宜微生物发酵处理并制成肥料的物质。包括剩余饭菜等易腐蚀食物类餐厨垃圾，树枝花草等可堆沤植物类垃圾等
IV	可燃垃圾	可以燃烧的垃圾，包括植物类垃圾、不易回收的废旧纸类等
V	有害垃圾	对人体或自然有直接或潜在危险的垃圾，也包括电子产品、废油漆、废灯管、废旧化学制品等
VI	其他垃圾	上述五类以外的垃圾

注：资料来源于《生活垃圾分类及其评价标准》

目前我国生活垃圾归类的主要特点如下：

我国许多城市都在面临着垃圾围城的现象且相当严重。老百姓和新闻媒体对此都十分关注，更为严重的现象是在少数经济发达的城市生活垃圾增长速度超过我国城市生活垃圾平均增长速度一倍以上。生活垃圾的大量产生不仅增加了城市市容治理难度，更造成了许多资源的严重浪费，还大大降低了城市的清洁度。我国城市生活垃圾具有以下特点：

首先，绝对数量大，增长迅速。我国人口基数大，城市生活垃圾一年将产生 1.5 亿 t 以上，并以 8%至 11.5%的增长速度攀升。

其次，种类多，变化大。随着时代的飞速前进以及科技的高速发展，越来越多的消费品也增加了城市生活垃圾的种类，主要包括金属、电子废弃物、厨房垃圾、纸张等不同种类。尤其是近年来备受关注的电子垃圾，我国每年有大量报废的各种大小型家用电器，如果不对其中含有的有毒化学原料进行科学处理，将对环境造成不可估计的破坏。

第三，它还具有可回收物多、可燃易爆物增多的特征。

最后，污染严重。城市生活垃圾本身含有很多有害成分，如果有毒有害物质没有经过科学处理，容易污染环境。表 2-4 将国外的主要生活垃圾的内容进行分类，从中可以看到城市生活垃圾的主要成分，为充分利用提供一定的依据。

表 2-4　国外生活垃圾的主要成分

国别	有机类%				无机类%			其他	热含量
	餐厨垃圾	纸	塑料橡胶	织物	煤渣土沙等	玻璃陶瓷	金属		
美国	22	47	4.5		5	9	3	4	11 592
英国	23	33	1.5	3.5	19	5	10		9 737.3
日本	18.6	4.6	18.3		6.1			10.7	10 202.8
德国	16	31	4	2	22	13	5.2	7	8 353.6
法国	15	34	4	3	22	9	4	9	9 273.6
荷兰	50	22	6.2	2.2	4.3	11.9	3.2		8 346.2
比利时	40	30	5	2	5	8	5.3		7 038

我国生活垃圾因各城市发展水平存在差异，在生活垃圾中上述含量差异变化很大，以表 2-5 介绍的几个城市作为参照。

表 2-5　我国几个城市的生活垃圾的主要成分

城市	有机类%				无机类%		
	餐厨垃圾	纸	塑料橡胶	织物	煤渣土沙等	玻璃陶瓷	金属
南宁	14.57	1.83	0.56	0.6	81.5	0.64	0.47
哈尔滨	16.62	3.6	1.46	0.5	74.71	2.22	0.88

续表

城市	有机类%				无机类%		
	餐厨垃圾	纸	塑料橡胶	织物	煤渣土沙等	玻璃陶瓷	金属
武汉	26.53	2.36	0.31	0.74	68	0.58	0.17
上海	42.7	1.63	0.4	147	53.79	0.43	0.53
北京	50.29	4.17	0.61	1.16	42.27	0.92	0.8

如表2-5所示,大中城市生活垃圾的构成存在着十分明显的差异。特大城市的生活垃圾构成中约50%是无机成分,总量的40%—50%被有机物成分占据;大、中城市的生活废弃物一般有70%—85%的是无机成分,含量非常高,大约总量的20%—30%是有机成分。城市固体废弃物含有复杂的成分,危害性大,含有有害的病原微生物、生物性污染物、原生动物病毒等。据报道,由于粪便与城市垃圾未经无害化处理而造成了水体生物污染,从而引发了70%的疾病。

城市垃圾成分较复杂,自身的有机生物体和很多的生物性污染物相当复杂,尤其包括生活污水、人畜粪便处理后的污泥等。城市固体废弃物中腐化的有机物有各种有害的病原微生物、昆虫、植物虫害、昆虫卵等,造成生物污染。

还有多种原生动物、后生动物、病原细菌及病毒寄存在生活污水污泥中,尤其是蛔虫卵广泛存在于污水污泥中,还有医院等的生活垃圾,还含有各种致病与传染性的病毒与菌种。

生物污染是城市固体废弃物对人类污染最危险的,如果有未经处理的生活垃圾和粪便进入水体,就会造成水体生物污染,引发传染性疾病,并能传播多种疾病。总之,上述城市团体废弃物生物性污染对人类的健康和环境带来重要影响。因此,如何使生物污染通过生物转化稳定下来并消除其危害是十分重要的。

大量有机物含于城市垃圾中,因能提供生物体的碳源和能源,是进行生物处理的物质基础。存在于动植物的有机物大致分为脂肪、碳水化合物、蛋白质等。各类物质具有不同的生化分解速度及分解产物。一般情况下,脂肪产气量最大,并且甲烷产气中含量很高;蛋白质产气量较少;碳水化合物的产气量与甲烷都较低。但是就分解速度而言最快的是碳水化合物、其次是脂肪,蛋白质最慢。城市垃圾中因含有大量的纸、布、蔬菜等,并且主要为纤维素,所以碳水化合物含量较多。碳水化合物中容易被生物降解的是单糖、二糖;多糖类中淀粉极易降解,而木质素较难降解。城市固体废弃物有机物质中有机质可生物降解性能如何，生物处理过程中微生物所需要的营养物质及环境条件是否能够得到满足，都与城市固体废弃物生物处理的可行性有密切关系。

2.2.3 生活垃圾的危害

目前，我国面临着严峻的生活垃圾围城难题，全国668座城市中，约有66%的城市遭遇垃圾围城，25%的城市生活垃圾没有合适的堆放处。全世界每年产生4.9亿t生活垃圾，且生活垃圾年平均增长速度是8.42%，仅在中国每年就产生近1.5亿t城市垃圾，并以8%—11.5%的增长速度攀升，人均城市生活垃圾年排放量超过440千克/年，垃圾排放量在年年增长，但是垃圾有效处理率却仅仅为13%左右，无害化处理率仅为5%左右。大量的城市生活垃圾对环境造成严重破坏与污染，一些环保专家坦言：照现在城市生活垃圾的增长速度和垃圾的处理率，如果我们国家和地区再不采取科学有效的治理方法，过不了多久，这些城市就完全陷入生活垃圾的填埋与覆盖之中。

目前生活垃圾的危害主要体现在以下几个方面。

1.对土壤的污染

固体废物和它滤出或滤涸液中所含的有害物质会改变土壤结构和土质，阻碍土壤中微生物的活动，进而使得植物不能正常生长；有时还会积累在植物体内，当人和动物食用时危害人及动物健康。生活垃圾和其他固体废物长期露天堆放在城市街头，有害成分经过地表径流和雨水的渗透、淋溶作用，通过土壤孔隙向四周和纵深的土壤迁移。在此过程中，有害成分会接受土壤的吸附和其他作用。随着渗滤水的迁移以及土壤的吸附容量和吸附能力增大，有害成分在土壤固相中呈现不同程度的积累，改变了土壤的成分和结构，进而污染了生长在土壤中的植物，污染严重的土地甚至无法存活植物。城市生活垃圾就地填埋的方式不仅占用大量土地资源，而且里面很难降解的有毒害物质会破坏土壤结构，降低土壤肥力，对植物生长产生不利影响。

2.对大气的污染

城市固态废物和生活垃圾在运输、处理过程中如果不经过净化和防护处理，将会造成粉尘随风扬散；城市生活垃圾含有许多复杂成分，其中的细小颗粒或粉尘质量轻，随风扬散对环境产生不利影响。渗入土壤的废物以及堆放和填埋的废物，经过化学反应和挥发释放出有害气体，都将污染大气进而使大气质量下降。例如，城市垃圾填埋处理后，有机成分在地下厌氧的条件下，会分解产生甲烷、二氧化碳等气体进入大气，如果任其堆积会引发爆炸和火灾的危险。垃圾焚烧炉运行时会排放出重金属、酸性气体、未燃尽的废物、颗粒物与微量有机化合物等。

3. 对水体的污染

城市生活垃圾和其他固体废物如果直接排入河流、湖泊等地，那些飘入空中的细小颗粒通过降雨及重力沉降落入地表水体，而露天堆放的废物则会被雨水冲刷被地表径流携带进入水体，这些都可导致水体溶解出有害成分，毒害生物、污染水质。一些简易垃圾填埋场里的垃圾，经废物的生化降解、雨水的淋滤作用，产生的渗沥液，其中含有高浓度悬浮固态物和各种有机与无机的成分。这种渗沥液一旦进入地下水或浅蓄水层，那么对水体产生的污染将无法想象。生活垃圾本身对地表的渗漏或跟随其他地表径流作用，使得水体中带入了这些有毒有害的物质，污染水质、杀死水中的许多生物。将导致严重的水源污染，涉及范围广、治理难度大。

4. 对人体的危害

在处理生活垃圾的时候会伴随对水体、大气、土壤环境的严重污染。如果居民生活在这样的自然环境中，身体健康也势必会受到威胁。生活在这种环境中的人，以大气、水、土壤为媒介，可以将环境中的有害废物直接由呼吸道、消化道或皮肤摄入人体，使人体免疫力下降，从而导致疾病的发生。

2.2.4　有机生活垃圾处理及处置方法

我国对生活垃圾的处理方式与国外基本类似，但侧重点有比较大的差异。通用的方法是填埋、焚烧和堆肥的方法。在我国填埋是处理生活垃圾的主要技术，因为节省资金，处理简单，能够占到处理量的 80%左右。其次是焚烧处理，能够占到总量的 18%左右，但现在因为焚烧处理造成的二次污染现象已经越来越明显，当地居民大面积抵制，迫使很多企业将技术升级改造，面临较大的资金压力。大约有 2%左右的是堆肥化处理，极个别的是简单的堆放。

填埋的方法是简单快速处理生活垃圾的有效方法，因为一次性处理量较大，处理的方法成熟并且简单，投资力度很少，更为关键的是适宜处理各种类型的垃圾，成为了各个国家最为广泛的处理方式。但是以我国为例，本身耕地面积较少的情况下，如果与世界很多国家一样的处理方式，势必造成浪费大量的土地，资源浪费明显，造成很多可回收的重复利用资源较少，并且进一步造成渗滤液和沼气污染。焚烧的方法是直接将生活垃圾做燃料输入到垃圾焚烧炉中，利用其可燃烧的成分与空气中的氧气混合燃烧，能够快速实现生活垃圾的减量化和无害化。但是因为一次性投资太大，我国目前采用的焚烧方法处于刚刚起步阶段，焚烧技术水平较低，出现了二次污染环境的很多案例，已经引起当地很多政府部门的重视，尤其是空气污染问题没有得到很好地解决。如果尾气技术获得长足进展，将垃圾焚烧所产生的有害烟气进行系统化处理，相信在很多城市有较大的发展，但是前提是需要政府部门的大力支持。堆肥技术是近几年结合我国实际情况开展的一项有益的工作，能够利用微生物的作用将生活垃圾中有机物质进行降解的生化过程。堆肥技术尤其适用于处理生活垃圾中高有机质含量的部分，经过处理后可以转化为有机肥料，既可以实现城市垃圾的减量化和无害化，又可以充分利用这部分资源达到生活垃圾的资源化利用，具有比较明显的经济效益和社会效益。经过近20年左右的发展，堆肥化处理生活垃圾技术已经获得了长足进展，工艺技术越来越成熟。但同时存在的一个问题是，经过该过程获得的产品在市场中的销路非常困难，并且由于堆肥的周期较长，占地面积比较大，如果工厂化运作很难获得效益。并且在工厂化生产过程中，也会造成当地的周围环境变坏，减量化有一定的作用但是并不是很明显，尤其是我国农作物面临产量和质量的双重矛盾，在过度重视产量的前提下，有机肥虽然能够提高产品的质量但不能满足当前需要背景下，该方法的推广目前困难重重。但是基于堆肥法的明显优势，未来随着对生活质量要求的不断提高，加之政府部门的政策引导和资金支持，相信该技术会得到进一步的研究和推广。

上面已经提到，好氧堆肥发酵技术可能成为未来处理生活垃圾的主要方式和技术，因此解析好氧堆肥发酵过程中物质的变化及规律，了解整个过程中关键性物质的变化，对该技术的推广和应用能够起到很大的帮助，同时也为广大好氧发酵技术研究爱好者提供一定的借鉴。

生活垃圾中的有机固体废弃物处理及处置涉及到各个方面的内容，比如处置地点的选择，有机固体废弃物的分类、有机固体废弃物废弃物处理的方法及应用、处理过程中包括有机酸、氮素、磷素及腐殖酸的变化过程及对植物的作用、处理造成二次污染的对策、涉及的法律法规，均需要斟酌。下面重点介绍堆肥化处理过程中的重点物质的变化，为处理工艺鉴定理论基础。

1. 有机酸变化

城市有机生活垃圾的堆腐过程实际上是有机物的降解过程，在此期间将产生大量的有机酸类物质，一方面由于有机物的种类不同，其代谢产物有机酸的种类、数量及变化规律可能完全不同。有机酸组分中可挥发件脂肪酸是垃圾堆肥异味气体的主要物质，在环保研究中受到重视。在植物营养方面的作用上，有机酸有两方面的作用：一是影响土壤养分的有效性，如通过螯合作用减少磷的固定，提高微量营养元素的有效性；二是对植物产生抑制作用，直接影响植物的生长发育：近年来，有机酸在植物营养中的作用逐渐受到重视。另一方面由于有机肥料的种类繁多、性质差别较大，因此各种有机肥料中有机酸的种类、数量及变化规律可能完全不同。另外由于有机酸的测定方法复杂，需要一些特殊仪器设备。因此国内外对有机物料堆肥化过程有机酸的研究报道很少。全面研究城市有机固体生活垃圾堆肥化过程中有机酸的变化规律，对探索城市生活垃圾堆肥的营养机理、缩短堆肥的发酵时间、合理使用有机肥料大有裨益。

大量的研究表明，有机酸广泛存在于没有腐熟的堆肥中，因此可通过研究有机酸的变化评价堆肥腐熟度。William F 曾经分析了 712 个堆肥样品中有机酸的浓度等指标，结果发现挥发性有机酸（VOA）的浓度在 75 mg/kg—51 474 mg/kg（以干重计算）之间，平均为 43.85 g/kg，认为堆肥后的挥发性有机酸（VOA）与其植物毒性作用有关联；也有人层对粪便堆肥中低分子脂肪酸进行了研究，认为堆肥后的有机物通过释放有机成分忈本事低分子有机酸（LMWA）来影响，特别是低分子有机酸（LMWA）来影响所含营养元素的可利用性。LMWA 随着堆肥时间的增加而逐渐减少，如果没有完全腐熟，大量的 LMWA 可能影响到营养元素的流动性和植物的可利用性，Aziz Shiralipour 等研究后发现，低级脂肪酸对种子发芽和植物生长有不良影响，未腐熟的堆肥中的这种影响属于代谢现象，也就是说对非过程中代谢产生的短链脂肪酸是产生植物生长抑制作用的主要原因之一。Chanyasak 等也同样检测出堆肥中含有的氨基酸、挥发性脂肪酸及其他低分子量的有机酸，其中乙酸是最重要的成分，基本能够占到 42%—93%。有很多研究者对于堆肥是否完全腐熟就是以是否含有乙酸作为评价指标，含有乙酸的认为是堆肥不彻底没有完全腐熟的，在这个原则下有一个前提就是堆肥中的主要成分是碳水化合物，并且分解条件是好氧型的，如果发生厌氧反应，主要的酸性物质是丁酸。也有研究者（P. H. Liao）采用顶空气相色谱（HS-GC）分析了鲑鱼场废弃物堆肥试验中有机酸和苯酚的浓度变化，发现随着堆肥的进行有机酸和苯酚浓度逐步减少，减少的快慢与通气状况和原料有关，从此分析中我们也应该得到一个重要的信息，不同的有机固体垃圾处理的方式是千差万别的，无论处理的方式和处理的时间都应该分别有针对性而不能千篇一律的。可以说，以有机酸做副书记评价指标应该是定性的，即未腐熟的堆肥中含有较多有机酸，腐熟的堆肥中有机酸含量极少。

对有机酸的分类越来越细化，下面介绍几种重要的有机酸：

(1)挥发性有机酸的变化

对城市的生活垃圾外源接种两种微生物(MS 和 ZJ)后进行堆肥化处理,魏自民等系统了研究了堆肥过程中的低分子量有机酸的动态变化。在有机固体废弃物生活垃圾堆肥的过程中,挥发性的有机酸含量在堆肥初期明显的呈增加趋势,但在后期又呈现明显的降低趋势。在整个堆肥周期内,各处理挥发性有机酸分别出现一个明显的峰值,其中 CK 对照处理出现在堆肥过程中的第 28 天,MS 和 ZJ 则出现在第 21 天,如果将这两个外源微生物同时使用,有机酸的峰值在 14 天就出现了。按照该结果,可以认为外源微生物能够加速堆肥腐熟的进度。另外出现的结果也同时现实,在 0—21 天外源微生物堆肥处理挥发性有机酸含量明显高于不接种外源微生物的处理,但在堆肥到 28 天后又出现明显的降低趋势。具体结果如图 2-1 所示。

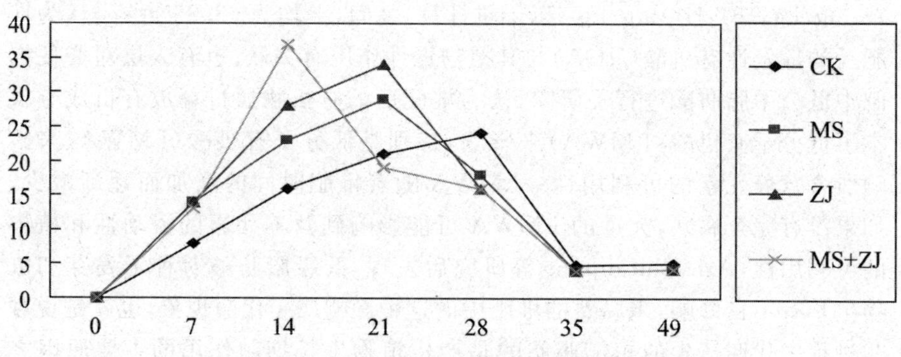

图 2-1　生活垃圾堆肥处理过程中有机酸变化

(2)有机酸变化规律

在堆肥的 7—21 天,所有外源微生物堆肥处理过程中有机酸总量较不接种的对照明显要高,在堆肥后期,有机酸的总量较不接种的又低。虽然没有将温度等因素考虑进去,7—21 天是堆肥发酵的关键期。在整个过程中如果引入外源微生物后,堆肥中的有机酸总量的平均含量要明显高于不接种外源微生物,主要原因可分析为:由于外源微生物的加入,加快了有机质的降解过程,造成了小分子有机酸的增多,另外一个原因可能是接种的外源微生物在生命活动过程中代谢产生了部分有机酸。挥发性有机酸、不挥发性有机酸均出现了峰值,主要是由于在堆肥的中前期蛋白质、脂类及糖类等小分子化合物首先被分解,因此产生了小分子有机酸的数量较多,而在堆肥的腐熟后期,随着结构简单的易分解碳水化合物数量逐渐减少,剩余的主要为难以分解的木质素、纤维素等较难降解的物质,造成了后期有机酸的生产量呈现出逐渐减少的趋势。

在前面已经讨论过,在好氧发酵的过程中可以用有机酸含量作为评价城市有机固体垃圾堆肥腐熟度的一个评判指标。在一般情况下,未腐熟的堆肥有机酸含量较高,经过腐熟的有机酸含量极少。利用外加微生物处理在堆肥的后期,其有机酸含量明显降低,一般在 35 天左右就处于稳定其。相比较没有添加外源微生物的大约在 8—9 周后保持一个下降的趋势。可以说,通过添加外源微生物可以至少使得堆肥周期能够明显提高近一半的时间。

2. 低分子有机酸的变化

(1)腐殖酸变化

生活垃圾的处理实质是其中的有机物质在微生物的作用下发生降解的过程。在有机碳的分解转化过程中,一方面碳素在急速分解,另一方面分解产物在微生物的作用下又可能重新合成形成新的腐殖酸物质,因此腐殖酸物质的含量也是堆肥质量及腐熟度的一个重要指标之一。那么腐殖酸到底是怎么形成的呢?有研究者认为,在有机质经过微生物的作用在降解的同时进行着腐殖化的过程,并且由于所处的酸碱性环境不同所形成的腐殖质也有差异,可以划分为腐殖质、胡敏酸(HA)、富里酸(FA)等。生活垃圾在堆肥处理的过程中,在堆腐期间腐殖质没有变化,但是 HA 和 FA 都有增减。在另外的一个物料牛粪中的结果有较大的变化,HS/有机质含量从 377 g/kg 提高到了 710 g/kg,大量的科学研究已经证明,不同的原料和堆肥技术在这三个物质之间很难有确定的定量的关系。如何才能确定某物质堆肥已经完全腐熟呢?Ro-letto 曾经研究了五类木质-纤维素物质的堆肥过程和堆肥的产品,曾提出过腐殖化参数的最小值 HI(腐殖化指数 HI=HA/FA)=1.00,HS/CO=3.5,腐殖质含量大于 3%时认为堆肥已经完全腐熟,但该模式受限于木质-纤维素类堆肥。有人曾提出过垃圾及污泥与垃圾堆肥时的 HI 和 CEC/CO(阳离子代换量与总有机碳之比)>1.9 时认为堆肥腐熟。很多研究人员认为 HI 指标是可行的,但是也有不同的意见,Bertoldi 等人就认为,有机物质的腐殖化参数并不是好的堆肥腐熟度指标,因为在堆肥的过程中有时候变化并不是很大,并且当新的腐殖质形成时已有的腐殖质可能会发生矿化过程。对此,作者个人建议,为充分了解整个过程中的物质的变化,应对不同的物料进行长期的堆肥检测。

(2)生活垃圾堆肥中的胡敏酸变化

波谱分析法最近在生活垃圾处理过程中检测物质的结构发挥了重要的作用,常见的核磁共振、紫外光谱法和荧光光谱法等成了检测辨别化合物的特征官能团的主要手段。通过这些方法,可以获得对生活垃圾处理过程中可降解成分的降解速率、病原菌在堆肥产品中再生长的可能性、植物病害虫的生物控制及植物的生长响应等等。

目前对土壤胡敏酸分子结构进行荧光光谱分析研究的报道很多，但是腐殖质物质是一类性质及结构非常复杂的物质，来源与结构有很大的相关性，因此目前的详细组成和化学结构没有搞清楚。但是也有一些共同的特点比如含有共同的芳香羧酸和酚结构物质，同时有高度不饱和的脂肪酸链。正是由于这些功能基团的存在才使得荧光光谱便于在这一领域开展研究。荧光现象是堆肥过程中的腐殖质整体性质的反应，虽然该荧光物质所占腐殖质总量相对很少。研究者曾用红外光谱和核磁共振法研究了堆肥过程中有机质的变化，脂肪族减少大约 14.4％，多糖类减少 17％，烷基类碳减少大约 11％，在这个过程中芳香族增加幅度较高，达到 54％，羧基碳只增加 9.5％，羰基碳提高幅度最大达到 73.3％，通过研究可以反映出对于生活垃圾通过堆肥处理后多糖、脂肪族和酰胺等成分的减少和芳香族结构成分的增加过程。这种方法对于有机成分的变化和转化提供了有力的证据。

3. 水溶性物质的变化

好氧发酵是处理生活垃圾的一个非常好的方法，微生物可以充分利用其中的有机物质作为能源充分生长并释放其中的酶、活性物质及小分子物质，生活垃圾通过这种处理后，其产品含有大量的胡敏酸类、富里酸类及矿物质等。在整个过程中，微生物只在气体和固体的交界面有明显的火星，因此对堆肥过程中碳源和氮源的变化具有重要的意义。在这个过程中，需要筛选能够说明腐熟度的关键指标。经过大量的研究，有机物的活性官能团成为了首选。作为土壤改良剂，堆肥处理后的产品进入土壤，有机物质在很短的时间内能够转变为土壤腐殖酸，并且土壤水溶性有机物腐殖酸类物质可以为植物提供更多的微量元素-铜锰锌等元素。在土壤中，水融性有机物可以成为可利用的碳源和氮源之间的纽带，微量金属元素的配位体并对作物的生长发育有着积极地作用，虽然现在对生活垃圾中的有机物处理及转化有很多的报道，但是一般都是集中在水不溶性腐殖质方面，只有实验室的模拟化数据可供参考。生活垃圾经过堆肥处理后各个指标都有了很大的变化，表 2-6 是有机碳含量变化图。

通过好氧微生物的活动后，有机物质经过分解发生了有机碳含量减少的过程。一般情况下，堆肥前有机碳含量大约在 24％左右，随着堆肥的进程，前期有机碳含量下降很快，后期逐渐趋于缓慢。这主要是由于堆肥过程中微生物首先利用的是非常容易降解的有机物和简单的有机物质比如可溶性的糖、有机酸和淀粉等等进行自身的生命活动，后期下降速度明显放慢，一般对肥厚有机碳含量下降幅度仅为 36.48％，这主要是由于易分解的物质被完全降解后，微生物利用纤维素、半纤维素和木质素等难降解的物质作为碳源就非常难以降解了，造成后期有机碳降解缓慢。

表 2-6　堆肥处理过程中有机碳和小分子有机酸的变化

时间及目标	0	7	14	21	28	35
有机碳	28.56	25.68	20.13	17.43	16.44	15.6
腐殖酸碳	8.4	5.75	5.69	5.36	4.89	3.66
胡敏酸碳	3.75	3.02	3.12	2.84	2.3	2.21
富里酸碳	4.65	2.73	2.57	2.52	1.15	1.56

其实，在整个有机碳的降解过程中，总腐殖酸的含量变化与之成正相关。

前期腐殖质含量下降速度快，在 35 天能够达到最低点，在腐熟阶段有所上升，一般情况下堆肥结束时腐殖质含量下降可以达到 44.76%。主要原因在于生活垃圾的组分差异较大，并且在堆肥中期、前期存在很多的小分子有机酸，测定存在一定的问题，导致总腐殖质结果呈现下降趋势，在后期腐熟阶段，小分子酸被完全分解，数量极少，该阶段微生物利用的是纤维素、木质素等作为碳源形成了结构复杂的腐殖质物质，因此又有增加的趋势。胡敏酸和富里酸含量的多少是以碳含量作为表示的，生活垃圾在处理的过程中，现在的研究认为，胡敏酸和腐殖质的变化呈现正相关，富里酸的含量与胡敏酸变化不同，总体呈现逐渐降低的趋势。富里酸由于分子量小，结构简单，一部分可以直接被微生物利用，另一部分可以通过转化形成分子量较大、结构复杂的胡敏酸类的物质。

4. 氮源的变化

生活垃圾进行堆肥化处理，其本质是在可控的条件下利用自然界中的细菌、真菌和放线菌来促进有机废气物进行生物稳定性变化，将可降解的有机物转化为稳定的可被利用的腐殖质的生化过程。在整个过程中，微生物是发动机，起关键性作用，并且通过生殖与生长释放出的酶对底物又起到作用，因此氮素的转化和调控也离不开微生物和酶。这个过程非常复杂，涉及到氮素转化、氮素损失的调节、微生物的种类和活动、所需要的酶及腐殖化的进程等等。

氮素转化主要的作用动力来源于微生物，这个过程包括氨化作用、硝化作用、反硝化作用和固氮作用四个方面，简单而言就是氮素的固定和释放过程。在这个过程中，我们需要的是尽可能多的固定和少的释放。在生活垃圾中氮的形态包括有机氮和无机氮。有机氮主要分布在不同为生物群落和腐殖质中，为生物细胞富含矿质态氮，并转化为微生物量的同时能够合成腐殖质物质。有机氮的变化规律在堆肥过程中与全氮一样存在相同的变化趋势，腐熟堆肥产品的氮素组成中主要以有机氮为主，在堆肥结束后氮素往往有一定的损失，一般可以达到30%—70%左右，氮的损失主要由于有机氮的矿化、氨的挥发及硝态氮的反硝化作用导致的。铵态氮的变化趋势与高温、pH值和堆肥材料中氨化细菌的活性决定的，在大量的实践中高温和pH值是关键性的因素。堆肥初期大部分的氮以氨气的形式挥发出去，有个别的通过硝化细菌的硝化作用转化为亚硝态氮和硝态氮。在堆肥刚开始NH_4^+-N增加明显，进入高温期后，硝化细菌由于高温的作用变得不活跃，该期主要以NH_4^+-N形式存在，而硝态氮在前期和中期基本不出现，到后期硝态氮将作为主要的形式存在。在一些理论研究中，生活垃圾中氮素的含量应该呈现增加趋势，主要原因是有机质矿化、CO_2损失和H_2O产生导致的。有一个目前没有研究的课题，关于堆肥中能够支持N固定的原料目前研究的很少，有部分报道认为高的C/N比的物料有支持N固定的能力，但是具体数据未见报道。其实在很多研究中，影响氮素转化最重要的是物料组成、物料的C/N比、pH值、通风/温度比值、湿度和堆肥中添加剂等是关键因素。有报道曾指出，堆肥化处理生活垃圾在好氧条件下16天时全氮含量和微生物量态氮可以达到最大值，后续时间逐渐降低。在整个过程中水溶性氮增幅较大。虽然很多研究者做了大量的工作，包括NH_4^+-N、NO_3-N和总的有机氮的含量及其在堆肥过程中数量的变化，但是各组分氮素的转化机理研究很少，并且在氮素的转化过程中与微生物和之间的相互关系上任然缺乏系统详细的研究。

目前在生活垃圾好氧发酵的过程中一般调节C/N的比例为25—35∶1，主要原因是微生物生长每利用一摩尔的N大约需要25—30 mol的C，这里所说的C指的是易利用碳或者微生物可利用碳是最重要的参数而不是全碳。一般情况下如果要测定某些物料中的易利用碳或者微生物可利用碳，可以通过测定BOD、WSC(水溶性碳或总有机碳)方式获得。如果堆料中的C/N过高或者过低都不利于堆肥反应的进程。有研究发现，如果C/N过低，在堆肥过程中会导致氮以氨的形式挥发，如果过高(C/N＞50∶1)将导致整个过程放慢，如果C/N＞80∶1整个过程将停止进行。

我们上面讨论的仅仅是关于C/N的问题，在工厂化处理的过程中，关于C/N中C的问题主要还是要考虑到碳化合物的种类和组成，氮的不同种类也有明显的影响，尤其对呼吸作用也有很大的影响，现在发现尿素是可利用的最佳氮源。表2-7是某些常见物料中的C/N比值，可以为广大科研工作者提供一定的参考。

表 2-7　各种不同物料的 C/N 比值

物料种类	C/N 比值
人粪尿	6—10
牛粪	8—26
马粪	25
猪粪	7—15
鸡粪	5—10
活性污泥	5—8
各种碎草	10—20
秸秆	48—150
锯末	200—511
纸类	173—438
水果废弃物	34.8
非豆科蔬菜废弃物	11—12
禾本科植物混合物	19
肉和骨头	4

下面重点讨论在生活垃圾处理过程中氮素损失的基本概况及保氮措施。

一般情况下，在堆肥结束之后碳源和氮源都有比较大的损失，有统计认为，在堆肥的前 7 天过程中，大约能够损失 11%—27%左右，在整个过程中全部损失可以达到 62%—66%。气态氮损失在活性堆肥过程中可以占到总氮的 13%—23%，如果以总氮计算可以占到总氮的 23%—37%，在整个生活垃圾堆肥处理过程中 C 和 N 损失具有相关性，一般而言，堆肥初始的总 N 的 85%对于微生物降解是可利用的，在可利用的 C 中 70%在固定过程中以 CO_2 的形式损失掉。

需要关注的一个问题：无论碳源和氮源的损失以何种方式释放，不仅仅意味着物料中的营养元素的巨大损失，并且会导致环境条件的巨大污染，并且尤为值得关注的是 N_2O 会破坏同温层中的 O_3 层，NH_3 是催化酸雨的主要物质，因此氮素的损失相比碳素的损失破坏更大。在整个过程中氮素损失主要是通过三个途径进行的：①高的 pH 值和高的堆肥温度是造成 NH_3 逸出的主要原因，气态氮能够占到总氮的 46.8%—77.4%。②水溶性含氮成分能够随着水分流失，一般情况下，总氮的 9.6%—19.6%是以沥出液的形式损失掉的，在这些沥出液的N组分中大部分是铵氮（76.5%—97.8%），只有很少一部分是以NO_x的形式损失掉。③在缺氧条件下硝态氮反硝化引起的NO_x挥发。其中最重要的是NH_3形式造成的N的损失是最大的。按照统计资料估算，在好氧发酵过程中，氮素损失量能够占到总氮量的16%—74%，平均数为40%左右。

根据现在技术研究表明，能够对氮素损失产生影响的因素主要是：

(1)物料组成

Eklind曾报道称分别采用六中不用的调理剂（秸秆、硬木、树叶、软木、纸盒水藓泥炭）混合堆肥590天后发现净氮损失达到43%—62%，Tiquia等对鸡舍废弃物在强制通风的条件下堆肥后发现总氮损失为初始值的59%。也有人对单独的牛粪堆肥和牛粪与MSW以1∶1共堆肥，发现前者的氮素损失是后者的4－10倍。因此，在生产过程中，应该尽可能的选择能够被利用的物料，在一定的条件下调节物料的组成，减少氮素损失。

(2)物料的C/N比值

在已有的经验范围内发现，C/N比值越低，氮素损失越严重，这在前面已经描述过。根据研究和著者的经验判断，一般我们在堆肥的过程中需要调节C/N比值在25－35左右，尽量在生产过程中避免超过C/N比值40。

(3)pH的变化、通风和温度的交叉影响

在生活垃圾处理的过程中，经常需要采用翻抛的方式增加溶氧，提高微生物生长和繁殖的速率。但是随着翻抛的过程中，大约18%的氮素会在这个过程中损失。并且伴随着翻抛的进程，pH值和温度都会相应的降低，这个过程能够降低一定的氮素损失，但较翻抛的影响还是比较低的。

因此，关注气体的损失是整个过程中能否保氮的主要因素。有研究曾经指出，影响气体释放的主要因素的是堆肥的温度、堆肥的总氮含量和堆肥翻抛的次数，高的pH值能够促进气态氮的释放。这个结果与作者长期的工厂化生产经验相一致。但是与Suzelle的研究结果并不完全相同，他们认为湿度水平和通风状况对C和N的损失没有影响。如果参照这个结果能够实现的话，我们尽可能的调节好物料的相互关系，可以在高湿度和不同风条件下进行该操作，不仅能够减少前期水分的处理，并且不需要任何动力通风，无论对环保还是企业的生产都有明显的指导意义。因此需要持续关注该方面的研究进展是否能够扩大到大规模生产过程中。

(4)物料的湿度、外加添加剂的种类和方法

在没有强制通风而是采用翻抛的方法中，堆体尺寸的改变是影响氮素损失的关键因素，一般情况下小堆释放量较大堆释放量要明显少很多，主要原因是大尺寸的堆肥体积较大，内部易形成局部厌氧区域增加较多。因此，

我们需要建立微生物生长的动力学方程，如果能够建立起堆肥过程中 NH_3 挥发模型，将会对预测堆肥中 NH_3 生成量有巨大的帮助。

上面我们谈到的是氮素的损失影响因素及各个条件对氮素损失的影响，接下来我们讨论一下关于氮素固定的研究。

截至目前，关于生活垃圾中氮素固定的研究资料相对较少，只有零星的关于高的 C/N 比的物料有可能支持 N 的固定。有研究曾经测定过生活垃圾堆肥过程中产生的固氮酶活性（乙炔还原法），结果显示固氮酶活性较高就能减少氮的损失。并且有证据显示，葡萄糖能够增加固氮作用，但是具体的机制目前未知。

其实，生活垃圾堆肥的过程中，影响最大的是产生恶臭气体，并且对设备危害巨大。因此，如果能够保氮成功将对上述的恶臭气体及设备危害产生一定的保护作用，并且能将更多的 N 保留给作物使用。因此如何能够将生活垃圾中氮的损失降低到最低点是现在产业研究的关键技术。Raviv 等认为在生物垃圾处理的过程中最可能降低氮素损失的方式是利用高比值的 C/N 混合物提高氮源的固定，降低堆肥的气流比率，在前期减少混合物中的水分含量，控制好温度，尽可能的降低水分挥发将氮源物质带走，保持好氧发酵堆体内的氧浓度在较高的水平，抑制反硝化的进行，如有可能尽量添加外源酸性物质保持整体 pH 在 7 左右的水平。如果有可能，应该尽量的将物料精细化处理，可以达到一定的保氮水平。但这些都是基于普通的生物调控措施进行的，精细化调控的策略研究见诸报道的是 Mcgill 等人利用计算机控制的 170 L 的 composting vessels 反应装置进行的实验得出的结论，提出的保氮措施是：初始物料的 C/N 比应大于 25，利用吸附剂（草炭、酸性物质、泥炭和沸石）等充分吸附 NH_3，在堆肥开始后期间发现 NO_3-N 形成后选择通风措施降低水分防止反硝化的损失，并且将沥出液体循环使用到发酵堆体上。

工业化生产工程中，因为翻堆的时机及机器的差异以及与物料本身的湿度对生活垃圾等固体有机废弃物的好氧发酵过程中的保氮都有相关性。可以针对不同的有机物料采用不同的处理方式，比如 Skiora 等在研究牛粪的堆肥发酵中就曾通过调节 C/N 比值和添加 MSW 能明显的起到固氮的作用。也有人在研究鸡粪发酵过程中通过添加钙盐和镁盐能显著降低氨的挥发，并且认为 $MgCl_2$ 效果最好，$CaCl_2$ 次之，$MgSO_4$ 的影响最小。

从目前研究的结果看，除了改变工艺条件如通风、控温、加湿等措施外，真正的能够控制氮损失的措施是加入添加剂。所说的添加剂是为了能够加快堆肥进程或者提高堆肥产品质量，在堆肥的过程中加入微生物、有机物质或者无机物质。目前接种剂的种类主要可以分为如下几种：接种剂、营养调节剂、膨胀剂(又称为疏松剂)及调理剂。如果要控制氮的损失,常加入的物质为:①富含碳的物质,如秸秆、泥炭,主要使得物料的 C/N 比值升高;②金属盐类及硫元素,比如过磷酸钙,氯化钙,硫酸钙,氯化镁,硫酸镁,硫酸锰,硫酸铜,硫酸铝等等都可以降低氮的损失,主要原理在于能够能够降低 pH 值和改善微生物所需要的营养条件以及能够与 NH_3 形成沉淀保留在堆肥产品中;③添加一定的吸附剂,比如黏土、沸石等;④现在使用最为广泛的是在处理有机固体废弃物中添加外源有益微生物,比如固氮菌、纤维素分解菌、日本 EM 菌,能够最大限度的降低氮的损失。

不管如何,处理完成后的固体有机废气物需要进入土壤,为作物生长提供氮源。在 1964 年 Bremner 提出了将有机氮分为铵态氮、氨基糖态氮,氨基酸态氮,酸解未知肽氮和非酸解性未知态氮的观点。其实,我们从大量的数据中获悉,土壤中有机肥的残留有机氮积累是决定整个土壤供给作物使用的主要氮源。长期使用肥料对土壤中的两个主要氮源:铵态氮和氨基糖氮的影响较小,但是却显著影响到土壤中的氨基酸态氮和酸解未知态氮。因此比较主张施肥的方式是选择化学氮肥和有机肥混合搭配对土壤中作物生长更为有利。另外,在土壤中影响到作物利用的氮源以有机氮组分和含量,因为它们对土壤碱解氮利用系数有较高的内在原因。土壤氮素的矿化量和矿化速率与土壤中的有机氮的数量和含量有密切关系。一般认为,有机氮中各组分对矿化氮的贡献率分别为:氨基酸氮>酸解未知态氮>酸解性氨态氮>氨基糖态氮>非酸解性氮。一般认为可矿化氮主要来自酸解氮,特别是氨基酸态氮和氨态氮,后两者主要是可矿化氮产生的主要来源。具体的各形态氮在堆肥中的变化规律需要深入探讨,在此不再赘述。

5. 磷源的变化

堆肥是一种长期集中无害化处理和资源化再生利用于一体的生物学方法,其优点是物质转化能力强,易为人所控,对环境保护、植物营养等诸多方面的研究具有重要的意义,并且在转化过程中碳素可以通过各种酶的作用转化生成低分子量的有机酸,并且能够形成大量的稳定的腐殖酸物质,这些腐殖酸和简单有机酸具有明显的抑制土壤对水溶性磷酸盐的固定作用,并且由于各个小有机酸物质和腐殖酸物质含有大量的酸性基团,因此具有可以溶解堆肥中的很多难溶磷的能力。在高的 C/P 比的条件下,通过微生物的转化过程,无极水溶性磷可以固定有机形态的磷,通过研究发现,转化率可以高达 25%—100%,因此利用堆肥化处理有机生活垃圾可以活化磷元素,在提高磷的利用率和减少磷的固定方面有比较重要的理论和现实意义。通俗认为,有机磷较无机磷有很多的优点:①有机形态的磷经微生物的植物的根系分泌的磷酸水解酶的作用进行释放,释放出的无机磷可以直接被植物所利用；②有机磷在土壤中磷库占据主要跌日，一般土壤中有机磷能够占全磷的 20%—70%，如果从化学组成来看，大约 50%以上的有机磷为肌醇磷、磷脂和核酸组成。但是对于土壤和根际土壤环境中各种来源的有机酸对促进磷的活化，减少磷的固定作用方面还没有具体的定论，尤其是目前对于堆肥过程中微生物对外源无机磷转化为有机形态磷的能力以及腐殖酸及其代谢产物对无机磷的溶解能力的研究报道很少。

(1)低分子有机酸对磷素的活化

土壤磷素的活化涉及到多个元素，尤其是有机酸对酸性土壤磷的活化已经进行了大量的研究。现在研究结果显示，有机酸可使根际 pH 值明显降低，从而可以比较有效的促进难溶性的含磷化合物的溶解，从而提高磷的生物有效性。因此碱性土壤中如果引入外源柠檬酸或者利用能够产柠檬酸的植物或者微生物，就会引起土壤根际酸化，pH 值能够下降很多，从而提高土壤中的磷的有效性。现在对碱性土壤改良的过程中，低分子量的有机酸如柠檬酸、草酸、苹果酸和酒石酸等能促进碳酸钙的溶解，从而释放出土壤对磷的吸附作用，同时促进碳酸钙或者一些铁、铝等氧化物和水化氧化物所吸附的磷的释放。有机物质在分解代谢的过程中所释放出的有机酸与土壤中植物根际分泌的有机酸非常相似，都具有对难溶性磷的较强的活化作用。虽然很多的科学家做了大量的实验，但是结果并不是在所有土壤中添加有机酸都能起到相同的作用，不同土壤中即使同一组分的无机磷，同种有机酸对其活化能力差异较大，虽然均能增加植物的总吸收磷量，但是增加幅度的量很有可能并不是仅仅来自于有机酸促进的无机磷的释放，更有可能是土壤本身有机磷在某种特有机制中释放量的增加。

(2)微生物对难溶性磷的活化作用

目前，无论在固体有机废弃物的处理方面，还是在农业生态循环种植过程中，大量的微生物均被利用。有的微生物能够起到固氮的作用，有的可以起到降解磷的作用。微生物是营养元素的储存器，其磷素含量大约是植物的 10 倍左右，并且生活垃圾固体有机物质中是微生物可降解有机物质的重要来源。现在发现和应用的能够具有矿化和分解难溶性磷酸盐的微生物种类非常多，并且更多的存在于生活垃圾有机固体废弃物中，有研究曾报道过在生活垃圾中每克物质中含有 $3.5\times10^8-8.6\times10^8$ 个微生物，最为常用的能够分解磷能力比较强的有芽孢杆菌属(Bacillus SPP)、假单胞菌属(Pseudomonas SPP)、节杆菌属(Arthrobater SPP)、黄杆菌属(Flarobacterium SPP)、产碱菌属(Alcaligenes SPP)等等。上述微生物溶磷能力差异很大，这主要取决于菌株本身的特性，与它们的来源没有关系，不同微生物溶磷的机理差异性很大，一般情况下真菌比细菌溶磷能力要强一些。一般认为，微生物在生长繁殖时，不仅分解难溶性的磷化合物，而且利用一部分分解的磷组建成其细胞成分，有些细菌能够在细胞中储藏磷酸盐，因此在讨论和检测微生物降解磷酸盐的能力时，需要将该部分磷加在其中，否则将导致结果出现较大的错误。

全磷变化：生活垃圾堆肥中，全磷的含量随着堆肥时间的延长呈现逐渐增加的趋势，在整个过程中，包括升温期、高温期和降温期都有不同的变化，具体如表 2-8 所示。

表 2-8　堆肥过程中各种磷素变化

项目(ug/mL)	取样时间/天							
	0	**7**	**14**	**21**	**28**	**35**	**49**	**63**
全磷	0.26	0.271	0.292	0.305	0.316	0.312	0.260	0.271
有机态磷	1 796	1 560.6	1 976.6	2 757.5	2 388.7	1 973.8	1 976.6	1 560.6
活性有机磷	145.4	186.2	315.52	334.6	280.2	123.13	145.4	186.2
中等活性有机磷	360.4	362.51	382.34	512.65	348.5	302.15	360.4	362.51
中等稳性有机磷	660.6	550.6	700.4	1 086.6	880.4	685.7	660.5	550.6
高稳性有机磷	630.2	461.3	578.4	823.4	879.6	862.8	630.3	461.3

在生活垃圾堆肥处理的过程中，有机态磷含量变化在 7—14 天内基本都呈现一定程度的下降，在 14—28 天呈现明显的增加趋势，并且在第 28 天达到了最高峰值。由于微生物在利用碳素作为能源物质的同时也需要一定的磷素完成生命活动，可以将无机磷转变为有机态磷，在降温期及腐熟期，随着有机物质的逐渐减少微生物数量也呈现逐渐减少的趋势，部分微生物合成的有机态磷发生分解从而导致后期磷含量也呈现逐渐降低的趋势。

活性有机磷的含量动态变化：在生活垃圾有机固体废弃物的堆肥活动中，活性有机磷的变化在开始阶段一直在高温期均保持较高的水平(7—21天)，并且在后面的一周内保持相对的稳定，仅仅在后期处于一定的下降趋势，但并不是很明显。与活性有机磷含量变化存在基本相同的是中等活性有机磷的变化，在 7—28 天保持明显的增加趋势，并且在 28 天时达到最高值，随后呈现快速的下降趋势，这与活性有机磷的变化存在差异。中稳性和高稳性有机磷含量的变化在 7—14 天规律基本一致，都存在一定程度的下降过程，并且在 14—28 天的过程中都有非常明显的上升趋势。不同的是，中稳性在 28 天后明显下降，而高稳性仍然继续坚持 14 天后才出现明显下降。

2.3　畜禽粪便

2.3.1　畜禽粪便概况

当今社会畜禽养殖业高速发展，畜禽业的饲养规模也在不断扩大，成为我国农业经济中一个非常重要的组成部分。自从我国改革开放以来，随着经济的发展，生活水平的提高，人们对肉类的需求使得畜禽养殖业产值以及其在农业总产值中的比例在不断提高。在部分地区及省份，畜牧业产值在其农业总产值中所占的百分比已经遥遥领先。但伴随着畜牧业的迅速发展，畜禽养殖也已成为我国农村污染的主要来源。在很多地区，畜禽粪尿污染物排放量已超过居民生活、乡镇工业等污染物排放的总量，这或许也会成为许多水源地水体严重污染和富营养化的主要原因。

2.3.2　畜禽粪便的危害

畜禽养殖业产生的环境危害主要是由畜禽排泄物产生的，表现为畜禽养殖场排放的污水、粪渣及恶臭气体等，对土壤、水体、大气和人体健康造成很大的影响。

由于养殖规模有限，据统计，全国超过 80％的集约型养殖场都没有污染治理设备，畜禽粪污直接排放到环境中。目前，畜禽粪便对环境的污染主要集中在如下几个方面：水体污染、土壤污染、臭气污染、重金属污染、寄生虫污染和病原菌污染等几个方面，下面我们逐一介绍。

1. 对地表水的影响

粪便含有对人和动物生活环境造成危害的生物病原菌，粪便经过化学变化能够产生大量有毒、有害和恶臭的物质，因此现在越来越多的关注度已经集中在该方面。目前，畜禽粪便与水质有关的检测指标主要是生化耗氧量（BOD）、化学耗氧量（COD）、悬浮物固体，大肠杆菌、蛔虫卵及氮和磷。环保部门对大型养殖场排除的粪水检测结果表明，一般情况下 COD 超标 50—70 倍，BOD 超标 70—80 倍，固体悬浮物超标 20 倍左右。在表 2-9 中我们以 2010 年山东省畜禽养殖和畜禽粪便排放基数进行了大体的估算，由这个表格可以获得区域性污染物进入水体的流失率。畜禽养殖场中的高浓度、未经处理过的污水被降雨淋洗冲刷进入环境水体后，使自然水体中固体悬浮物、有机物和微生物含量增加，改变了水体的物理、化学和生物学组成，从而改变了水质状况。另外，粪污中有机物的生物降解和水生生物的繁衍大量消耗水体的溶解氧,使得水体变黑发臭,水生生物死亡,发生水体的“富营养化”。事实表明,畜禽粪便已经对水体产生了很大的危害。根据国家环保总局全国规模化畜禽养殖业污染状况调查显示:我国畜禽粪便中主要污染物 COD、BOD、NH_4^+-N、TP、TN 的流失量分别为 797.31 万 t、58 087 万 t、155.88 万 t、46.76 万 t、407.14 万 t。畜禽养殖业造成的环境污染已成为全国各个地区的主要污染源之一,对当地的农业生态环境和水体环境影响重大,并造成农业资源的严重流失和浪费。

表 2-9 几种畜禽粪便中 COD、BOD、NH_3-N 及总磷与总氮的含量(kg/t)

种类		COD	BOD	NH_3-N	TP	TN
牛	粪	31.0	24.5	1.71	1.18	4.37
	尿	6.0	4.0	3.47	0.40	8.0
猪	粪	52.0	57.0	3.08	3.41	5.88
	尿	9.0	5.0	1.43	0.52	3.3
羊	粪	4.63	4.10	0.80	2.60	7.5
	尿	—	—	—	1.96	14.0
鸭粪		46.3	30.0	0.80	6.20	11.0
鸡粪		45.0	47.9	4.78	5.37	9.84

从表 2-9 可以看出,水体如果一旦发生富营养化将会导致污染的水质发生恶化,人与动物将不能饮用,更为甚者将导致大量的水生动植物死亡并腐烂。如果用于灌溉农田,将会使农作物发生烂根,生育期倒伏及作物成熟不良。最近十几年的时间内,我国已经多次爆发恶性的环境危害事件,譬如太湖及海水的虎苔现象均与此有关。其实,发达国家的发展历程已经给我们提供了很多案例:英国的很多饮用水中硝酸盐含量过高,就是与湿的粪便直接投放到水体有关(贡献率达到 28%);美国出现的非点源污染量占到总污染的 60%以上,也是由于不当使用畜禽粪便等农业活动造成的。我国 20 世纪 90 年代杭州湾的污染曾引起了政府部门的高度关注,经过长期的分析后发现,造成杭州湾污染的主要源头不是工矿企业,也不是城镇生活污染,而是农业生产的污染,其中结论认为农药、化肥和畜禽粪便污染最为突出,这是我国第一次因为畜禽粪便污染给我们敲响了警钟,在这些污染指标中 BOD、无机氮和总磷严重超标,并且最近几年,随着我国畜禽养殖业的发展,造成的污染较 20 世纪更为严重,我们借用 1994 年和 2013 年的两组数据给作为一个参考(表 2-10、表 2-11),可以明显发现,最近些年由畜禽粪便

造成的污染较 20 年前更为严重，必须要引起我们足够的重视。

表 2-10　1994 年杭州湾污染物的主要来源

污染源及指标	污染贡献率/%				
	畜禽粪便	农业化肥	工业污染	生活污染	其他污染
BOD	18	—	17	22	43
无机氮	35	40	5	10	10
总磷	21	6	—	14	59

表 2-11　2013 年杭州湾主要污染物的来源

污染源及指标	污染贡献率/%				
	畜禽粪便	农业化肥	工业污染	生活污染	其他污染
BOD	29	—	17	24	30
无机氮	49	32	4	7	8
总磷	29	10	7	24	30

除此之外，上述两组数据均显示，畜禽粪便的污染贡献率在上述污染源中都占据了主导的地位。

2. 对大气环境的影响

畜禽养殖场产生的恶臭、粉尘和微生物排入大气后，可通过大气的气流扩散、稀释、氧化和光化学分解等作用得到净化，但是当排出的气体超过大气的自净能力的时候，就会对人和动物造成危害。畜禽粪便中含有大量的恶臭性气体，其中的氨、硫化氢等有毒有害成分能够严重的影响到畜禽养殖场的养殖环境和周围的居民空气质量。据统计：一年产 10 万头猪的猪场，每小时向大气排放 159 kg NH_3、14.5 kg H_2S、25.9 kg 粉尘，污染半径可达 4—5 km。畜禽粪便基于空气及周围环境微生物的作用能够迅速的腐烂发酵并产生硫化氢、氨气、硫醇、苯酚和挥发性有机酸等 100 多种有害物质，对大气造成严重污染，并严重影响养殖场和周围居民的生活。在所有的气体中，氮沉淀是环境污染的最主要因素，可以造成酸雨的形成，水体的富营养化以及导致同温层臭氧浓度的变化。不仅如此，畜禽养殖场产生的气体还是温室气体来源之一。有研究结果表明：现在大气层中甲烷的浓度以每年约 1%的速度增长，其中畜禽年释放甲烷量约占大气中甲烷气体的 1/3。随着畜牧养殖业的甲烷释放量逐年增加，对环境的压力也越来越大。

参照国际标准，很多国家对于畜禽养殖场的恶臭气体的排放有比较严格的规定，日本是世界上对臭气排放要求非常严格的国家，有 8 种恶臭气体属于要求很高，其中有 6 种就与畜禽粪便有关，分别是氨、甲基硫醇、硫化氢、二甲硫、二硫化甲基和三甲胺，后来随着生活质量的提高，又将丙酸、正丁酸、正戊酸和异戊酸四种低级脂肪酸加入其中，构成了 10 种主要的气体排放检测物质的标准。因为这些物质在畜禽粪便中占据重要成分，随着规模化畜禽养殖业的发展，恶臭公害现象目前也时有发生，危害饲养人员和周围居民的健康，如果浓度达到一定的程度，还会抑制畜禽的正常生长状况。

畜禽粪便堆放期间，无论是简单堆放还是利用现在较好的好氧发酵工艺，都会在微生物的作用下有机物被分解从而产生很多气体，比如乙醛，硫化氢，甲硫醇和氨气，这些物质既可以在空气中自由流动，造成周围空气质量的下降，并且有达到一定浓度时会吸附到饲养员和畜禽身上，从而对人和动物造成一定的危害。以规模化养殖蛋鸡场为例：存栏 5 万只的蛋鸡每天向外排放的氨气达 3 kg 以上，如果空气中氨气的含量达到 20 mg/m^3 并维持6 周以上是，鸡对瘟疫的易感性增加，如果达到 60 mg/m^3—70 mg/m^3 是会诱发角膜炎，80 mg/m^3 以上会导致产生气管炎。除了可能产生疾病外，氨气浓度对体重的增加也有明显的影响，如肉鸡如果持续在 50 mg/m^3 和 100 mg/m^3 环境中，随着氨气浓度的增加，在 7 周龄时不仅体重明显降低，而且死亡率明显升高。上述提到的气体物质，在不同的距离内浓度差异很大，比如氨气、硫化氢、甲硫醇、二甲硫、三甲胺等恶臭气体，在 320 m－640 m距离内，距离畜禽舍越近则空气中恶臭气体物质浓度越高，以氨气为例，距离猪舍 5 m 以内，氨气的浓度为 0.65 mg/L；离猪舍 320 m—640 m 则相应为 0.23 mg/L，如果超过 640 m，基本没有氨气。这些数据说明，随着我国城镇化人口的膨胀，畜禽养殖总数逐渐增加，规模扩大，饲养场地布点向城郊集结，因此由畜牧业养殖造成的环境污染将日益严重。

3. 对土壤和农作物的影响

对土壤和农作物的危害主要体现在三个方面：一是有机物质的瞬时释放能否顺利完成；二是畜禽粪便的重金属对作物和土壤的危害；三是畜禽粪便中的病原生物的扩散和快速传播。

可以说，在目前养殖模式的前提下，畜禽粪便中包含着蛋白质、脂肪、糖等，它们未经处理而直接进入土壤，最后被土壤中的微生物分解，土壤得到净化。粪便排放量一旦增加，会由于微生物来不及降解而使土壤产生无氧腐解，从而使土壤的性状改变，如孔隙性下降、透水性下降、板结等。土壤也会产生一些有害物质，比如一些恶臭物质和亚硝酸盐等，从而影响土壤质量。

此外还会产生一些病原微生物，造成生物污染和疫病传播。病原微生物因在动物肠道中经过，一旦快速的在自然界中传播，并且与植物产生交叉传染，势必会造成不可估量的影响。目前，世界各个国家的环保组织都在进行该方面的研究，并且出台了大量的法律法规，对保护日益被破坏的环境和人类的健康起到越来越重要的作用。国务院在 2014 年颁布的《畜禽规模养殖污染防治条例》自 2015 年 1 月 1 日开始实行。明确规定，对畜禽粪便的处理以预防为主，以防治结合的措施进行管理，在下面的章节中我们还会专题论述。

据报道，我国目前因直接使用畜禽粪便已经造成了土壤的大量破坏，尤其是土壤板结现象已经非常严重，在保护地蔬菜产区土壤已经明显出现问题，造成了保护地病害严重，产能降低严重，已经影响到了当地农民的收入。由此延伸的是大量的农药的使用，使蔬菜农药残留明显，虽然政府部门加强了监管和检测力度，但是收效甚微。在养殖行业，为了预防各种传染病害，目前大量的重金属元素被饲料行业添加到饲料配方中，但是我国关于饲料添加剂方面的法律法规还未健全，故畜禽养殖所需饲料仍存在着一定的安全隐患。铜、砷、汞、硒等重金属元素被添加到一些新型饲料添加剂中，给环境带来了严重的影响。Mitchell 等报道过，由于饲料中含有重金属元素，而农田因长期施用鸡粪，间接的导致农田里铜、锌含量已积累到毒害水平。有资料报道，根据污泥农业标准(41 mg/kg)，施用肉鸡粪的土壤中砷含量已经超过其标准。田间大量禽粪的使用使土壤盐分含量过高，对作物生长了产生不利的影响。

4. 重金属污染

在当前集约化发展的形势下，各种微量元素应用于饲料添加剂生产已越来越广泛。虽然在饲料中添加锌、铜等微量元素可防治畜禽疾病，促进畜禽生长等，但是微量元素添加剂的利用率通常比较低，大部分会随着粪便排出。山东省是肉鸡养殖大省，养鸡过程中饲料会添加大量的含砷生长剂以促进肉鸡生长，但是大部分砷会通过畜禽粪便排放到环境中导致污染。按照现在饲料中添加砷的浓度，以养殖场 10 万只鸡的规模推算，如果连续 15 年使用有机砷作为促生长剂，周围土壤中的砷含量将增加 1 倍，会严重超过国家标准，从而导致周围生产的农产品砷含量超过国家标准而不能使用。如果仅仅使用阿散酸，添加量按照低水平 100 mg/kg，料肉比 4∶1，出栏体重在 90 kg 左右，需要配套耕地 2 000 亩，据此估算 1 万头猪的猪场每年需要 360 kg 的阿散酸，周围环境需要接纳 124 kg 左右的砷，不用 8 年即可达到 1 t 的水平。其实在这个方面，美国的 FDA 规定的允许量也是明显偏大

(对氨基苯砷酸 250 mg/kg－400 mg/kg),污染速度比我们现在使用量更快,还能对地下水造成污染。另外,铜虽然是动物必需的微量元素,具有广泛的生物作用,能够明显促进畜禽生长并降低疾病的发生。但如果我们按照目前的标准,在仔猪和生长猪日粮中添加无机 Cu($CuSO_4$)达 100—250 mg/kg,有的高达 200—300 mg/kg;在猪的浓缩料中 Cu 的含量高达 1 000—1 500 mg/kg;仔猪日粮中 Zn 含量达 2 000—3 000 mg/kg,畜禽粪便中的重金属含量和养殖场内饲料中的重金属含量呈现相关关系,其中 Cu 和 Zn 的相关系数(r)分别达到 0.792 8** 和 0.799**。过高的铜含量不仅增加了铜和氮的排出量,更造成了资源浪费和环境污染。畜禽粪便因为含有丰富的 N、P 等营养元素而广泛应用于农田土壤中。伴随着规模化养殖场的发展,畜禽粪便中的重金属伴随 N、P 等营养元素一同进入到土壤中,导致土壤中的重金属含量升高,有的甚至已经大大超标。因为重金属从土壤表层向下层迁移量比作物地上部分带走的量要高几十到上百倍,并且对生态环境造成的杀伤力更不容低估,因为过高的铜含量可以抑制或者杀死分解有机物的细菌,畜禽粪便分解速度降低并造成大量有机物和矿物质元素对土壤的生物需氧量和化学需氧量的升高。

目前研究比较多的是 N、P 等营养元素和重金属对地下水的污染和影响,而对在畜禽粪便施加后土壤中重金属的迁移和有效性等问题上还没有引起足够的重视。

下面我们将重金属在土壤中的迁移行为和影响重金属迁移的因素做分别介绍。

(1)重金属在土壤中的迁移行为

根据目前养殖和种植的状况来看,重金属进入土壤的途径一般是经过大气沉淀、污水灌溉和有机肥的施用,而后通过吸附作用、溶解沉淀、氧化还原和络合螯合作用等过程,在土壤中和环境中发生迁移和转化。畜禽粪便中存在着大量对重金属在环境中的行为变化有着显著影响的有机物。这些行为的变化存在有机物的作用,也有土壤微生物的作用,下面我们会具体讨论一下。

首先,土壤的颗粒结构具有多重样式,其中对重金属具有较强吸附作用的是土壤中的黏土矿物质。畜禽粪便中的重金属容易在土壤表层积累,而有机和无机胶体物质的吸附作用会控制重金属的在土壤表层的积累程度,故土壤溶液中重金属的浓度会受有机和无机胶体物质的控制。黏土矿物质类型、微生物、腐殖质、pH、重金属的性质等都会影响土壤吸附。我们以紫云英和稻草为例,在土壤中加入这两种物质,我们可以检测到土壤中交换态铜的含量显著降低,而有机结合态和无定型氧化铁结合态铜的含量明显提高。可能是有机质施入土壤后，阳离子在土壤中的交换量变大，从而使土壤胶体对阳离子的吸附量增加。近几年来，由于腐殖酸肥料的大量使用，导致 Cd、Zn 的络合物可以与腐殖酸形成稳定性物质，而大分子量的腐殖酸相对小分子量的腐殖酸来说对降低重金属对植物的危害更有效，因此增施有机肥是固定土壤中多种重金属、降低土壤重金属污染的重要措施之一。

其次，土壤中的氧化还原作用也在其中起着重要作用，是影响重金属形态和可移动性的一个重要因子，在不同的氧化还原状况下，土壤中重金属的形态会呈现比较大的变化。例如，在还原状态下，Cd 以 CdS 沉淀的形态存在，而在氧化状态下，土壤中的 CdS 沉淀则会转化为可溶性的 $CdSO_4$，这时候 Cd 的可移动性和毒性都大大增强。因此在生物修复重金属污染土壤时，要将土壤呈现为还原状态，其目的就是为了减少某些重金属的移动性和毒性。在 Mn 氧化物含量较高的土壤中加入抗坏血酸，通过调节 Mn 的含量来使亚硒酸盐氧化成硒酸盐，从而使硒的溶解性增强。但同时其他间接还原的金属沉淀作用也可能伴随着整个氧化还原过程，如在硫酸盐还原细菌系统中，Cr^{6+} 的还原可能产生导致间接还原 Fe^{2+} 和硫化物的副产品。

第三，重金属的螯合和络合作用是固定重金属的两种重要方法。在高金属离子浓度时，络合和螯合作用一般以吸附交换作用为主。但土壤溶液中重金属离子浓度普遍较低。土壤中的腐殖质中存在着氨基、亚氨基、酮基、羟基等基团，这些基团能够与重金属离子牢固螯合，从而起到很强的螯合作用。重金属离子与螯合基以离子键结合，土壤中螯合物的稳定性受到影响，中心离子的离子势越大，配位化合物越容易形成。此外，植物根际的微区内也存在络合和螯合作用。根系在生长过程中，除了分泌 H^+ 和其他无机离子以外，还会将大量的有机物质和高分子凝胶物质释放到根际环境中，如糖类、有机酸、氨基酸和少量的酶等一些配位体，这些配位体对抵御重金属的毒害有非常重要的影响。这正是最近几年来国内外很多的科研工作者在根际微生物研究领域的重要理论依据，同时这对于解决土壤板结和突破作物重金属造成的危害等问题有着不可忽视的作用。

(2)影响重金属迁移的因素

目前土壤中重金属对农作物和对人体健康造成的危害已经引起了国家的高度重视，对此我们需要从很多角度进行解析研究从而解决重金属造成的土壤污染问题。作者认为，最为关键的一步还是切断土壤中重金属进入植物体的途径。土壤中重金属的存在状态、迁移转化规律、生物有效性、毒性及可能产生的环境效应主要受到下面几个因素的影响，只有准确的把握了解这些规律性的问题才能为土壤的改良和畜禽粪便的处理提供有力的依据。

①pH 值对于重金属自由态的控制作用。重金属可溶性和有效性受到重金属水解平衡的影响，而土壤 pH 则通过控制水解平衡间接改变重金属的可溶性和有效性。在 pH 升高的整个过程中，土壤胶体所带负电荷明显增加，H^+ 的竞争力则会大大降低，从而和重金属牢固结合在一起，故重金属以氢氧化物、碳酸盐和磷酸盐化合物的形态存在，从而降低了重金属的有效性。有数据显示，当土壤的 pH 由酸性逐渐转变时，变化态重金属下降10%而碳酸盐结合态却上升到 50%左右。

②土壤有机质的作用。很多学者对关于有机质对土壤中重金属化学行为的影响做了大量的工作。因为土壤中的有机质对土壤中的重金属有络合和螯合的作用，因此土壤中有机质含量对于重金属的迁移转化也有很大的影响作用。土壤有机质对重金属的迁移影响，最为关键的就是土壤有机质的含量，不同形态的有机质对重金属迁移有一定的作用，重金属由可溶性态向有机结合态转化也会受到它的影响。我们可以说有机质能够作为改良剂在土壤修复中广泛应用，这也是目前国家大量推行提升土壤有机质项目的原因之一。

③除了我们上面提到的两个因素之外，土壤中重金属的有效性也受到 Eh 和 CEC 的影响。氧化状态一般在透气性好的土壤环境中较为显著，还原状态则在淹水环境中比较强。如果土壤中积累的碳酸氢根离子和碳酸根离子增加，导致 pH 升高后重金属不断被沉淀，从而降低了重金属的可溶性。并且重金属的生物有效性随着 CEC 的逐渐增加而降低。但也有相反的报道。就目前来说，关于重金属与 CEC 的作用还没有更为详细具体的机制研究，需要学者的进一步研究探索。

5. 寄生虫和病原菌的污染

(1)畜禽粪便中的寄生虫和病原菌

畜禽粪便中含有大量的寄生虫和病原菌，对人类和畜禽有着很大的潜在威胁。目前已经知道的全世界大约有“人畜共患疾病”共 250 多种，其中在我国范围内已经知道的有 120 多种。“人畜共患疾病”是指那些由共同病原菌体引起的人类与脊椎动物之间相互传染的疾病，其传染渠道主要是患病动物的粪尿、分泌物、污染的废水和饲料等。

寄生虫。寄生于畜禽消化道中的寄生虫及其虫卵、幼虫或者虫体片段，在代谢的过程中随着粪便一起排出体外，个别的可随着尿液排出，也有部分呼吸道寄生虫的虫卵或者幼虫也出现在粪便中，主要的类型见表 2-12。

表 2-12　畜禽粪便中寄生虫的种类及类型

畜禽种类	寄生虫种类
猪粪	猪蛔虫、蓝氏类圆线虫、粪类圆纤虫、猪球首线虫、食道口线虫、猪肾虫、猪球虫等等
鸡粪	鸡蛔虫、鸡类圆线虫、鸡胃虫、前殖吸虫、锥状下棘口吸虫、火鸡组织地虫、鸡毛滴虫、鸡球虫等
牛粪	牛新蛔虫、乳突类圆线虫、牛钩虫、牛胃虫、捻转血矛线线虫、似血矛线虫、牛肺线虫、有齿冠尾线虫、牛毛首线虫、辐射结节虫肝片吸虫、胰阔盘吸虫、长菲世吸虫、鹿同盘吸虫、日本血吸虫、贝氏莫尼茨绦虫、曲子宫绦虫、牛囊虫、伊氏锥虫、牛胎毛滴虫、牛肉孢子虫、牛贝氏诺袍子虫、牛小袋纤毛虫、牛球虫、牛环形泰勒巫等
马粪	马副蛔虫、马尖尾纤虫、韦氏类圆线虫、胎生普氏线虫、马圆形线虫、无齿阿尔夫线虫、普通戴拉风线虫、马丝状虫、马胃虫、叶状裸头绦虫、伊氏锥虫、马肉他子虫等
兔粪	兔球虫、兔豆状囊尾幼、兔梳状莫斯绦虫、兔绕虫、兔圆形似蛔线虫、兔尖头胃虫、兔毛首线虫、兔美丽简线虫等

(2)畜禽粪便中主要的病原微生物

病毒的生活特点是只能寄生在活的细胞中,但是在水中仍有很强的生命力,也能通过粪便传播。比如脊髓灰质炎病毒能够存活 6 个月左右,肝炎病毒能够存活 70 天左右。并且畜禽粪便中携带的病毒有人畜交叉感染的病毒,如传染性肝炎病毒、脊髓灰质炎病毒、柯萨奇病毒、猪瘟病毒、猪传染性胃肠炎病毒、猪水疱病毒、鸡新城疫病毒、鸭病毒性肝炎病毒、鸭瘟病毒和人畜共患的口蹄疫病毒等等。在粪便中的微生物更多,在畜禽大肠中的微生物在粪便中均能找到,如粪便排出体外后由于受到环境微生物的污染,在畜禽粪便中的微生物种类和数量更多,尤其现在畜禽养殖大部分采用网上养殖,因此下面的垫料中的微生物种类除了包含畜禽粪便中的微生物之外,还应该包括各种垫料中的微生物。除了我们经常所谈的有益微生物之外,还有大量的病原微生物,如青霉菌、黑曲霉菌、责成霉菌等常见病原菌。目前报道中的各种畜禽粪便中的聚能检测出沙门氏菌属、志贺氏菌属、埃希氏菌属及各种曲霉属的致病菌型,表 2-13 是不同畜禽粪便中常见的微生物病原菌。

表 2-13 畜禽粪便中病原微生物的种类及类型

畜禽种类	病原微生物种类
猪粪	猪霍乱沙门氏菌、猪伤寒沙门氏菌、猪巴氏杆菌、猪布氏杆菌、绿脓杆菌、李氏杆菌、猎丹毒杆菌、化脓棒状杆菌、猪链球菌、猪瘟病毒、猪水泡病毒等
鸡粪	丹毒杆曲、李氏杆菌、禽结核杆菌、白色念珠菌、梭菌、棒状杆菌、金黄色葡萄球菌、烟曲霉、鸡新城疫病毒、缨鹅病毒等。
牛粪	魏氏梭菌、牛流产布氏杆菌、绿脓杆菌、坏死杆菌、化脓棒状杆菌、副结核分枝杆菌、金黄色葡萄球菌、无乳链球菌、牛疱疹病毒、牛放线菌、伊氏放线菌等
马粪	马放线菌、沙门氏菌、马棒状杆菌、李氏杆菌、坏死杆菌、马巴氏杆菌、马腺疫链球菌、马流感病毒、马隐球菌
兔粪	沙门氏菌、坏死杆菌、巴氏杆菌、李氏杆菌、结核杆菌、伪结核巴氏杆菌、痢疾杆菌、兔瘟病毒等

上面所述的无论寄生虫还是病原微生物不仅能够危害到畜禽养殖业的健康发展，对当地居民及周围环境造成的破坏无法估计，一旦大面积爆发传染性疾病将造成无法估量的后果。

2.3.3 畜禽粪便处理及处置措施

首先我们先了解一组数据，2010 年环境保护部、国家统计局和农业部共同发布的《第一次全国污染源普查公报》显示：2007 年的农业源普查时结果支出，畜禽粪便产生量达到 2.43 亿 t，尿液产量为 1.63 亿 t，COD、总氮和总磷产生量分别为 1268.26 万 t，102.48 万 t 和 16.04 万 t，到 2010 年时畜禽养殖业废水中 COD 和 NH_3-N 的排放量竟然是工业污水中总量的 3.23 倍和 2.30 倍，能够占到总污染物排放量的 45%和 25%。

山东省是全国畜禽养殖大省，连续几年的统计数据显示，畜禽养殖能够占到全国的 1/10 左右，畜禽粪便的排放和污染指数与养殖数基本持平。2010 年山东省畜禽粪便总排放量接近 2 亿 t，这从一个方面说明最近的几年，随着集约化养殖的大规模出现，畜禽粪便的污染将不可避免，畜牧业养殖模式正从传统的农户散养向着高度集约化方式进行，该模式的转变，必将导致养殖的区域选择由过去的农区向现在城市郊区或者新兴的城区靠近，大型的畜牧养殖企业和饲料加工企业也日益壮大，势必对周围大城市环境造成污染，尤其是对水系和空气的污染更为严重。如表 2-14 所示。

表 2-14　山东省各地市畜禽养殖分布(2010 年)

种类	济南	青岛	淄博	枣庄	东营	烟台	潍坊	济宁	泰安	威海	日照	莱芜	临沂	德州	聊城	滨州	菏泽	全省
猪/头	200	196	60	111	64	226	396	287	176	92	108	46	369	310	137	107	339	3 231
牛/匹	74	30	13	9.8	24	24	40	34	32	9	8	1.6	33	158	37	62	51	645
马/匹	0.11	0.02	0.03	0.115	0.135	0.05	0.23	0.205	0.045	0	0.02	0	0.06	1.69	0.205	1.08	0.71	4.72
驴/头	0.46	0.055	0.07	0.885	0.38	0.03	0.415	0.315	0.175	0	0.13	0	0.29	5.235	1.6	1.535	1.06	12.64
骡/头	0.135	0.01	0.005	0.13	0.135	0.055	0.195	0.07	0.045	0	0	0	0.04	0.65	0.19	0.725	0.515	2.9
羊/只	139	21	47	96	103	42	86	258	156	15	71	33	225	180	138	72	754	2 443
禽/只	3 591	5 550	1 313	2 441	1 898	4 913	11 058	7 072	2 969	1 390	2 519	718	5 727	4 866	4 273	3 833	4 169	68 309
兔/只	236	49	117	395	31	103	117	601	151	136	269	121	675	110	75	57	265	3 515

表 2-15　山东省畜禽粪便排放与能源值

种类	济南	青岛	淄博	枣庄	东营	烟台	潍坊	济宁	泰安	威海	日照	莱芜	临沂	德州	聊城	滨州	菏泽	全省
粪便产生量 wt	1 590	1 010	418	602	588	998	1 929	1 645	1 134	436	531	196	1 700	2 766	1 004	1 150	2 139	19 815
氮素养分含量 wt	7.32	4.87	2.06	3.48	3.08	4.77	9.27	9.17	5.5	1.98	3.02	1.09	8.53	11.43	5.25	5.31	12.56	98.53
磷素养分含量 wt	2.1	1.62	0.63	1.09	0.88	1.57	3.20	2.89	1.59	0.63	0.98	0.34	2.68	3.17	1.57	1.56	3.32	29.82
耕地面积 whm^2	36.07	51.28	20.71	24.08	22	44.6	78.39	60.06	34.34	19.17	22.96	6.86	84.26	61.9	56.56	44.71	83.13	751

续表

种类	济南	青岛	淄博	枣庄	东营	烟台	潍坊	济宁	泰安	威海	日照	莱芜	临沂	德州	聊城	滨州	菏泽	全省
单位耕地/粪便负 kg /hm^2	44.09	19.69	20.18	25.01	26.75	22.37	24.6	27.38	33.02	22.74	23.14	28.61	20.18	44.68	17.17	25.73	25.73	26.38
积氮 Kg/hm^2	203.01	94.97	99.25	144.6	139.94	106.98	118.2	152.6	160.1	103.4	131.7	158.3	101.3	184.6	92.8	118.7	151	131.2
积磷 Kg/hm^2	58.1	31.69	30.29	45.26	39.99	35.3	40.83	48.16	46.26	32.86	42.61	50.17	31.76	51.15	27.84	34.84	39.95	39.7

表 2-16　山东省及各市牛、家禽粪便日排泄量和家禽粪便氮磷养分含量

种类	济南	青岛	淄博	枣庄	东营	烟台	潍坊	济宁	泰安	威海	日照	莱芜	临沂	德州	聊城	滨州	菏泽	全省
牛日排泄量 kg/天	31.77	32.67	34.84	32.36	31.62	31.73	33.57	30.48	40.69	46.28	30.11	33.02	30.14	29.32	29.63	29.64	9.31	31.43
家禽日排泄量 kg/天	0.137	0.12	0.155	0.13	0.133	0.121	0.139	0.144	0.138	0.132	0.133	0.144	0.147	0.144	0.12	0.123	0.147	0.134
家禽粪便氮含量%	1.000	1.006	0.812	0.964	0.925	1.011	0.843	0.890	0.931	1.019	0.964	0.879	0.833	0.840	0.969	0.950	0.892	0.917
家禽粪便磷含量%	0.403	0.405	0.346	0.392	0.381	0.407	0.356	0.370	0.382	0.409	0.392	0.367	0.353	0.355	0.394	0.388	0.371	0.378

济南和青岛这样的城市养猪规模已经能够占到山东省总量的 1/8 左右，整个畜禽粪便排放量与之相适配。另外一个方面，大量的畜禽粪便所含有的 N、P 和有机 C 物质造成的能源浪费不得不引起注意。在上面的章节中曾提到好氧发酵过程中的物质的变化，如果不进行有效地处理，如表 2-15 中的能源浪费必将产生，并且由于土壤对畜禽粪便的负荷已经达到饱和，如过量的畜禽粪便未经处理直接进入土壤中，加之我们提到的病原微生物、重金属等的污染，将会对当地作物种植和产品质量造成影响。恰如表 2-16 和表 2-17 中提到的，如果能够合理的规划畜禽养殖的布局，将畜禽粪便中的有益物质结合当地的土壤墒情进行合理利用，将会节约大量的物质资源和社会资源，并且能够生产有益和有机的产品。上述这些均需要当地政府配合国家的最近出台的政策，不仅要对当地畜禽养殖业进行科学规划和布局，更应该对有能力承担畜禽粪便处理的企业进行政策引导和资金支持，使得该行业能够进入良性的循环，达到养殖业—肥料加工—种植业、养殖业—肥料加工—渔业、养殖业—高科技处理产业等的配套循环，形成从养—种，养—养、养—产等良性循环，利用自然界和科技手段，将整个的畜禽粪便变废为宝甚至进入再生产过程。

表 2-17　畜禽日粪便排泄量及养分含量系数

种类	日粪便排泄量/kg/d	总氮含量/%	总磷含量/%
猪	5.30	0.238	0.074
奶牛	53.15	0.351	0.082
羊	2.38	1.014	0.216
马	16.16	0.378	0.077
肉鸡	0.10	1.032	0.413
蛋鸡	0.147	1.032	0.413
鸭、鹅	0.19	0.625	0.29
兔	0.46	0.874	0.297

从上述所言，对畜禽粪便进行有效和有益的处理，不仅对减轻环境负担有益，更能有效地解决目前我国过多的化肥使用造成的土壤和大气污染，尤其是社会资源的浪费。大量的数据显示，按照目前全国畜禽粪便年排放量 26 亿 t 计算，折合成标准化学氮肥是 780 万 t，标准磷肥 575 万 t，标准钾肥 450 万 t，合计折算成化肥总量为 1 800 万 t，并能够提供有机物质为 3 900 万 t。

目前对于畜禽粪便处理的方式不外乎几种：直接废弃、直接入地、简单的厌氧处理入地、好氧发酵制作有机肥、厌氧发酵制作沼气。根据目前国家政策规定，前面三种处理方式已经处于控制或者逐步禁止的状态。因此，好氧发酵制作有机肥和厌氧发酵生产沼气是目前的主要处理方法，下面介绍相关策略和方法，为广大的研究者从自身和当地环境及资金的实际出发，制定合适的处理处置方法。但是所有的处理原则都要按照减量化、无害化、稳定化和资源化的原则进行处理。

(1)干燥法

干燥法包括自然干燥和高温快速干燥两种方法。自然干燥直接将畜禽粪便收集后，选在一定的场地后摊晒，利用自然光干燥，这种方法成本价格极低并且容易操作，但也有明显的缺点，即受环境条件的影响很大，规模不能达到一定产能并且质量不够稳定，尤其该方法容易产生大量的臭气，不能适应目前规模化养殖场处理畜禽粪便的要求，并且容易传染疾病。本世纪初在河北等地区开发了高温快速烘干技术，其工艺是利用回转式滚筒，借助外源热能的作用能够在很短时间处理畜禽粪便，将高含水量(80%左右)的畜禽粪便在十几秒时间就能在500℃—550℃干燥，这个方法能够工厂化生产并且处理量很大，并且同时达到了除臭、灭菌和消除各种病原微生物的作用，但该方法的缺点是投资太大，并且需要消耗大量的能源，二次环境污染问题目前没有解决，导致该行业发展受到很大的限制。

(2)烘干膨化法

该方法是将畜禽粪便利用搅拌机械和气体蒸发的作用，利用低温干燥机的作用，水分含量也能快速降低到13%以下。其原理不外是利用热效应和喷放机械的作用原理，对畜禽粪便处理达到除臭和灭菌的作用，但该技术要求鸡粪必须新鲜，这对于规模化畜禽养殖企业也不能实现，因为目前养殖大约50天左右处理一次畜禽粪便，该方法的另一个缺点是处理后的畜禽粪便臭味仍然很大。

上述两种方法中均需要干燥设备，目前常用的设备主要有下面几种：

①太阳能大棚干燥设备。这是20世纪80年代我国自行研制成功的，利用大棚干燥设备，搅拌机对畜禽粪便处理，同时利用排风机将湿气抽出得以粪便干燥。这种技术由于受到很多环境条件的制约，并且臭气需要处理，现在很少使用了。

②快速高温烘干设备。目前常用的是卧式转动圆筒快速干燥设备，需要用到高效燃烧炉，在本世纪初使用量比较大，但耗能较高，效益一般，逐渐被淘汰。

③微波干燥设备。这是一种一次性投资较大的设备，并且对畜禽粪便要

求前处理程度较高，并且每次处理后畜禽粪便水分含量降低较少，没有获得大规模推广，但该技术可以一次性完成对畜禽粪便的干燥处理和灭菌工艺。

④气流干燥设备。

上述所有的设备处理畜禽粪便均能实现无害化和减量化，但是针对目前我们所需要的资源化利用效率较低，因为目前在我国畜禽粪便仅能作为肥料使用，价值比较低，如何更高效的利用畜禽粪便并采用何种处理方式，需要进一步的研究。

(3)堆肥腐熟

堆肥腐熟包括好氧堆肥腐熟和厌氧堆肥两种方法。其中好氧堆肥法是利用外源好氧微生物的作用，通过调节合适的 C/N 比值，借助翻抛设备的作用，能够使畜禽粪便在短时间内快速升温，从而杀灭微生物和病原微生物，达到无害化的目的。这个方法费用相对较低，环境影响不大，技术相对成熟，是目前和未来畜禽粪便处理和推广的相对可行的方法。通过该方法处理后的畜禽粪便，能够在相对较短的时间内达到腐殖化过程和矿质化的目的。这个方法也就是我们现在常说的生物处理法，改变畜禽粪便内部的微生物菌群的生长特性，扩大外源微生物的繁殖，充分利用畜禽粪便本身的营养源，在 2－3 天内升温到 70℃及以上，比较快的杀灭病菌等有害物质，同时通过该过程将畜禽粪便矿质化和腐殖化后也能充分吸附臭味和氨气，既能除臭也能保氮，这与前面提到的机理一致。

(4)畜禽粪便中污水处理

目前厌氧产沼气是最重要的方法，除此之外还有厌氧消化、接触氧化、化合细菌和人工湿地的方法。

2.4　作物残留物

目前，在我国农作物残留物秆一般被当做垃圾，基本处于利用价值很低的状况，农民处理作物残留物的方法一般是焚烧或者遗弃，其内含的大量有机物质没有获得充分的利用，造成大量的资源浪费。实际上，我们称谓的作物残留物包括秸秆残留物、蔬菜瓜果枝叶残留物、园林残留物等等，现在统称为生物质(biomass)，就是各种因光合作用动力而产生的形式多样的有机体，一般包括农作物和农作物废弃物等，可分为木本科、禾本科和水生植物废弃物。这些都是绿色植物直接或者间接通过叶绿素的光合作用，将外界的太阳能转化生成化学能并将能量储存在生物质内部的原动力形式，是目前世界上唯一的可以储存及可运输的可再生资源。

《百度百科》对秸秆定义是成熟农作物茎叶(穗)部分的总称。通常指的是小麦、水稻、玉米。薯类、油料、棉花、甘蔗和其他农作物在收获后的剩余部分。《农作物秸秆资源调查与评价技术规范》对秸秆的定义为“农业生产过程中,收获了稻谷、小麦、玉米等农作物籽粒后,残留的不能食用的茎、叶等农作物副产品,不包括农作物地下部分”。

有科学家曾经统计过,如果按照每年光合作用固定的碳量为 2×10^{11} t 计算,这相当于全世界每年耗能的 10 倍左右,并且充分利用生物质能源可以减少 CO_2 排放减少温室效应。作物残留物作为一种基本的生物质能源,将会在我国能源结构中起到至关重要的作用,如果进行技术革新将会替代煤炭、石油和天然气等不可再生资源,保障国家能源的稳定供给,减少对常规能源的依赖和对环境造成的沉重负担,生物质能源作为重要的可再生能源,除了可以直接燃烧之外,还可以用于生产沼气、液体乙醇和固体燃料等各种能源,现在在很多国家已经采用绿色能源技术替代常规能源的作用,作为我国未来的开发战略也已经引起了人们的重视,在很多领域对其进行了探讨和应用研究。

作物残留物作为重要的生物质能源,总能量可与玉米、淀粉的总能量相当。如果以燃烧值作为参考标准,可达到煤的燃烧值的 50%左右,残留物中蛋白质含量大约为 5%,纤维素含量在 30%左右,钙、磷物质含量也比较多。有计算获知,4 t 秸秆相当于 1 t 的粮食营养价值,我国年产作物秸秆大约 6 亿 t,如燃烧可相当于 3 亿 t 煤热值,如做饲料可当 1.5 亿 t 粮食。

上述各个作物秸秆中,除了 C、O、H 含量在 65%以上外,都含有另外的 N、P、K、S 等多种营养和元素物质。几种作物秸秆中的元素成分如表 2-18 所示。从化学组成上看,一般分为两大类:第一类是天然的高分子聚合物和其混合物,主要是纤维素、半纤维素、淀粉、蛋白及木质素物质;另一类是小分子物质,单糖类、抗生素类、脂肪族类、激素和黄酮素类等物质,并且包含部分萜类物质。从物理性质看,所有这些农业秸秆都有表面密度小、韧性大、抗拉抗弯曲和抗冲击强的特点。一般都具有良好的可燃性并且能够产生热量,尤其是含二硫键少,燃烧清洁。

表 2-18　几种作物秸秆中的元素成分

种类	N	P	K	Ca	Mg	Mn	Si
水稻	0.60	0.09	1.00	0.14	0.12	0.02	7.99
小麦	0.50	0.03	0.03	0.14	0.02	0.003	3.95
大豆	1.93	0.03	0.03	0.84	0.07	—	—
油菜	0.52	0.03	0.03	0.42	0.05	0.004	0.18

作物残留物的基本性质可以归纳为以下几个特点：

①可再生性。作为一种可以再生的资源，农作物秸秆可以伴随农作物生长过程中的光合作用再生，资源非常丰富，可以随着季节定期再生，可保证该资源的永久可利用。

②低污染性。农作物秸秆残留物作为一种资源，内含的 S、N 含量非常低，S 平均含量为 0.38%，燃烧过程中生成的 SO_x、NO_x 较少；在农作物残留物的再生利用过程中，排放的 CO_2 与其生长过程中吸收的 CO_2 达到碳平衡，具有 CO_2 零排放的作用，对缓解温室效应具有重要贡献。

③密度低、占地面积大。农作物秸秆残留物资源具有密度低，收集费工费时的特点。打捆后密度一般也在 300 kg/m^3 以下的水平，如果加上运输水平，需要压实后也不会超过 600 kg/m^3，目前很多企业收购农作物废弃物作为能源，但运输和储藏成本对其发展来说是很大的负担。一些农村设置堆场，侵占了大量的农田，估算是每堆积 1×10^4 t 秸秆需要占地大约 1 亩。由于秸秆产量大，难分解等因素，处理及处置方法就是堆积和焚烧，从而造成孳生细菌、蚊和虫，污染大气环境。

④分散和保存性相对较差。农村的作物秸秆主要是自己收获并堆放，各家各户分布零散，高效储藏非常困难。收获后秸秆晾晒不及时，而是处于含水量较高的阶段，容易发霉。我国小麦、玉米和水稻三大主要作物收获期比较集中，农民在收获后还需要及时种植下一茬作物，因此该阶段需要的劳动力非常大，如果不及时收集和运输，极易造成环境污染。

目前我国很多地方因为对秸秆废弃物的集中化处理水平比较低，加之农民现在用电和天然气逐渐增多，秸秆残留物已经成为了主要的垃圾。很多农民就是简单的收集后直接焚烧，造成了极大的环境污染。虽然，各地政府出台了各种措施进行防范，但效果并不明显。

作为一种可再生的能源物质，作物残留物中含有丰富的纤维素和木质素成分，其碳源、氮源、内涵维生素及矿物质都是非常好的营养源，可以用于制作饲料、肥料，也可以用于作为生物质能源和工业原料。

2.4.1　作物秸秆的分类

现在对作物秸秆的分类还是比较笼统，一般按照颜色分为黄色秸秆和灰色秸秆。黄色的主要包括麦秸、稻草和玉米秸秆，一般是重量比较轻，体积很大。灰色的秸秆主要是棉花秸秆、树枝残留物，木材下脚料等密度相对比较大的木本类植物。

2.4.2 秸秆的危害

目前对秸秆危害研究主要是基于现在的秸秆焚烧问题展开的。从以下几个方面进行危害分析：

焚烧产生的烟尘烟雾、形成的酸雨酸雾及气体的排放（CO_2，CO，SO_2）三个的方面形成的足够危害，从而可能导致浪费宝贵的生物质能源，产生大量的空气污染，可能引发未知的火灾甚至破坏土壤本身的结构。

在夏秋季节，田间地头堆放的大量农作物秸秆因含水量比较大，燃烧后并不是很充分，因此在燃烧的过程中会释放出大量的浓烟和粉尘，同时农作物秸秆燃烧时会释放出很多的多环芳烃、碳氧化合物、碳氮化合物和硫氧化合物等有害的气体，这些气体在风力的作用下能够扩散，对人和周围动物都有严重的危害。比如当人吸入过量的二氧化硫、二氧化氮及粉尘物后就会对眼睛、鼻子等器官产生较大的刺激，导致呼吸不畅，眼睛疾病等的危害。

更为严重的是，秸秆焚烧能够诱发火灾。秸秆焚烧时能够加速周围空气的流动，将风速增加后改变风向，人力无法控制，形成的火团如果窜到房屋，山上或者田间将导致大量的人畜伤亡。在这个过程中，如果形成的火势较大，将会对农田设备造成危害，尤其农村田地电力线比较密集，一旦燃烧将对线路运行和人身安全造成无形的隐患，如果产生的大量烟雾和灰尘降落到绝缘支柱上将导致支柱绝缘性降低，对田间配电设施危害深重。如果周围有油库、加油站和粮库等公共场所，将对这些场所造成严重的安全灾难，同时，因为焚烧秸秆形成的浓烟和大量漂浮的灰尘，对阳光的吸收和散射能力将降低，大气变得混浊，严重时将影响民航、铁路和高速公路的运行。上述都是可见可闻的事实，并且我国因为焚烧秸秆造成的严重灾难已经数不胜数。

秸秆焚烧对土壤的生态环境造成的破坏是不可估量的。焚烧秸秆形成的灰分虽然能够为土壤提供一定的有机质，但是同时由于高温的作用，首先将导致秸秆中的大量有益微生物死亡，同时，土壤中的长期形成的动态平衡微生物，包括大量的细菌、真菌和放线菌以及能够固氮的微生物和合成腐殖酸等的微生物在这个过程中直接被烧死，直接破坏土壤的土肥相融态，是腐殖质与矿质土粒结合形成的有机无机复合胶相解体，将我们所述的活土变成死土，土壤将出现板结严重的现象。在这个过程中，本来含有大量的有机物质的秸秆仅剩灰分和无机元素，土壤失去了有机质带来的各种益处，将对土壤的生态平衡造成严重影响，可能会出现大量的未知病菌和病毒，对作物生长产生极不利的形式。可惜的是，含有大量氮、磷、钾、钙、镁及有机质的作物残留物是一种可再生的多用途资源，也是维持生态平衡的重要物质基础，因为焚烧将导致碳源损失 80％以上，氮源损失超过 70％，磷钾等损失超过 30%以上，剩余的将从活性态转变生成固定态，很难发挥肥料的效用，上述我们也曾谈到，焚烧释放出的大量气体将会释放大量的废气和加剧温室效应，目前所言的雾霾可能与焚烧有一定的关联。可以说，焚烧秸秆就是燃烧我们的生命。焚烧秸秆还会杀死大量土壤中的微生物，从而导致土地板结。微生物对土壤有着极其重要的作用，土壤微生物可以分解有机质，改善土壤的结构和耕性。而在焚烧秸秆时，土壤以下 5 cm 处的温度为 60℃—90℃，严重影响微生物的生长发育。研究表明焚烧秸秆后土壤中的微生物数量相比焚烧前能减少 75%以上。可以得出结论，焚烧秸秆会对土壤微生物产生毁灭性的影响。表 2-19 是焚烧造成土壤中微生物变化的数据。

表 2-19　焚烧秸秆对土壤微生物的影响

土样	焚烧前	焚烧后	死亡率(%)
细菌($\times 10^6$ 株)	59.3	8.3	86.4
放线菌($\times 10^6$ 株)	4.7	1.0	78.7
真菌($\times 10^6$ 株)	18.3	2.3	87.4

如果对作物残留物进行有效的利用，将会产生极大地经济效益，面对大量的作物残留物，有科学家利用灰色马尔科夫预测对我国未来的秸秆产量曾进行了预测，结果如表 2-20 所示。

表 2-20　灰色预测求得的 2014—2020 年的秸秆产量

时间(年)	2014	2015	2016	2017	2018	2019	2020
产量(万 t)	4 054.7	4 056.3	4 057.4	4 058	4 058.4	4 058.7	4 058.8

结合近几年对作物秸秆的在各个行业的利用所产生的价值，如表 2-21 所示。

表 2-21　2012—2018 年秸秆的各个途径利用效益

年份	2012	2013	2014	2015	2016	2017	2018
秸秆还田收益(万元)	310 000	310 290	310 570	310 570	310 660	310 660	310 690
制作酒精量(万 t)	402.60	402.98	403.25	403.34	403.41	403.46	403.49
制作沼气量(万立方米)	1 046 760	1 047 748	1 048 450	1 048 684	1 048 866	1 048 996	1 049 074
制作饲料收益(万元)	563 640	564 172	564 550	564 676	564 774	564 844	564 886

从表 2-21 中可以获得，秸秆还田的总量收益基本在 31 亿左右波动，制作酒精总量在 400 万 t 徘徊(产值大约 160 亿)，沼气量大约就在 105 亿立方米(产值大约 150 亿元)，饲料收益 56 亿左右，总量大约能够收益 350 亿左右。各个行业产值总量并不高，从目前行情看，如果能够将所有的秸秆作物收集直接销售，总量收益大约能达到 600 亿－700 亿(秸秆直接销售 0.15 元左右)。

上述秸秆还田曾经占据一个主要的位置，因为秸秆还田能够提高土壤的有机质含量，调节土壤有机质及氮磷钾的比例，能够协调被破坏的土壤团粒矛盾，同时提高土壤水分的保水能力，能够提高土壤的肥力。上述均是科学家在当今面临秸秆不能直接焚烧提出的一个有意义的解决作物残留物的重要思维，但是同时因为该方法的大面积推广，也出现了很多问题，尤其是秸秆中纤维素和木质素并没有得到很快的分解，长期堆积在土壤中，作物并不能充分的利用，在这个过程中，大量的病原微生物由于缺少拮抗菌的存在大量滋生，导致土壤病原微生物大量繁殖，土传病害大面积出现，作物曾出现大面积死亡或者出现僵苗的不良现象。主要体现在下面几个方面：

1. 增加成本

秸秆还田基本都是在作物收割季节，利用机械作业进行的，因此往往出现还田量不均匀或者使用过大的现象，这样就造成秸秆不能与土壤微生物有效作用，土壤微生物易发生与作物幼苗争夺养分，导致出现黄苗、死苗和减产现象。并且在秸秆还田过程中需要补充适当的氮肥和磷肥，往往造成秸秆还田的成本。秸秆还田后，土壤变得疏松是益处。一个不可忽视的矛盾同时出现，即空隙比例过大并且不均匀，土壤呼吸需要的空气易缺失。因此需要适时灌水并且压实，能耗将增大，成本过高。

2. 病原菌易发生

秸秆还田不能快速升温发酵，因此秸秆中的虫卵、带病菌体等病虫害在使用的过程中，由于粉碎过程中不能杀死，将彻底留在土壤中，造成的土传病害到现在还没有有效的方法进行解决。有报道曾指出，如果秸秆还田不进行处理，在种植土豆的过程中将会产生大量的蛴螬害虫，导致土豆大面积减产。如果连续实施秸秆还田方法，土壤生态系统将发生严重失衡，如曾经报道过的，连续秸秆还田地块的小麦根部病害发生严重，以小麦纹枯病为例，在山东、河南和河北的面积快速扩张，2006 年达到 6.2×10^5 hm^2，成为仅次于小麦白粉病的第二病害，河南省在 2006 年小麦纹枯病 2.813×10^6 hm^2，小麦根腐病发病田地一般能够造成减产 20％—30％，如果一旦严重将会超过 50％，小麦的全蚀病害在全国近几年也在快速蔓延，江苏、河北、河南和山东等地都有发生，重者减产可达到 50%以上甚至绝产。国内的学者认为造成这些病害大量传播的原因是因为病原菌的休眠和繁殖因为秸秆在土壤中提供了良好的条件，从而土壤病原菌大量增殖积累，导致根部病害的加剧发生。也曾有报道认为，小麦和玉米在成熟的过程中，其秸秆中含有很多毒性的物质，这些物质在田地中需要分解 154—196 天才可以解除毒性，实验曾证明：将小麦秸秆堆积 6 周后，采用水提取法提取其水溶性物质，可以抑制小麦的生长，并且导致玉米减产和玉米的萌发和幼苗的生长。

上述指的都是秸秆还田对作物的影响，其实不仅仅是作物，土壤微生物在这个措施的应用下也受到明显的影响。

以玉米秸秆为例，其含有大量的化学能，玉米秸秆中含有大约 30%的碳水化合物，2%—4%的蛋白质和 0.5%—1%左右的脂肪，这些能量如果以玉米籽粒计算，相当于 2 kg 的玉米秸秆净能量相当于 1 kg 的玉米籽粒，所含有的消化能量为 2 235.8 kg/kg，营养非常丰富，相当于牧草。如果以湿重计量，每 100 kg 含有 0.48 kg 的氮、0.38 kg 的磷和 1.67 kg 的钾，相当于 2.4 kg 氮肥、3.8 kg 磷肥、3.4 kg 钾肥。就因为具有如此之多的化学能量，为土壤微生物的生长繁殖提供了大量的能源，微生物在生长繁殖的过程中产生了大量的活性酶。有研究发现，秸秆还田后 0—20 cm 耕层的细菌数和真菌数总量分别增加 142.9%和 115.0%，一般情况下，秸秆均能刺激微生物的生长，并且在很多土壤中由于使用此技术，导致对真菌数量的影响趋势比对细菌的要大，土壤微生物区系由细菌型向真菌型转化的趋势。由于缺少外源有益微生物的拮抗作用，大量的病原真菌的繁殖并且分泌大量的物质，就易形成与作物争抢“粮食”的现象，导致根基微生物变化严重，很多作物出现不适后萎缩甚至死亡。

除了秸秆焚烧造成的严重影响外，另外的几个因素也是作物秸秆污染不得不考虑的问题。

3. 侵占土地严重

由于废弃物本身的特点，导致占地面积过大，并且占据时间长，容易生成病害，影响周围的环境，并且通过上面的数据获悉，对资源的浪费极其严重。

4. 污染土壤

废弃物堆置的过程中，伴随着微生物分解作用，有害物质能够污染土壤，内含的病原微生物在土壤中能够生长和繁殖，如果人类直接使用，将导致不可估量的二次污染和交叉传染，在雨季如果污染土壤中的病原微生物和其他的有毒有害物质径流或者渗流进入水体必然造成水体污染，破坏当地的生态环境，进一步危及人类的健康。除了直接的破坏作用外，还能够影响到土壤的生态平衡。土壤中的很多微生物包括细菌、真菌和放线菌在大自然中担任调控碳循环、氮循环、硫循环及磷循环的作用，一旦大量的有害物质进入土壤，就会破坏微生物的生态平衡和土壤的肥力，并且抑制植物的生长发育。

5.污染空气

秸秆在很多地区处于剩余状态，前表已经显示，如果乱堆乱放，不仅仅影响市容市貌，并且可能因为长期堆放分解产生的有机酸、酯类物质等会导致人过度兴奋，心态变差和工作效率降低。

2.4.3 秸秆的处置及处理方法

我国是一个农业大国，作物残留物数量巨大。这些资源曾经是我国农村必需的生产和生活物质，但是随着作物产量的不断提升，相应的作物残留物在不断增加，农村的能源结构在不断改善，新的能源物质不断出现，加上作物残留物资源分布零散，收集成本高及经济效益差，产业化基本没有跟进，造成了区域性、结构性过剩的现象，尤其是农业经济发达的主产粮区，露天焚烧和随意乱丢弃的现象根本无法阻止，现在已经造成大气环境和周围水体的严重污染，并且屡屡威胁交通安全、破坏居住环境。鉴于目前的现实，我们应该制定切实可行的方案，应对作物残留物造成的不良影响，真正实现资源化利用。

首先我们以山东省最近几年的基本概况作为参考，为该资源的利用提供参考，如表 2-22、表 2-23 所示。

表 2-22　山东省 2006—2012 年粮棉油产量　　单位：万 t

年份	粮食	棉花	油料	总量
2006	4 093	102	328	4 524
2007	4 149	100	329	4 578
2008	4 261	104	341	4 705
2009	4 316	92	335	4 743
2010	4 336	72	342	4 750
2011	4 426	79	341	4 846
2012	4 511	70	351	4 932

资料来源：山东统计年鉴 2013

表 2-23 山东省 2012 年各市主要农作物秸秆产量

单位：t

地市	小麦	稻谷	玉米	高粱	谷子	豆类	薯类	油料	棉花
济南	1 413 842	53 037	106 074	212 148	318 222	540 978	74 732	224 197	672 591
青岛	1 699 321	610	1 220	2 440	3 660	6 223	34 593	103 778	311 334
淄博	816 604	4 520	9 040	18 080	27 120	46 103	19 617	58 850	176 551
枣庄	952 702	18 053	36 106	72 211	108 317	184 139	72 682	218 045	654 134
东营	387 000	31 405	62 810	125 620	188 430	320 331	1 520	4 559	13 676
烟台	1 009 132	1 138	2 276	4 552	6 828	11 608	104 492	313 476	940 428
潍坊	2 588 227	0	0	0	0	0	61 181	183 543	550 629
济宁	2 445 247	225 040	450 080	900 161	1 350 241	2 295 410	115 547	346 642	1 039 925
泰安	1 559 980	1 785	3 571	7 141	10 712	18 210	54 462	163 385	490 154
威海	478 687	0	0	0	0	0	51 935	155 805	467 415
日照	55 695	70 312	140 623	281 247	421 870	717 179	74 795	224 384	673 152
莱芜	95 267	0	0	0	0	0	36 858	110 573	331 720
临沂	2 305 379	378 575	757 150	1 514 300	2 271 449	3 861 464	387 387	1 162 161	3 486 484
德州	3 441 625	600	1 200	2 400	3 600	6 120	16 485	49 455	148 365
聊城	2 759 204	1 292	2 584	5 167	7 751	13 176	17 422	52 265	156 795
滨州	1 569 845	3 716	7 432	14 864	22 296 037 903	5 117	15 351	46 053	
菏泽	3 783 036	45 836	91 671	183 342	275 014	467 523	31 247	93 740	281 219
总计	28 762 093	835 918	1 671 837	3 343 673	5 015 510	8 526 367	1 160 069	3 480 208	10 440 625

在上表中我们列出了山东省 2012 年的粮、油、棉的产量和各个地区秸秆的生成量。一般情况下，由于统计方法的差异，对各地的秸秆产量很难获得一个基本的准确数据，大部分秸秆的产量是通过农作物的产量计算获得的。计算公式如下：

$$CR = \sum_{i=1}^{n} Qc_i r_i$$

其中，CR 是秸秆资源总量，Qc_i 为第 i 类作物的产量，r_i 是第 i 类作物的谷草比系数(Residue to Product Ratio，RPR)，因此确定各个农作物谷草比系数是关键，可以通过对农作物实地测算获得经验常数，这是基于各类农作物在不同的区域该系数基本相同。表 2-24 给出不同农作物的谷草比系数(RPR)。

表 2-24　不同农作物谷草比系数(RPR)

种类	稻谷	小麦	玉米	谷子	高粱	其他谷物	豆类	薯类	花生	油菜	芝麻	胡麻	向日葵	棉花	麻类	甘蔗	甜菜	油料
RPR	1	1.1	2	1.5	2	1.6	1.7	1	1.5	3	2	2	2	3	1.7	0.1	0.1	3

因为农作物残留物运输不便，一般均为区域性资源，因此我们以山东省 2012 年的农作物秸秆残留物的分配比例为例。

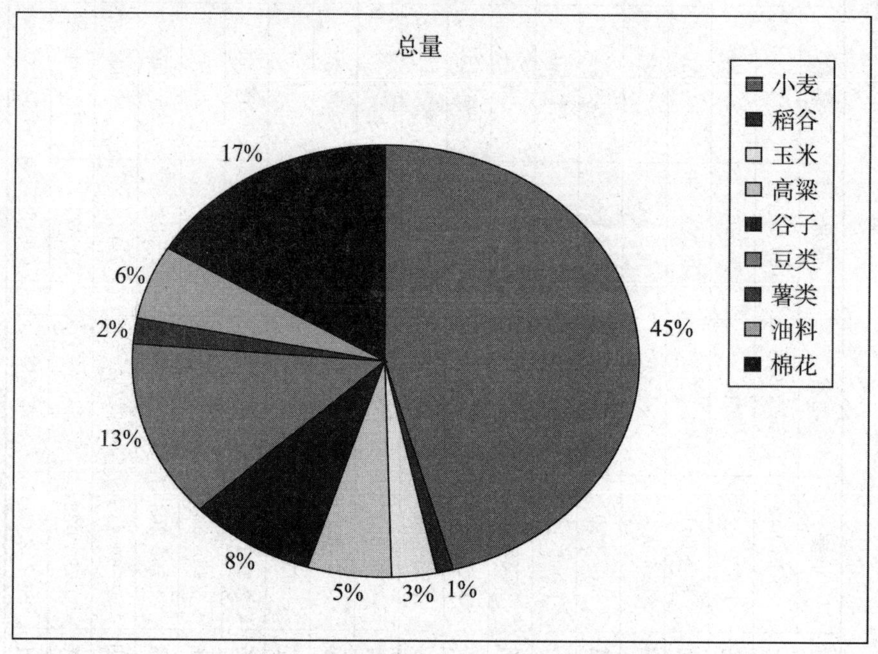

图 2-2　山东省作物秸秆残留物分配比例

从图 2-2 中可见，在山东省内，玉米是农作物残留物产量最高的作物，排在第二位的是薯类，第三位的是小麦。在山东省内，农作物残留物分布格局与农作物的种植分布一致，总量上看主要集中在德州、菏泽、潍坊及聊城等地。原因主要是这些地区处于黄河平原，土壤有机质含量高，年降雨充足有利于灌溉，并且在这四个区域属于山东省人口比较密集的区域。

将我国 2007－2009 年作物秸秆年均产量做了统计，具体如表 2-25 所示。

表 2-25　2007－2009 年中国 31 个省市区田间秸秆年均总量

区域	秸秆量/万 t	占比/%	区域	秸秆量/万 t	占比/%	区域	秸秆量/万 t	占比/%	区域	秸秆量/万 t	占比/%
中国	73 487.80	100.00	黑龙江	4 771.20	6.56	河南	7 295.06	10.24	贵州	1 049.25	2.00
北京	130.18	0.19	上海	176.75	0.22	湖北	3 640.08	4.89	云南	2 322.22	3.15
天津	192.70	0.27	江苏	4 966.71	6.54	湖南	3772.15	4.76	西藏	195.68	0.28
河北	3 641.69	5.17	浙江	1 095.69	1.39	广东	1 957.31	2.46	陕西	1 426.99	2.02
山西	1 263.78	1.81	安徽	4 318.70	5.83	广西	3 849.26	5.16	甘肃	1 218.02	1.71
内蒙	2 847.48	4.07	福建	846.89	1.04	海南	363.13	0.47	青海	217.70	0.32
辽宁	2 023.04	2.75	江西	2 661.93	3.30	重庆	1 186.90	1.55	宁夏	402.60	0.55
吉林	3 042.23	4.23	山东	5 652.46	7.99	四川	3 950.87	5.30	新疆	2 495.33	3.67

可以看出中国秸秆资源的分布非常具有特点，秸秆资源丰富的省份集中在华东和华中地区，而这些省区的秸秆量丰富的原因也与当地农作物产量丰富有关。

对于作物秸秆的利用，现在是向“五料”的方向进行的，这是根据秸秆的物质属性决定的，即肥料化、饲料化、基料化、原料化、燃料化。通过“五料”的方式，可以缓解农村对于饲料、肥料和燃料的缺失，同时缓解工业原料紧张的状况，同时还可以保护农村及周边城市的生态环境，对于促进我国农业的可持续健康的快速发展有重要的作用。

1. 秸秆肥料化利用

作物秸秆因其含有丰富的物质，蛋白质含量约为 5%，纤维素含量高达 30%，并且含有的微量元素能够促进作物的生长，与够占到普通粮食的四分之一或者更高，因此直接作为一种肥料同时添加部分无机元素将极大满足作物的生长需要和微生物生长繁殖，并且以农作物产量作为参考指标，与目前单纯的使用化肥而言，如果将作物秸秆粉碎后与化肥一起使用，将极大改善土壤的质量，提高肥料的利用率。如果将作物秸秆腐熟后使用，将对很多病害的蔓延起到一定的延缓作用。同时，秸秆中纤维素含量过高，可高达30%，因其溶解度相对很差，非常难以腐解，因此为了微生物的更快生长，获得更多的纤维素酶，需要激活土壤中存在的大量微生物的生长，需要补充部分氮源，一般是加尿素或者与畜禽粪便混合发酵达到这个目的。目前作物秸秆作为肥料还田的主要方式有四种：直接还田、焚烧还田、过腹还田和与家禽粪便发酵后还田。由于玉米秸秆焚烧会在各个方面产生负面的影响甚至危害，而过腹还田的作用主要是过腹后粪便的引起的，并且由于各种因素的考虑，此方面的研究相对较少。故下面只对上述另外两种方法进行分析。

首先我们看一下作物秸秆还田技术。

农田的生态环境条件也就是作物的生长生活环境受到各种条件的影响，比如农田小范围的气候条件，土壤水分和当地的热能，植物需要的养分循环条件，农田中杂草生长和病害等各个因素。生态环境优劣直接关系到植物的正常生长，利用秸秆直接还田在一定程度上可以达到改善农田生态环境的作用。近年，秸秆还田的技术和与之相配套的操作规范流程及技术进行了大量的研究工作，并且在一定程度上取得了重要的突破，在不同的地区采用不同技术方法实施，包括秸秆还田的方式，使用秸秆的数量，需要添加的氮源数量，土壤需要的水分含量及对秸秆粉碎的程度都做了技术要求，并对秸秆还田后的效果进行了机理分析。因为影响秸秆还田的因素比较多，但是总结起来不外乎三个方面，即养分效应、改良土壤效应和农田环境优化三个方面。

(1)直接还田

在实践中，作物秸秆直接还田大致可以分成两种：第一种是未经过处理直接还田，第二种是经过粉碎后还田。经过机械加工粉碎后的作物秸秆相比未加工的更容易降解，并可以增加土壤的有机质含量。这个过程对土壤的理化性质和生物学方面都有明显的影响。首先，对土壤可能造成的影响主要有：①对土壤的理化方面性质的影响经研究表明，秸秆还田可以明显改善土壤环境，在增加土壤缝隙、降低土壤容重、降低土壤密度和保持土壤水分等方面都有很好的效果。例如，玉米秸秆直接作肥料还田后，土壤的相比未施用玉米秸秆时降低了4.4%—4.8%到8.0%，同时土壤的持水能力也提高0.7%到6.4%。总得来说，玉米秸秆直接还田对土壤的物理化学性质有比较有利的影响，虽然有比较突出的矛盾。②对土壤的生物方面性质的影响。作物秸秆中，有机质的含量相当丰富。因此，作物秸秆直接还田后，对土壤中有机质的含量也有显著影响。据研究，土壤（0－10 cm 和 10－20 cm）中的有机质含量在施用玉米秸秆后显著增加，同时，作物秸秆还田后使土壤中矿质元素的含量也有明显增加。作物秸秆还田后，土壤中的微生物总数有显著增加，而且对微生物的活动也有明显的促进作用，由此导致的土壤中的酶活性也有明显变化。

在前面我们曾提到秸秆还田出现的部分问题，但是优势也更明显。

①秸秆还田能够为土壤提供氮磷钾钙及微量元素，可以使作物生长需要的大部分营养通过秸秆还田的方式归还到大自然中，不仅仅提升了土壤的有机质，并对土壤养分的平衡起到调节作用。

②节约化肥用量，存进农业的可持续发展。

③增加作物产量。

④调节土壤微生物和土壤酶活性。

在上述秸秆还田过程中，需要秸秆与无机肥配合使用，效果更佳，因为秸秆还田只能够为土壤微生物提供部分的营养物质，但是远远不够，这个阶段如果能够配合使用适量的氮磷钾肥料就能更好的满足微生物的需要，增加土壤微生物的数量。表 2-26 是秸秆还田和施肥对水稻幼穗分化时期土壤微生物数量的影响。表 2-27 是秸秆还田和使用不同肥料对水稻收获后土壤微生物的影响。

表 2-26　秸秆还田与不同施肥状况对水稻幼穗分化时期土壤微生物数量影响

处理	细菌（10^6）	真菌（10^3）	放线菌（10^4）
CK_T	2.13±0.06f	2.72±0.10d	0.60±0.02f
CK_S	1.85±0.08g	2.41±0.12e	0.43±0.03g
SN_{LT}	2.33±0.08e	3.02±0.14c	0.82±0.03ef
SN_{LS}	2.12±0.08f	2.69±0.07d	0.60±0.03f
SCK_T	3.63±0.08a	4.11±0.18a	1.47±0.11a
SCK_S	3.27±0.13b	3.80±0.07b	1.06±0.09b
SNP_T	3.24±0.16b	3.27±0.11c	0.82±0.03cd
SNP_s	2.95±0.09d	3.03±0.09d	0.59±0.04e
SNK_T	3.36±0.13b	3.36±0.10c	0.79±0.09c
SNK_S	3.07±0.05d	3.14±0.06d	0.56±0.06de

表 2-27 秸秆还田和使用不同肥料对水稻收获后土壤微生物的影响

处理	细菌(10^6)	真菌(10^3)	放线菌(10^4)
CK_T	1.75±0.09g	2.72±0.10f	0.42±0.02e
CK_S	1.55±0.07h	2.41±0.12f	0.37±0.02f
SN_{LT}	2.04±0.09f	3.02±0.14b	0.72±0.04c
SN_{LS}	1.78±0.08g	2.69±0.07d	0.60±0.03e
SCK_T	3.00±0.08a	3.56±0.06a	0.81±0.02a
SCK_S	2.66±0.04cd	3.16±0.07b	0.71±0.07bc
SNP_T	2.74±0.06bc	3.23±0.04cd	0.65±0.03b
SNP_S	2.35±0.07e	2.87±0.07e	0.51±0.04d
SNK_T	2.80±0.08b	3.16±0.07bc	0.68±0.06bc
SNK_S	2.56±0.08d	2.81±0.05e	0.51±0.03de

注:CK 为无秸秆覆盖处理($N_{10}P_4K_6$),SNL 为结杆覆盖+$N_6P_4K_6$,SCK 为稻秆覆盖+$N_{10}P_4K_6$,SNP 为稻杆覆盖+$N_{10}P_4$,SNK 为稻秆覆盖+$N_{10}K_6$,下标 t 表示 0—10 cm 土层,s 表示 10—20 cm 土层。表中同列相同小写字母表示它们差异不显著。

表 2-26 和表 2-27 充分说明每个处理的上层土壤微生物的数量均高于其下层土壤微生物的数量,并且收获后的土壤微生物的数量都低于有作物生长期的微生物数量,这可能与土壤中矿物质的变化有关系,也与作物根系和土壤的交叉相互作用有关联。

其次,秸秆还田能够明显影响到土壤中关键酶的活性,如图 2-3 所示。

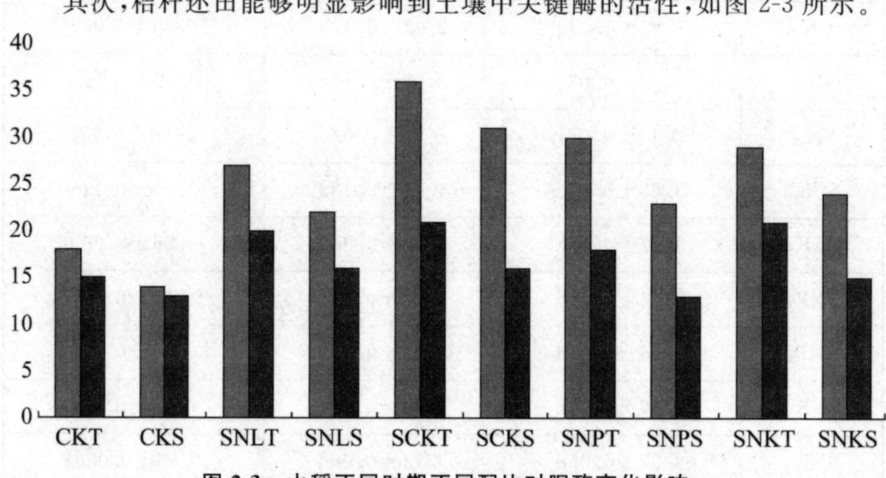

图 2-3 水稻不同时期不同配比对脲酶变化影响

图 2-3 是水稻幼穗期和收获后土壤中脲酶的变化。因为脲酶活性的高低与尿素的转化密不可分，并且能够与土壤中的有机质、氮肥量和微生物数量有关。从这里也可以获得相关的数据，即在同等条件下通过秸秆还田技术，可以明显的促进土壤中脲酶的活性，不仅如此，通过该实验同时说明，秸秆还田必须配合氮肥的使用才能更好地为微生物提高能源物质，在此基础上适当的补充钾肥和磷肥对脲酶活性有一定的帮助。

不仅如此，秸秆还田也可以促进土壤中转化酶的活性一般覆盖后土壤转化酶的活性在 0－10 cm 和 10－20 cm 土层中都是最高的，主要原因是秸秆覆盖为土壤提供更多额影响物质，并且因为添加了足够多的 N、P、K 后土壤微生物的碳氮比适宜微生物生长和繁殖，如果添加一定比例的 P、K 肥料更能改善土壤 10－20 cm 土壤的肥效。以多酚氧化酶为例，该酶是一种蛋白质，常常被称为生物催化剂。在自然界中分布极广泛，是一种金属蛋白酶，常常在植物、真菌和昆虫体内检测到，在土壤中腐烂的植物残渣上也可以检测到多酚氧化酶的活性。该酶又称为儿茶酚氧化酶、酪氨酸酶、苯酚酶、邻苯二酚氧化还原酶，是属于第一大类的氧化还原酶。该酶能够通过电子氧化的作用将酚类物质或者多酚类物质氧化成醌类物质，一般分为单酚氧化酶、双酚氧化酶和漆酶。土壤中的多酚氧化酶能够将土壤中的腐殖质组分中的芳香族化合物氧化成醌类物质，一旦变成醌类物质就能够与土壤中的蛋白质，氨基酸和糖类物质及矿物质发生反应，生成分子量大小不等的有机质，充分完成土壤芳香族物质的循环，通过该循环系统促进土壤有机碳的累计并进一步改善土壤的物理性质，因此通过测定土壤中该酶的活性可以在一定程度上了解土壤腐殖质的腐殖化程度。在土壤中，通过秸秆还田使用后，还有大量的酶，有报道曾经研究，在生物体内的近 2 000 多种酶类中，大约有 50 种能够在土壤中积累，并且研究最多的是氧化还原酶和水解酶，目前对转移酶和裂解酶也有部分研究，但是异构酶和连接酶还没有涉及。表 2-28 是土壤中主要的酶及分类。

表 2-28　土壤中主要的酶及分类

酶类	类型	主要表征	发现时间
氧化还原酶	脱氢酶	根据 2.3.5-三苯基四唑化氯(ttc)还原生成三苯基甲唑的量测定土壤中该酶活性	1956
	葡糖氧化酶	甲苯处理土壤能释放氧化葡萄糖，测定生成的葡萄糖酸和 α-酮葡萄糖酸的数量	1968

续表

酶类	类型	主要表征	发现时间
氧化还原酶	醛氧化酶	利用土壤中吲哚-3-羧酸，测定土壤中的醛氧化酶	1963
	尿酸氧化酶	对底物吸附尿酸回收率测定	1961
	儿茶酚氧化酶	可直接测定，也可测定醌的氧化物，主要是联苯酚氧化酶	1973
	漆酶	以氢醌做底物测定	1971
	抗坏血酸氧化酶	测定抗坏血酸氧化成脱氢抗坏血酸	1973
	过氧化氢酶	氰化物做抑制剂测定该酶活性	1907
	过氧化物酶	测定连苯三酚，p-联茴香胺、o-联茴香胺和儿茶酚氧化程度	1969
转移酶类	葡聚糖蔗糖酶	测定蔗糖合成葡萄糖量	1972，Kiss and Dragan-Bularda
	果聚糖蔗糖酶	测定蔗糖合成果聚糖的量	1968，Kiss and Dragan-Bularda
	氨基转移酶	丙酮酸和亮氨酸合成率	1959，Hoffmann
	硫氰酸酶	外加硫代硫酸盐和氰化物，检测土壤中硫氰酸量	1976，Tabatabai and Singh
水解酶类	羧酸酯酶	7-羟基 4-甲基香豆素丁酸水解成 7-羟基 4-甲基伞形酮量	1972，Lynd
	芳基酯酶	甲苯处理后土壤中的醋酸苯酯和丁酸苯酯量	1955，Haig
	脂酶	甲苯处理后土壤中丁酸甘油酯水解成甘油和丁酸量	1964，Ⅱokopha
	磷酸酶	土壤中有机正磷酸一酯和二酯水解量	
	核酸酶和核苷酸酶	甲苯处理后检测核算释放出无机正磷酸量	1942，Rogers

续表

酶类	类型	主要表征	发现时间
水解酶类	植酸酶	在甲苯处理后植酸钠释放出无机磷酸盐量	1952,Jackman and Black
	房基硫酸酯酶	甲苯处理土壤周 p-硝基苯硫酸酯水解成 p-硝基苯酚量	1970,Tabatabai and Bremner
	淀粉酶	利用土壤悬浮液和浸提液水解淀粉效率	1951,Hofmann and Seegerer
	纤维素酶	甲苯处理土壤后水解赛璐玢的量	1955,Markus
	昆布多糖酶	水解土壤中地衣多糖量	
	菊粉酶	甲苯处理土壤后菌粉水解成 β-1,2-果聚糖量	1959,Hoffmann
	木聚糖酶	经过 γ-辐射和甲苯处理后,检测木聚糖水解成还原糖的能力	1959,Sorensen
	葡聚糖酶	经过 γ-辐射和甲苯处理后,检测葡聚糖释放出葡萄糖的量	1972,Dragan-Bularda and Kiss
	果聚糖酶	经过 γ-辐射和甲苯处理后,检测果聚糖水解生成果糖量	1972,Dragan-Bularda and Kiss
	多聚半乳糖醛酸酶	经甲苯处理后,土壤中果胶的分解量	1971,Kaiser and Monzon de Asconegui
	α-葡萄糖苷酶	经甲苯处理后,苯基 α-D-葡糖苷或麦芽糖分解量	
	β-葡萄糖苷酶	纤维二糖酶或龙胆二糖酶,能够水解 p-羟基苯-β-D-葡糖苷、纤维二塘、水杨苷、p-硝基苯-β-D-葡糖苷的分解量	1953,1959,1965,1973 Hoffmann Dedeken,Hayano
	转化酶	又称蔗糖酶,蔗糖转化为葡糖糖和果糖的量	1951,Hofmann and Seegerer
	蛋白酶	又称肽酶,通过测定 N-苯甲酰 L-精氨酸酰胺水解度	1954,Antoniani

续表

酶类	类型	主要表征	发现时间
裂解酶类	天冬氨酸脱羧酶	天冬氨酸或天冬酰胺转化为β-丙氨酸量	1956
	谷氨酸脱羧酶	谷氨酸生成γ-氨基丁酸量	1971
	芳香族氨基酸脱羧酶	色氨酸、酪氨酸和苯丙氨酸分解释放二氧化碳量	1973,Mayaudon

这些酶在秸秆还田后,通过土壤与植物及微生物和环境条件的变化,能够不断地调节生态的平衡,尤其是高等植物根系的平衡。

(2)与家禽粪便混合堆肥

农作物秸秆的堆肥发酵技术目前主要分为两种:好氧堆肥和厌氧堆肥两类。好氧堆肥将先处理后的农作物秸秆通入外源氧气,借助外源微生物和内涵微生物的作用,通过升温、高温、降温剂腐熟四个阶段,将作物秸秆制成有机肥,同时有大量的 CO_2 和氨气的释放,在这个过程中产生的大量热量可以用于加热堆肥的原料,实现热能的再次利用,但是技术相对复杂。因为好氧堆肥的主要目的是获得有机肥,因此好氧堆肥现在被作为农作物秸秆资源最有效的利用手段之一。农作物的厌氧发酵堆肥技术,也是将作物秸秆粉碎处理后,在厌氧条件下通过水解、酸化、醋酸化和甲烷化四个阶段制成有机肥产品,同时沼气的产生作为一种副产品或者主产品可以得到有效的利用,这个过程有机肥仍然作为主产品,因此该技术属于农作物秸秆资源化利用的技术。在大规模的堆肥场生产有机肥的过程中,好氧发酵占据主导地位,小型或者家庭作坊自制自用的则以厌氧发酵为主。在下面我们也会简单介绍发酵工艺流程。在国外,发酵堆肥场可以获得较高的经济效益和社会效益,因为工业化堆肥产品价格相对较高,并且政府补助政策力度很大,在我国,因为有机肥无法与化肥在市场上竞争,政府补贴相对较底,经济效益比较差,基本上处于半停产或者停产的状态。

下面我们介绍一下作物秸秆与家禽粪便混合制肥,目前的方法有很多,但是其主要机制都是通过微生物的好氧发酵过程使粪便中的有害物质降解并杀死一些有害菌,使其达到一定标准后用作肥料。其作用的主要过程如图 2-4 所示。

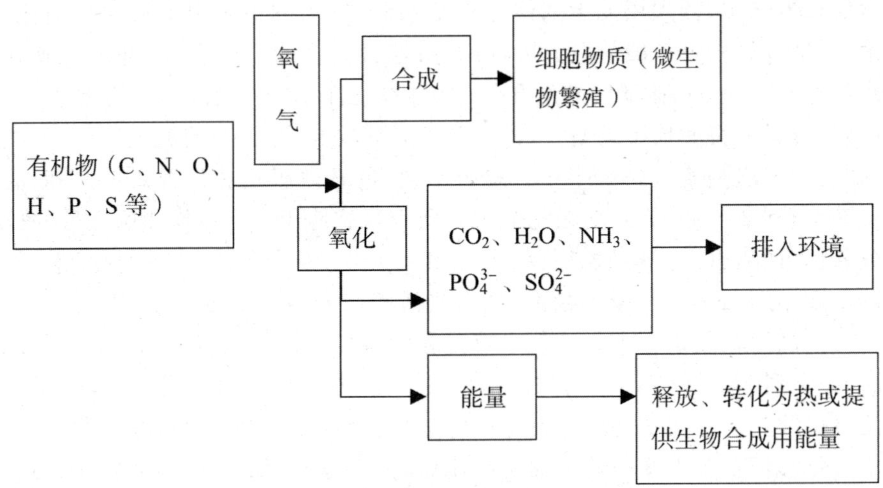

图 2-4　秸秆与畜禽粪便混合发酵过程图

上述是秸秆与畜禽粪便混合发酵后的还田技术，该技术操作简单方便，如果制作成生物有机肥，下面是基本的工艺流程（图 2-5）。

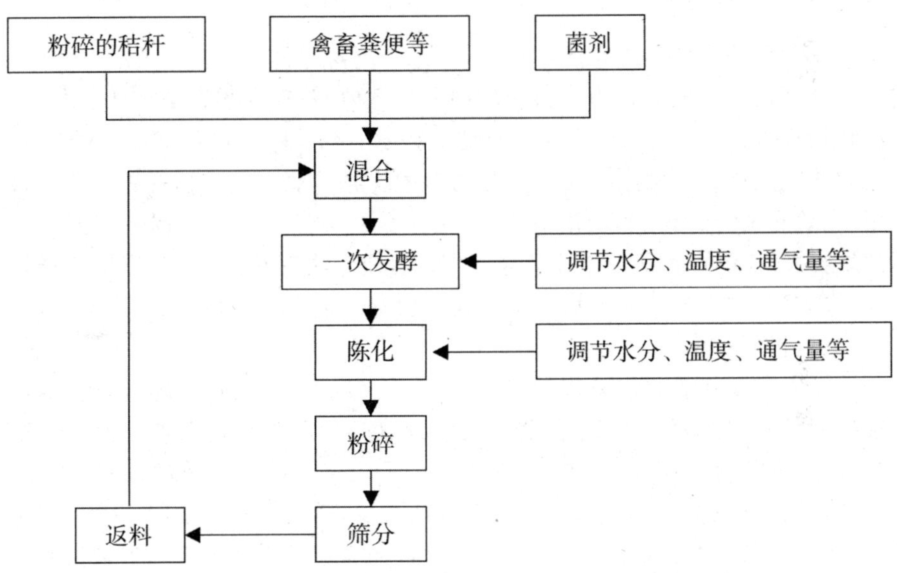

图 2-5　秸秆与畜禽粪便混合有机肥示意图

在秸秆还田的实际应用过程中，出现了一些相对合理和技术和方案，主要有下面几个：

①堆腐还田。首先需要备料，所需要的原料有速腐剂（菌剂与秸秆的质量配比为 1∶1 000 kg），尿素 3.5%—5%（如果有畜禽粪便可以参照 10% 添加量进行）；第二，需要挖坑。挖坑需要宽 2 m，长 3 m，深度在 0.5 m 左

右的长方体坑，四周用泥土围住防止肥水流失，周围也可用塑料薄膜围住。第三，堆放。秸秆一般放置三层，第一层堆置高度 50 cm 左右，并加水到含水量在 60%左右，撒播腐熟剂和氮肥，堆高在 1.8 m 左右，上层需要盖实。第四，覆膜。将四周整理整齐，覆盖薄膜后需要封实，四周用泥土压住，不能漏气。第五，检查。每隔半个月检查一次，掀开薄膜检查是否漏水，一般需要补水，到 25—30 天后就能完全腐熟做为基肥使用。通过检测腐熟后的成分分析可知，以 1 t 腐熟堆肥，除了微量元素外，相当于 30.4 kg 的尿素，48 kg 的磷肥含量和 93 kg 的硫酸钾，有机质相当于 700 kg 的面饼肥。

②高留茬还田技术。该技术就是在收割庄稼时，将传统的预留 10—20 cm 提高到 25—35 cm，因为如果秸秆量少，自然腐解的效率慢，与现在要求的可持续农业发展不适应。因此从生态、社会和经济效益的角度出发，在保证有足够稻麦基本茎秆的基础上留茬提高，稻麦收获后直接割到后，在翻耕前散播 200 kg/hm^2 的碳铵调节碳源和氮源的适当比例即可，一般调节碳源和氮源的比例为 10：1，否则将导致微生物与作物争氮的现象出现，影响幼苗生长，最终导致产量降低，在这个过程中需要注意的一个事项就是提高翻耕的质量，要达到 12 cm 左右。

2.饲料化利用

处理秸秆并使其作为饲料使用的方法主要有三类：生物学方法、化学方法和物理方法。其中，比较常见的是生物学方法，主要包括：青贮、黄贮、微贮和酸贮四种。生物学方法主要是通过微生物厌氧发酵使秸秆更加适宜食用，主要有两种：氨化和碱化（酸贮的主要目的与青贮等一样都是需要经过微生物发酵的，故归为生物学方法）。而物理方法有很多，主要是将秸秆切碎或压缩。物理方法一般出于工厂化规模化的需要，对普通农户并不适用。

（1）青贮技术

①青贮是指将秸秆通过物理方法切碎，然后通过厌氧发酵，制成饲料。秸秆的青贮主要有三大优点：第一，适口性好，营养成分比未青贮前高。第二，秸秆青贮后，保存时间较长，有效解决了由于季节差导致的饲料不足的问题。第三，成本低，工艺简单，投入劳动力少，适合大规模推广。

②秸秆青贮的原理。秸秆的青贮过程和原理是将切碎后的玉米秸秆装入青贮窖里，依靠乳酸菌的厌氧发酵，使秸秆中的可溶性碳水化合物生成有机酸（主要成分为乳酸），从而降低 pH 值，达到杀灭其他菌种并保存饲料的目的。

③玉米秸秆青贮的四个阶段。

第一阶段——有氧期：

刚收割完的秸秆，由于缝隙中仍然有氧气。植物和微生物仍然可以进行有氧活动，并可以产生热量。

第二阶段——厌氧发酵期：

发酵期(7 天到超过 30 天不等)取决于原料性质和青贮条件。厌氧发酵期间开始于氧气的耗尽。在发酵前期，各种微生物开始竞争玉米秸秆中的营养成分，慢慢的，乳酸菌将占据主要地位。

第三个阶段——稳定期：

稳定期中，只有少部分酶具有一定活力，主要是一些耐酸的酶。由于乳酸的影响，各种微生物被抑制甚至被杀死。使得青贮后的玉米秸秆可以维持较长一段时间。

第四个阶段——喂食期：

此时，氧气进入青贮窖表面的同时，使得有害微生物开始繁殖，并造成青贮秸秆发热和营养成分的损失。

④秸秆青贮中的乳酸菌种类。秸秆青贮时，发挥主要作用的微生物是乳酸菌，主要的乳酸菌种类如表 2-29 所示。乳酪发酵的异同如表 2-30 所示。

表 2-29　玉米秸秆青贮中乳酸菌的种类

项目	A. 同型发酵(型)	B. 异型发酵(型)
杆状菌	干酪乳杆菌	短乳杆菌
	棒状乳杆菌棒状亚种	布氏乳杆菌
	弯曲乳杆菌	发酵乳杆菌
		绿色乳杆菌
球状菌	乳菌片球菌	乳脂明串珠(球)菌
	粪链球菌	葡聚糖明串珠(球)菌
	屎链球菌	肠膜明串珠(球)菌
	戊糖片球菌	
	啤酒片球菌	

表 2-30　乳酸发酵的异同

乳酸菌种类	发酵底物	发酵产物	发酵过程
专性同型发酵乳酸菌	己糖，不能发酵戊糖	主要为乳酸	1 葡糖糖生成 2 乳酸

续表

乳酸菌种类	发酵底物	发酵产物	发酵过程
兼性异型发酵乳酸菌	己糖和戊糖	主要为乳酸，有的情况下也可以产生糖和乙醇(或乙酸)	根据发酵情况而定
专性异型发酵乳酸菌	己糖	乳酸和其他物质	1葡糖糖生成1乳酸

⑤秸秆青贮的工艺。青贮的方式多种多样，主要根据载体的不同可以划分为窖贮、袋贮、包贮、池贮和塔贮。其中窖贮具有其耐用程度高和贮藏量大的特点，是一种较为理想的青贮方式。而包贮也是一种非常好的青贮方式，它不受场地限制，可以放在室内，并且其发酵过程相比窖贮更加完美，在国外已经得到认可。但是由于我国农业模式与国外不同和其他一些因素，导致包贮并没有得到很好的发展。

窖贮的工艺。窖贮主要有三步：

第一步，窖的选址和制作：选取地势高、向阳的地方，并且最好在与养殖区相对较近的地区，方便饲料的提取。窖通常为长方形。窖的参数取决于玉米秸秆和畜牧的数量。好的窖可以用砖建成，并且在周围和底垫上几层塑料或者其他隔绝氧气和水的材料。窖的底部最好呈斜面即有倾斜度，这有利于秸秆中多于汁液的排除。

第二步，秸秆的处理：用机器将玉米秸秆切碎至 1 cm 到 3 cm。这有利于后期的踩压处理，并使玉米秸秆之间的氧气进一步减少。

第三步，装窖：建议切碎的同时进行装窖，对秸秆青贮的保存有好处。装窖时，每次填装一些原料就需要将其压实，一般在 20 cm 到 40 cm 就需要进行压实处理。并且在装窖的过程中也可以添加一些酶制剂或菌剂(主要作用为增强作物的降解和使乳酸菌的种群数目在短期内大量增加)。压实秸秆后，进行加盖处理。玉米秸秆青贮的过程中，原料会不断的下沉。所以，建议加盖时，使顶部高度尽量高出窖的顶部为宜(一般情况下高出 0.5 到 0.8 m，根据秸秆总高度而定)。

⑥秸秆青贮品质的影响因素。

·厌氧条件。由于青贮的主要生物过程是乳酸菌厌氧条件下的发酵，厌氧是乳酸菌生长繁殖代谢所必须的，所以提供一个严格厌氧的条件至关重要。

·各种营养物质的含量。营养物质中，可溶性糖类和干物质的含量对乳酸菌和其他微生物的生理活动异常重要。因为可溶性糖类是乳酸菌发酵所必须的底物，而干物质可以影响玉米秸秆的压实程度和含氧情况进而影响微生物的活动。

• 水分。水分含量较高可能会在青贮过程中渗出并带走一部分营养物质，而且可能引起其他菌种的发酵。水分过低又会影响乳酸菌的生长。

• pH 值。PH 值是青贮中微生物生活环境的重要指标，不仅关系到微生物的生长发育和繁殖，并且还会影响动物对其的喜好和消化力。

• 温度。适宜的温度会使乳酸菌的活动更加频繁，而乳酸菌的最适温度为 20℃—30℃。温度过高会使乳酸菌的停止生理活动，过低又会使乳酸菌的繁殖速度变慢。

⑦秸秆青贮目前的研究重点。秸秆目前的研究重点在添加剂，其作用机制主要有三种种：第一，通过化学方法使青贮的酸度提高从而有利于乳酸菌的发酵并抑制其他类别微生物；第二，通过添加营养物质使青贮后饲料的营养性进一步增加；第三，通过添加酶制剂来降解玉米秸秆中的部分物质，使其更容易被乳酸菌所利用。

(2)黄贮技术

米秸秆黄贮技术的主要工艺流程与青贮相似，最明显的差异是黄贮中所使用的原料是已经变干(黄)的玉米秸秆，而青贮所用的是鲜(青)。黄贮中的原料水分比青贮中的少，所以黄贮技术的关键在于加水。水应在装窖的时候添加，而加水量根据秸秆的干燥程度而定，并没有具体的数量。一般来说，由于采用黄贮技术时的秸秆基本上出于半干燥状态，故在装窖的过程中每铺装 20 cm 到 30 cm 时，应该用喷雾器将水均匀洒在秸秆上(最底层不用洒水)。水量评判标准为，紧握秸秆，指间有水但不滴。

(3)微贮技术

秸秆的微贮技术是指在剪碎后的玉米秸秆中加入微生物制剂进行厌氧发酵。将秸秆中的纤维素降解，使秸秆逐渐柔软，其主要机理与青贮相似。其中各种品牌菌剂的成分大体相似，以市面上的“海星”牌秸秆发酵活干菌为例，其主要成分是：枯草芽孢杆菌、啤酒酵母、嗜酸乳杆菌、乳链球菌、蛋白酶、功能酶等酶类；活性多糖、功能多肽、维生素、微量元素等。

主要工艺流程：

①复活菌种。取菌剂，溶于白糖水中，放置 2 h(不同菌剂要求不同，溶于糖水的比例也不同)。菌剂最好现配现用。

②配制菌液。按一定比例将复活后的菌液加入食盐溶液中。菌液的浓度与菌剂产品有关系，并且与微贮的玉米秸秆质量(是否干燥)有关。一般秸秆添加菌剂相对较多。

③后面与青贮过程相似，不同之处只是边装窖边撒菌。

(4)酸贮、氨化和碱化技术

酸贮技术主要是将碎化后的玉米秸秆与磷酸混合搅拌，之后，再添加少量芒硝。对乳酸菌生长有好处。或者直接将酸性物质喷洒在玉米秸秆上。

氨化技术主要是将尿素或者小苏打以一定浓度稀释后与秸秆混合发酵。其中，效果更好的是秸秆与粗饲料(或者其他养料)还有尿素混合发酵。氨化时间不长，一般为1天到3天。

碱化技术是将碱类物质与秸秆混合发酵，处理后，使秸秆分子中的酯键打开，有利于动物的消化。碱化处理的原料有氢氧化钠和石灰水等，优点在处理时间短，一般在30 h到80 h即可。现在的研究方向是复合碱化处理。

(5)块化和颗粒化

①块化技术。使用秸秆压块机，将秸秆制作成饼块。压缩比在1∶15到1∶5之间，具有高密度的特点。可以极大的减轻运输和贮藏压力。压制鲜(青)玉米秸秆时，需要与烘干机一起使用。能保证营养物质不流失。且防霉变。目前也有复合加工模式，配合压缩时候的高温和高压，使秸秆氨化、碱化等。可以提高粗蛋白的量，经过压制处理后的秸秆块状饲料的横截面积为3 cm^2，长度为2－10 cm。

压块饲料的优点主要是便于运输贮藏。缺点也很明显，相对于原料并没有实质性的变化，只是对原料有一个热处理的过程使其熟化，且只适合工厂化生产，普通农户没有条件制作。

②颗粒化技术。使用干燥处理后的秸秆将其粉碎。然后加入添加剂搅匀，在机器中加工成为秸秆颗粒饲料。在处理过程中的高温，可以使秸秆具有相对较高的熟化程度。处理后的秸秆颗粒饲料大小高度相同，其直径可以根据农户需求在3－12 mm之间变化。中小型企业可以利用机器，高自动化的完成一系列的过程。而大型饲料企业一般使用技术含量更高更先进的生产线工作。

颗粒化技术的优点是可以根据饲养动物和饲养阶段的不同，人为添加各种营养成分和添加剂，使其更具优势。缺点与压块技术相似。

几种主要技术的对比(表2-31)。

表 2-31　几种技术的对比分析

种类	简要机理	相同点	不同点	优缺点分析
青贮	单纯通过乳酸菌的发酵用来保存并改善饲料	都是通过乳酸菌发酵产生的乳酸并抑制其他杂菌的生长，从而达到贮存饲料、增加饲料营养成分和改善适口性的目的	青贮是最为基础和原始的发酵技术，原材料为鲜(青)秸秆	工艺简单，成本相对较低 腐烂的几率较大
黄贮	基本与青贮相同		黄贮的原材料主要为已经变干（黄）的秸秆，并且过程中需要加水	可以有效利用黄秸秆
微贮	基本与青贮相同		微贮相比青贮和黄贮主要区别是前期人为的添加微生物制剂	微贮应该属于青贮的升级，可以使乳酸菌迅速占领主导地位
酸贮	基本与青贮相同		酸贮主要是通过加酸使秸秆更加适宜乳酸菌的生长，同时抑制其他菌种	成本较高
碱化	通过碱化处理达到快速处理秸秆的目的	都是经过一系列的化学处理，使得玉米秸秆的结构或者性质发生变化，从而更加适宜畜牧的养殖	碱化相比氨化，效果更明显更快	处理时间短 处理后饲料的碱度可能过高影响采食量
氨化	通过氨化处理使饲料迅速处理，并不会造成营养物质的大量流失		氨化本质上也属于碱化的一种，但是氨化后的秸秆碱性比碱化后的弱	成本相对较低，适合反刍动物的食用
压块化和颗粒化	通过机器将秸秆进行压块或粒化其更适宜运输和贮藏	物理方法使秸秆成型并加热，可以添加添加剂	成型的大小，外型和使用的机器不一样	适合规模化生产，且由于高温处理过，熟化程度更高。

3. 基料化

发改环资【2011】2615 号文件文件明确提出，力争到 2015 年秸秆综合利用率达到 80% 以上，按照统计数据，在 2010 年秸秆综合利用率为 70.6%，利用量大约在 5 亿 t，其中饲料占 31.9%，肥料不含秸秆还田在

15.6%,但是在基料化利用方面较低,仅占2.6%,大约在0.18亿t之间,因此需要对基料化利用率方面提升总量利用。首先看一下秸秆的主要成分,在玉米秸秆中最主要的成分是纤维素、半纤维素和木质素。这三种物质的含量分别为35%—45%、20%—30%和10%—20%,此外还有极少量的淀粉和蛋白质等物质。

(1)纤维素

纤维素是一中天然的高分子化合物,分子式为$(C_6H_{10}O_5)_n$,n的值在几千到几万之间。n的数值提现了纤维素的聚合度。由于纤维素束的特殊构成,纤维素在玉米秸秆体内起支撑作用。通过研究可知,纤维素的排列有两种情况,一种是比较散、比较乱,另一种则非常整齐。这两部分分别被称为无定形区和结晶区,且这两个部分没有特别明显的界限。结晶区密度比无定形区大,所以其对强度的影响比较大。纤维素是纺织业的重要原料,并且利用纯度高的纤维素可以生产出很多种醚类衍生物和 醋 类衍生物。在其他一些领域,如电工和科研仪器方面也有很重要的用处。

(2)半纤维素

半纤维素是一种多糖类化合物,分子式为$(C_5H_8O_4)_n$,n的值在50到200之间。它被玉米秸秆胞壁的纤维素所包夹,但纤维素的聚合度比它高。半纤维素是多种糖原构成的,是一种大分子缩聚物。不同作物秸秆的纤维素含量和结构都有所不同。秸秆半纤维素的聚合度通常在100以下。半纤维素的糖化产物共五种:阿拉伯糖、木糖、葡萄糖、甘露糖和半乳糖。半纤维素相比纤维素更易被糖化。半纤维素在各个领域中都有十分重要的作用。

(3)木质素

木质素是一种结构复杂的无定形三维芳香族杂聚物,所以它不容易被降解。其分子式也不容易表示。木质素是纤维素的保护层,作用是防止纤维素的水解,故目前对木质素的主要研究方向就是如何破坏其结构。

从上述可见,秸秆中含有的丰富的纤维素和木质素及少量的蛋白和淀粉是栽培食用菊的好材料。利用秸秆作为食用菌的栽培基质,不仅解决食用菌生产原料的来源,并且生产后剩余的蘑菇渣是很好地有机肥。目前利用机械化生产栽培食用菌基料,可以促进该产业链的升级,不仅能够引导农民致富,还可以促进生态农业和高效农业及创汇农业的发展。

4.能源化

秸秆作为一种有效地生物质能源,可以利用其转化生产沼气、燃料乙醇和生物柴油几个方面,下面对能源化利用做一介绍。

(1)产沼气

利用秸秆制取沼气的过程本质上是微生物在厌氧条件下将有机物分解

并产生氧气的过程。可以分为水解、产酸和产甲烷三个阶段：第一阶段主要是不能产生 CH_4 的微生物将有机物酶解并液化；第二阶段主要是第一阶段的产物酸化，产生多种酸；第三阶段是产甲烷菌大量繁殖并将二阶段产物转化为甲烷。并且，发酵前期主要是前两个阶段，后期是三个反应同时进行，过程如图 2-6 所示。

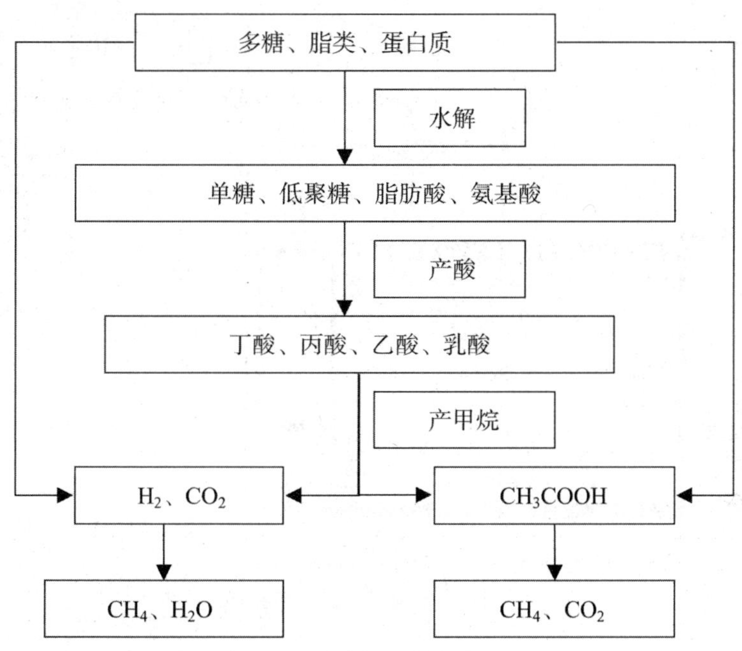

图 2-6　沼气发酵的过程

目前利用秸秆产沼气以发酵形式不一样主要可以分为两类：干式发酵产沼气和湿式发酵产沼气。

1)传统湿式发酵产沼气

目前，农村地区农户个人的沼气池内，主要发酵形式还是湿式发酵。图 2-7 为传统湿式发酵的沼气池示意图。

2)干式发酵产沼气

目前，干式发酵产沼气在农村地区并未普及，主要原因在于玉米秸秆的预处理技术没有合适的成型。现在对秸秆的预处理主要分为三种：物理、化学和生物方法。

物理方法主要分为：切碎处理、高温高压和辐射处理等。其主要目的是粉碎玉米秸秆，从而增加微生物与有机物的接触面积。

化学方法主要是氨化、碱化、酸化和氧化等。

生物方法就是利用微生物将玉米秸秆降解。例如，利用微生物降解玉米秸秆中的木质素等成分。由于化学方法使用过量的酸和碱性物质，可能导致发酵后的沼液污染严重，因此物理和生物的方法将是今后研究的重点。

导致两种方法目前存在差异的主要原因，表 2-32 给出比较。

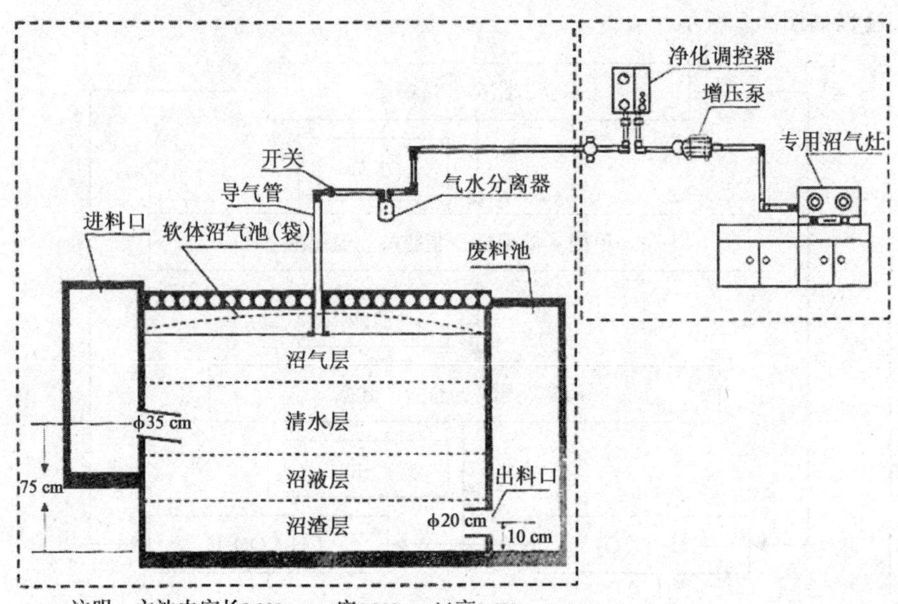

注明：主池内空长3 000 mm×宽1 800 mm×高1 600 mm

图 2-7　传统沼气发酵示意图

表 2-32　干式与湿式发酵产沼气的对比

发酵方式	干式发酵	湿式发酵
主要工艺过程	将预处理后的秸秆直接放入沼气池发酵	将未进行预处理的秸秆与粪便一起放入沼气池发酵
不同点	发酵底物全部为秸秆 秸秆需要预处理 不需要大量的水	发酵底物为秸秆加粪便 秸秆不需要预处理 需要大量水
相同点	两者发酵的原理基本相同	
优缺点	优点：于自身能耗低、处理费用低、用水量少和产物质量高 缺点：预处理麻烦	优点：不需要进行任何预处理 缺点：产气质量、用水量大、沼渣中的液体也是污染物

(2)生产燃料乙醇

相对于其他各种形式的生物质能源产业，生产燃料乙醇的工艺相对成熟，并且工厂化生产简单，生产周期较短并且成本价格较低，并且市场需求量很大，是生物质能源发展的可以形成产业化的一个主要形式。目前，对乙醇的生产主要是采用淀粉-糖、纤维素乙醇两种方式。前者主要采用的原料是甘蔗和淀粉（玉米淀粉），后者主要是采用农业废弃物（秸秆和玉米芯）中的木质素进行预处理后后的葡萄糖和木糖形式的发酵糖，用其做底物发酵生产乙醇。现在一般将糖-淀粉称为乙醇生产的第一代技术，并且该技术获得了广泛应用，纤维素乙醇的生产技术是第二代技术，其原料木质素是地球上目前已知的蕴藏量最为巨大的自然可再生资源，目前工艺较第一代生产技术复杂并且成本较高，但目前的现状已经成为引领该技术的发展趋势，因为我国的人口和人均土地的现状，粮食生产已经供应紧张，如果仍采用第一代技术糖-淀粉的乙醇生产产业必然导致与人争地争粮的状况出现，因此开发和成熟的第二代工艺成为必然。

根据底物的来源秸秆的主要成分是纤维素、半纤维素和木质素，生产燃料乙醇的四个主要步骤为预处理、水解、发酵和蒸馏。主要过程如图 2-8 所示。

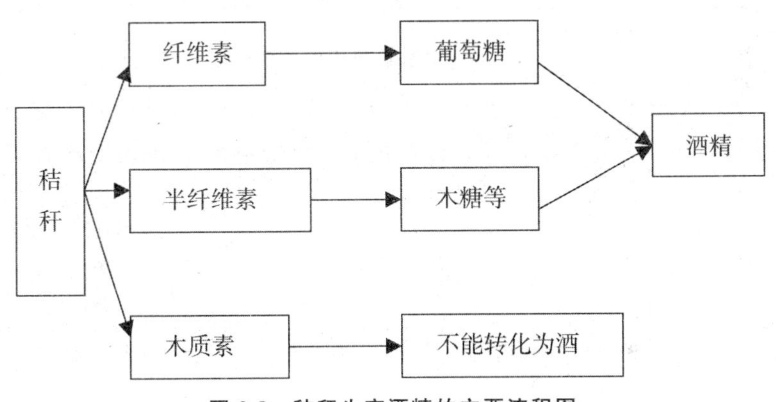

图 2-8　秸秆生产酒精的主要流程图

秸秆生产乙醇的主要工艺如下：

1）原料的预处理

玉米秸秆原料的预处理的目的是使秸秆中三种主要成分分离，预处理应注意的方面主要有三项：第一，提高糖类的得率；第二，尽量避免发酵抑制剂的生成；第三，应具有经济适用性。

预处理的方法主要可以分为：物理学方法、化学方法和生物学方法。具体的方法主要的方法见表 2-33。

表 2-33　不同方法生产乙醇比较

对比项	主要过程	优点	缺点
机械粉碎法	碾磨和粉碎	酶解作用高	能量消耗比较大
微波与超声波处理法	在高温下，半纤维素的分解	微波：反应快，产率高，环境友好超声波：方向性穿透力强	成本高
酸处理法	加酸处理	浓酸：糖转化率高 稀酸：价格低，工艺简单，木糖回收率高 极低酸：发酵前所需的中和碱少，对设备腐蚀性小，污染小，糖产率高得到纤维素含量及纯度高、副产物少酶水解糖化率显著提高使用能量少	浓酸：反应速度慢，工艺流程复杂 稀酸：处理过程产生发酵抑制剂，水解速度慢
湿氧气法	加温加压，水与氧气共同反应	酶水解糖化率显著提高	成本高
碱处理	稀碱处理，裂解木质素	酶水解糖效率明显提高	污染大
蒸汽爆破法	汽爆处理	使用量少	预处理后会破坏组织结果，产生抑制作用
氧化降解木质素	过氧化物催化	提高氧化酶活性	成本高
生物降解法	利用微生物降解作用	作用条件温和，能耗低	周期长

2）水解

主要有酸解和酶解两种方法。因酸解有太多缺点，如对设备要求高，中间产生大量抑制剂等因素，逐渐会被淘汰。酶解因其有利的条件，逐渐将成为今后发展的方向，但由于技术限制，目前酶解成本较高。从当前研究报道分析，很多公司已经加大对其生产成本控制的研发了。

3）发酵

目前对于秸秆生产乙醇，主要的发酵方法有下面几种，我们列表将主要过程和特点说明（表 2-34）。

表 2-34　发酵方法的对比

主要方法	主要过程	特点
一步发酵法	利用微生物直接分解纤维素产生乙醇	单纯使用一种菌时，产率太低。可使用混合菌发酵。 底物浓度和产物浓度过高对乙醇发酵有抑制作用 两个过程的最佳工艺条件不一样
两步发酵法	纤维素→还原糖→乙醇	解决了上述问题
同步糖化发酵法(SSF 法) 非等温同步糖化发酵法 固定化方法	酶水解和乙醇发酵同时进行 使用非等温处理 将纤维素酶和菌体固定化	成本高

4)秸秆生产燃料乙醇的工艺

秸秆生产燃料乙醇的工艺过程如图 2-9 所示。

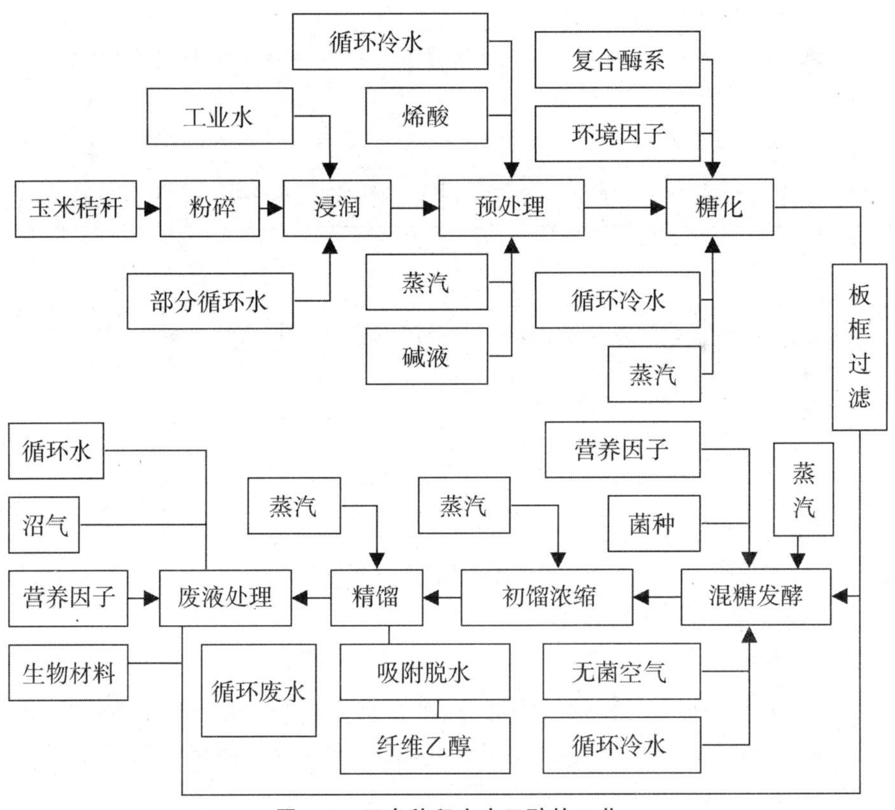

图 2-9　玉米秸秆生产乙醇的工艺

现在工业生产乙醇主要是利用能够产生水解酶的微生物(产淀粉酶或者纤维素酶),大部分是霉菌,乙醇发酵菌一般是酵母菌或者细菌,发酵完成后从发酵液中提取乙醇的工艺是传统的蒸馏方法,同时需要的萃取精馏、恒沸精馏获得无水乙醇,现在有部分企业选用渗透蒸汽的工艺可以大幅度降低能耗,获得良好的经济效益,吸附方法能耗很低并且工业化度比较成熟,很有希望取代蒸馏的过程。近年来,国内外利用生物质制作燃料遗传的研究获得了很大的发展,如前所述,通过蒸汽爆碎预处理后纤维素的酶解转化率超过90%以上,再利用基因工程和代谢工程获得的新型戊糖发酵工程菌,都为该行业的发展奠定了基础。现在的困难就是缺少能高效生产纤维素酶及半纤维素酶的菌株,导致发酵技术不是很成熟,大部分处于实验室研发阶段。

(3)生产板材

研究表明农作物秸秆是可以不同程度替代普通型刨花板和纤维板的,并且其具有高强度、轻质量和便于加工等特点。图2-10为秸秆生产板材的工艺流程。

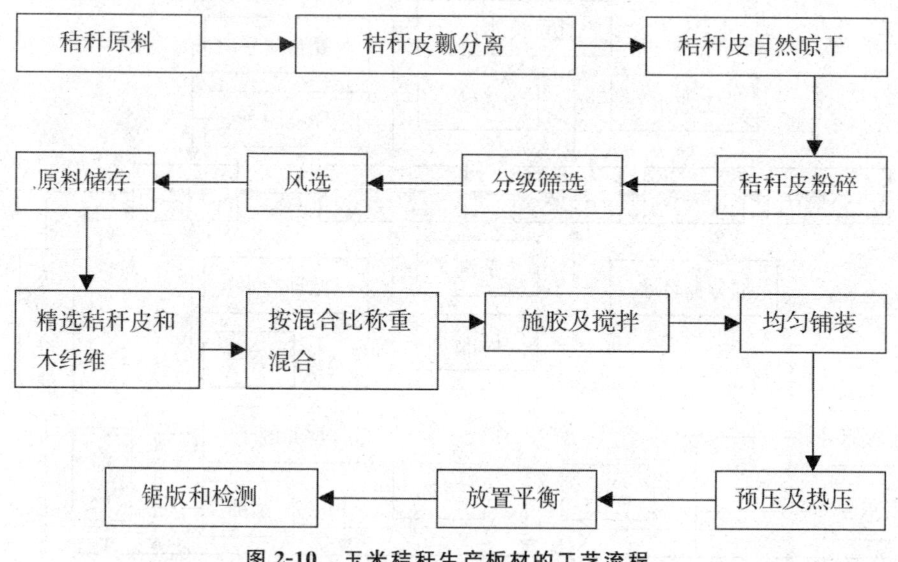

图2-10 玉米秸秆生产板材的工艺流程

(4)秸秆利用其他新技术

1)产氢气

氢气是一种相当环保的新型能源,具有燃烧值高和清洁无污染的显著优点。在目前全球能源紧缺的大环境下,氢气作为新能源已经吸引了很多人的目光。

目前制氢技术主要有物理化学方法和生物学方法，物理化学方法有很多的局限性和缺点，例如，工艺复杂、成本高和污染大等。目前生物制氢由于其可持续性和原料来源广等特点正越来越受瞩目。生物制氢主要有三种形式，光合制氢、发酵制氢以及联合制氢。下文主要介绍利用秸秆作为原料的相关方法。

①厌氧发酵制氢法。厌氧发酵制氢是利用微生物(主要是专性厌氧 细菌与兼性厌氧 细菌)在厌氧条件下和酸性介质中产生 H_2 的过程，厌氧发酵的过程与产甲烷的过程相似，主要分为三个过程：水解阶段、产 H_2 阶段和产 CH_4 阶段，如图 2-11 所示。

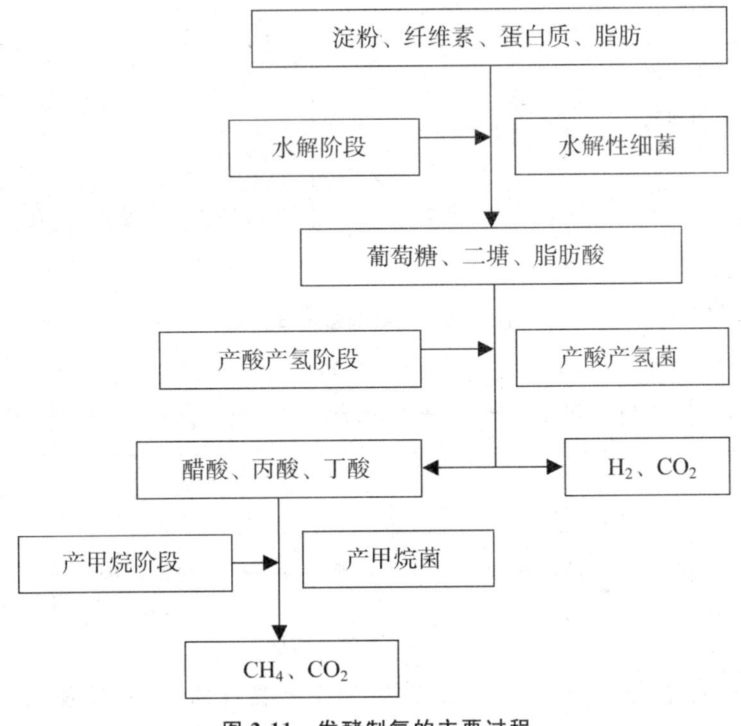

图 2-11　发酵制氢的主要过程

②光合制氢法。光合制氢即在光照条件下，光合细菌将底物降解并将太阳能直接转化为氢气。其主要过程如图 2-12 所示。

发酵制氢相比光合制氢，能利用的底物更多，原料来源更广，且不受光照条件的限制。故厌氧发酵制氢是一个比较合适的选择。

由于目前生物制氢还不具备产业化的要求，所以只是停留在研究层面。但是有理由相信，不就的将来秸秆作为原料将在生物制氢领域做出巨大贡献。

2)全降解餐具

生物质全降解餐具是以植物纤维和淀粉作为主要原料,加上其他次要成分,经过一系列的工艺生产出的餐具产品。具有污染小、原料来源广和成本低等特点。其主要工艺流程如图 2-13 所示。

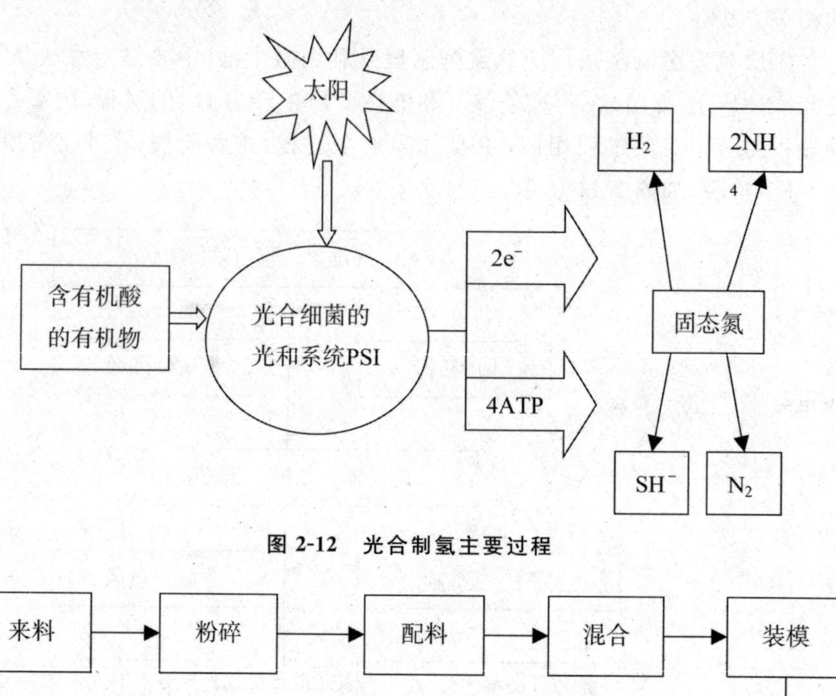

图 2-12　光合制氢主要过程

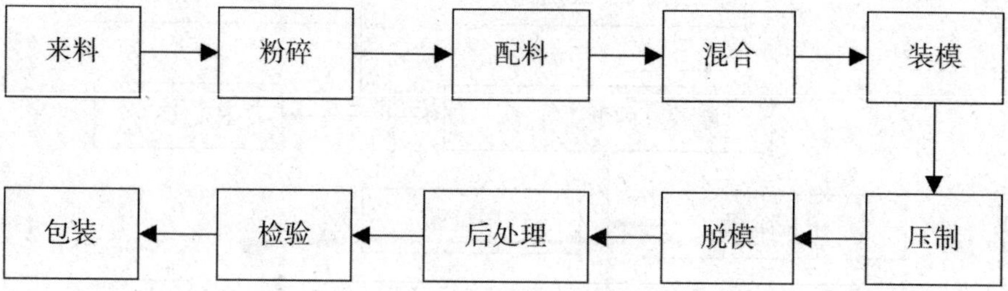

来料 → 粉碎 → 配料 → 混合 → 装模 → 压制 → 脱模 → 后处理 → 检验 → 包装

图 2-13　生产流程图

制作全降解餐具的主要原理是:将玉米秸秆粉碎,然后加入添加剂(主要作用是固定结构等),然后利用机器将原料进行物理过程处理,包括高压、加热等。使原料结构发生变化,并形成固定形状。主要的物化反应是使原料中的分子形成网形结构。然后再利用脱模剂,使其与机器分离开来。

5.燃料化

秸秆作为一种生物质,可以直接燃烧也可以代替煤进行发电使用。最近很多国家越来越重视生物质能发电项目,其本质是以农作物废弃物比如秸秆和林业加工废弃物作为原料,通过直接燃烧或者气化的方式获得电力。

目前通过生物质发电发电总量超过 5 000 万千瓦，可直接代替 9 000 多万 t 标准煤。目前美国已经将生物质发电作为一种可行性的商业化发电技术进行推广，有预测到 2020 年生物质发电将提供高达 15%的电力。山东省单县生物质自然发电项目在 2006 年投产运营，是我国首个采用引进国外技术建设的项目，可以有效地利用秸秆和林木废弃物作为原料，发电总量 2.5 万千瓦，年发电量为 1.4 亿千瓦时，可以年容纳 16 万 t 废弃物并且减少 CO_2 排放量在 10 万 t，不仅能够为当地解决创收 3 000 万收入，还可以起到秸秆发电示范功能。

生物质可以采用燃烧的方式进行发电，这些技术包括直燃、气化、发电、混合燃烧及沼气发电。不同的技术有不同特点，表 2-35 介绍不同方式的优缺点方式。

表 2-35　不同燃烧发烧方式的异同点

发电类型	特点	优点	缺点
直燃	通过锅炉设备直接燃烧发电	技术成熟、原料广泛，预处理简单，设备较可靠，运行成本低并且容易大型化	发电效率较低并且污染较大
气化	利用轮机及内燃机转化为可燃气发电	解决原料难燃、技术设备紧凑而污染少，污染排放较低，小规模效率较高	大规模利用技术目前处于示范阶段，设备复杂并且维护成本高
混合	气化后与煤在锅炉混合燃烧发电	适用于大型锅炉，较高发电效率	需对燃料进行预处理，灰分较多，烟气需净化
沼气	微生物转换成沼气发电	原料广泛，装机容量小，发电过程二氧化碳零排放	发电机组需求高，产量受到季节影响较大

因为特殊的种植结构，很多农村并不适合大规模的机械化种植和规模化的农场，因此在这种情况下，秸秆并不能为建立大型的直燃并网发电项目提供足够的支持，但是小型生物质直燃发电的全套设备因为国产化并且资金投入较少，非常适合我国目前的状况。现在秸秆作为燃料化资源的利用直接进行发电，有几个限制性因素：①秸秆来源的可持续性及原料收购价格的稳定性是基础和前提，该项目因为秸秆来源收集的范围、当地人工运输的费用和场地储存管理的条件，是生物质直燃发电的重要制约因素；②生物质

发电场厂址的选择，一般情况下应该靠近原来获取的中心位置或者处于大型原料收购中心，从而尽可能的减少运输的费用，并且具有水源和不受地质灾害的影响；③在设备的选择上，应该考虑设备的运转年限和资金的投入；④当地人力成本价格是制约生物发电场能够长期运转的最为关键的因素。

第3章　有机固体废弃物资源化技术

从20世纪80年代以来，我国经济发展进入了快车道，城市化发展进程加快，规模在不断扩大，人口急剧增加，各种有机固体废物数量迅速增加，表现为城市污泥、生活垃圾、畜禽粪便和作物残留物成几何级快速增多，有机固体废弃物对环境的污染和造成的生物质的资源浪费已经成为全世界环境保护和资源保护的主要问题。因为有机固体废弃物产生的来源和排放的出口涉及到很多领域和行业，可以说，基于有机固体废物的产生量大、种类繁多、成分复杂的特点，对其管理和控制需要一套复杂的系统工程。目前，经过发达国家近几十年的努力，在有机固体废物的处理上积累了一定的经验和管理模式，最为主要的就是全程管理模式，这就是常说的“摇篮—坟墓”(From the Gradle to the Grave)管理方法，在这个模式的指导下，有机固体废弃物从产生—收集—运输—储存—处理和处置进行全过程各环节的严格控制，能够保证废物从产生到处理处置完成后实现对环境的无害化为止。

我国目前采用的是从末端治理向全过程管理的转变，逐步实施对有机固体废物的全过程管理，实现与国际上有机固体废弃物的管理思想和管理方法进行接轨，实现有机固体废物的减量化、资源化和无害化处理。这里所说的减量化就是生产过程中尽可能少的废物产生，对废物进行综合利用，尽可能实现其资源化的利用，在此基础上对废物进行无害化的最终处理和处置。

目前很多研究指出，将有机固体废弃物进行减量化处理，实际指的是减容。有机固体废弃物处理和处置与废弃物最小量化是两种不同的概念，前者是在末端废弃物产生之后有机固体废物的减容和减量，通过物化和生化方法进行的无污染处理，最终达到将废弃物的体积和重量缩小的目的，这是一种治理废弃物的有效途径，这属于末端控制污染的范畴。后者的废物最小量化是在废弃物产生的过程中通过原料的更换、生产工艺的改进和产业结构的调整及利用循环途径等，达到在治理前将废弃物的产生量达到最小量的目的，从而可以节约资源、减少污染和方便处理处置。因此有机固体废弃物的最小量化是一种限制途径，而这属于首端防范。

有机固体废弃物的最小量化主要包括资源的减量化和循环回收再利用两个方面。因为在生产过程中，大量的可利用物质直接进入下一程序导致资源的浪费，并且污染环境，所以说废物最小量化还应该包括非现场回收和加工以及副产品的再资源化。

有机固体废弃物最小量化现在被称为废物的减量化，最直接的就是在生产一消费各个环节所产生的数量、体积、种类和有害的各种物质进行全面的控制和管理。从源头做起，实施清洁生产、最小量化和排放产生。

有机固体废弃物循环利用是目前减量化的最为重要的一条途径，这个过程包含有机固体废弃物的回收和再利用两个过程，其中再利用主要包括在本工艺中的再利用实施和用作另外一种工艺的原料。现在看来，资源利用有两条途径：一是外延性，二是内涵型处理。外延性就是指的自然资源利用数量和规模的扩大，过去和现在人们主要采用的就是这个模式的资源开发方式，外延型资源的开发方式确实对社会和经济的发展起到了巨大的促进作用，但是由于没有科学的规划和人们盲目的开发，导致了自然资源的过度开发和资源的急剧减少，并对生态环境造成的严重的破坏和污染，经济越发达有机固体废弃物的产生量越大。其实废与不废是相对的，废物是物质资源的一个组成部分，只不过是放错了地方而已，根本上只是物质的某种形态或者用途发生了变化，原来赋予的或者特定的使用价值消失后，但本事的某种可利用的属性并没有完全消失，如果我们再给它们赋予另外的属性或者功能，就将重新获得利用价值，从而达到变废为宝。从这个角度看，其实废物是一种宝贵的资源，并且是一种不断在增长的物质资源。考虑到现在全人类社会面临的人口、资源、能源和环境的危机情况下，对可再生资源的废物资源化利用受到全世界的普遍关注。一些国家制定了一系列的政策法规，鼓励对废物的重新利用，因此内涵型转变成为必然。内涵型主要利用的途径有：①有原来的单一利用价值转化为多种综合利用价值；②资源的利用方式发生变化，有一次性转为多次利用和循环利用；③资源的利用效率由低效转为高效；④加强对消费资源的再回收利用，变废为宝。

可以说，综合利用是实现有机固体废弃物资源化和减量化的重要手段，在废物进入环境前加工利用，脱矿后续处理处置的负荷，尽可能利用有机固体废弃物制取新形态的物质，比如制作生物有机肥，有条件的要进行能源的转化，比如焚烧发电、供暖、产沼气等等。

现在讲的无害化处理是对已经产生的现在没有办法或者不能综合利用的有机固体废弃物，经过物理、化学或者是生物的方法进行无害或者低危害的安全处置和处理，从而对废弃物达到消毒、解毒或者稳定化的处理。现在有机固体废弃物无害化处理技术室整个废物处理的终端技术，对废弃物的污染能够彻底的解决。该技术主要包括填埋、焚烧、稳定化、物化、生物及弃海的方法。国内外普遍采用的是土地填埋和焚烧。

其实，无论对于污泥、垃圾、畜禽粪便还是作物废弃物，要实现资源化利用，基本的方案不外乎堆肥化处理、焚烧处理及特殊的加工，下面分别介绍资源化利用的几种方式。

3.1　好氧堆肥技术

好氧堆肥技术主要是利用自然界广泛存在的好氧微生物进行有机分解转化的生物化学过程。有机固体废弃物与自然界中能够高产特定酶的微生物结合，有效地促进有机固体废物从而转化为稳定的腐殖质。就目前来看，根据不同的处理过程所起作用微生物的生长环境所需要的条件，我们将堆肥化方法分为好氧和厌氧堆肥化两种不同的处理过程。顾名思义，好氧堆肥化自然要有氧气的存在才可以顺利进行的生化过程。在此过程中，好氧微生物对废物中的有机物进行分解和转化，此过程的终产物是 CO_2、H_2O、热量和腐殖质；厌氧堆肥化是在无氧气存在的状态下通过厌氧化微生物对废物中的有机质进行分解转化的过程，与前者不同的是，其终产物是 CH_4、CO_2、热量和腐殖质。

我们目前所说的堆肥化，一般指的是好氧堆肥尤其是高温好氧堆肥技术，因为厌氧微生物发酵对有机物分解的速度比较慢，处理的效率地下并且容易产生恶臭，要达到相同的肥效并且同时根除臭气，所需要的工艺目前很难控制，因此，欧洲最近一些国家已经对堆肥化的概念进行了统一，他们定义堆肥化就是“在有控制的条件下，微生物对固体和半固体有机废物进行好氧的中温或高温分解，并产生稳定腐殖质的过程”。

在自然界中，动植物遗体（畜禽粪便）、城市垃圾和污泥及农作物残留物能够被微生物分解为腐殖质，然后作为营养物质为植物生长提供各种需要，并且植物体生物量再次成为人类和动物的食物。这种食物链的循环保证了整个地球生态循环的运行。然而，随着工业化的高度快速进程和人们为了满足生活需要对农作物高产的不断追求，农业生产中长期施用的有机肥料被廉价而速效的化学肥料所代替，在一定阶段内确实解决了很大的问题，直到现在仍然是提高作物高产的主要因素，但同时对生态的破坏尤其是造成农田土壤由于腐殖质的减少而逐渐贫瘠化，维系千百年的土壤良性生态循环体系遭遇到了史无前例的破坏，可以说达到了触目惊心的地步。

为了防止耕地有机肥力的减退，维持其持续高产，必须努力增加土壤中腐殖质含量。好氧堆肥就是利用有机废物制造富含腐殖质的有机肥料，然后将这些有机肥料还原到土壤中，缓解土壤遭到的破坏和用于土地的改造。

3.1.1 堆肥化技术的发展

虽然我们现在提到好氧堆肥的很多便利和有益之处，但是在现代堆肥化技术的发展过程中也曾经出现过低谷，并且现在仍然存在这样的问题。20 世纪 70 年代初期，日本采用堆肥化技术处理的城市生活垃圾量大幅度减少，许多有机堆肥厂陆续倒闭。其原因是工业化的高速发展将大量的有毒化学物质和高分子塑料带入城市垃圾中，严重影响了堆肥化产品的质量。美国的堆肥化产品也在相当长一段时期由于销路不广而发展缓慢。我国目前也出现了这样的问题，因为各种各样的原因，大部分的生物有机肥公司在好氧发酵完成后，产品在市场上流通不畅，总结这些年的堆肥化原因，之所以出现发展缓慢可以归纳为以下几个方面：

①首先从自身而言，因为堆肥所用的原料是首要制约瓶颈。堆肥的有效肥料成分含量较低；初级堆肥化产品中的氮、磷和钾含量分别仅为 0.5%—1.1%、0.3%—0.7%和 0.3%—0.6%，我国目前对有机肥的要求标准也仅仅是 NPK 总量为 4%—6%，有机质含量 45%，因此在肥效上无法与化肥竞争。

②好氧堆肥制成的有机肥是缓效肥料，在使用相当长的一段时间以后效果才会显现，有机肥在保持地力和提高农作物品质方面起到了重要的作用，但是在我们所熟知的提高作物产量方面效果大大逊色于我们使用的化肥。除此之外，即使经过精挑细选的颗粒肥料中也仍然会含有一定量的碎玻璃、金属、废塑料等杂物，在农工田间农作时会造成一定程度上的困扰阻碍。再者，如果使用不当，施用发酵不完全的末腐熟堆肥，残余的有机物在土壤中分解转化会造成植物根部缺氧，而导致减产甚至更严重的土壤污染问题。随着国家经济的快速发展，人工成本价格的提高，而有机肥不能很好地适应目前普遍的机械化作业的需求，从而有机肥的推广使用受到很大限制。

③由于堆肥化对固体废物的减容化效果不高，处理后产物体积仍较大，一般情况下，经过堆肥化处理后，一般体积能够减少 1/2 左右，因此需要较大的堆存场地和非常高的运输费用，初步统计，运输费用甚至能够和产品的价格相当。堆肥化产品施用时的工作员大，有明显的臭味，与现代化农业的需要有一定的距离。随着科学技术的进步和人们对废物资源化要求的逐步提高，目前堆肥化又重新受到一定的注意。

针对上述传统堆肥化技术所存在的问题，相应的技术和设备得到了开发和应用。破碎技术及分选技术与设备的改进，在客观上提供了高品质堆肥连续化生产和有机肥市场的可能性。从传统的粉状结构也相应应用了新兴的颗粒肥料生产技术，除在原有技术上增加了对杂物的精细分离外，还通过添加必要的无机肥料成分形成统一的产品标准，并最终制作成便于运输和施用的颗粒形状。不仅如此，在产品的改性上也做了大量的基础性工作，比如添加一定的缓释剂和包膜剂，使得这些产品能够相对长效的提供营养成分。这些技术和设备的改进，使得有机固体废弃物堆肥技术的商品化又前进了一大步。但是，这些设施目前的建设投资与运行费用仍旧较高，如果折合到从粉状到颗粒的转变，每吨成本价格大约在 100 元左右，在发展中国家中推行仍有相当的困难。

进入 20 世纪 90 年代后，有机固体废弃物堆肥化处理技术应用又重新出现了一定的回升趋势，尤其是注意了从源头分拣，避免有害成分大量进入堆肥中。欧美国家大多采用的堆肥技术选用的原料强调只能用于庭院修剪物、果品蔬菜加工的废弃物以及养殖场的动物粪便和酿造行业的废弃物。在发酵中又采用了生物发酵技术提高了肥料中的 N、P 成分，从而保证了堆肥的质量。

3.1.2　好氧堆肥进程

有机固体废弃物好氧堆肥技术的应用有着较长的历史。在早期，人们就利用人畜的粪便及农作物的废弃物等作为肥料来提高土壤的质量，如我们所熟知的秸秆等，随着科技的进步和人们认识的深入，目前逐步发展到处理城市生活垃圾作为有机肥料。垃圾堆肥化处理技术处理初期，将垃圾露天堆积土壤掩埋，在厌氧或自然通风条件下进行长时间的发酵，得到的产品经过的简单筛选划分后直接作为有机肥料施入土壤。这种堆肥化方法简单易行，不存在机械技术问题，这种堆肥化方法存在着发酵周期长、产品腐熟度低和产品均匀性较差等缺点。但这种堆肥方法简单易行，不存在机械技术性问题，从而受到环卫部门的欢迎。目前全国各地先后建设了多个简易垃圾堆肥厂处理现在棘手的城市垃圾问题，这种堆肥方法也被国家科学技术部和建设部列为城市垃圾处理技术推广项目。

20 世纪 90 年后发展起来的堆肥设施，大部分是属于竖流式发酵仓系统，一次发酵的时间为 7—10 d，发酵温度均在 55℃—57℃之间，对垃圾的无害化效果均能达到国家规定的卫生指标，并接近国外同类产品的水准。最近几年，国内的堆肥工厂逐渐增加，并且将竖流式发酵仓设备扩大到深池发酵，并且采用自动化的翻抛设备增加了溶氧和减少了人工并提高了效率。

有机固体废弃物堆肥化处理的经济效益主要体现在两个方面：第一是对废弃物的消纳作用，第二是作为肥料或者土壤改良剂的作用。前者可以直接将有机固体废弃物转化为肥料，还原大自然，既不占用很多土地填埋也不需燃烧后对大气产生大量的尾气污染物。从资源化角度来说是最为理想的处理方法。值得注意的是，现在对有机固体废弃物的处理，因为涉及的来源多，资源过于丰富导致了要获得理想的产品还需要添加设备，比如分筛设备、粉碎设备，对产品的成本扩充非常容易导致该行业的衰落。并且在生产的过程中，还需要人为添加大量的其他物质，最后形成的产品质量存在一定的的隐患，在很多时候不仅不能提高土壤的有机质含量和发挥改良土壤的功能，反而很可能导致形成二次污染的事件发生。

中国目前利用有机固体废弃物制作有机肥的行业存在诸多的问题。不同有机固体废弃物形式多样化、原料的来源及收集成本、设备的差异化都导致成本价格变化较大，市场处于鱼目混珠的阶段，因此慎重的建厂并且采取必要的防止二次污染的措施。

3.1.3 堆肥化基本原理及影响因素

存在于自然界中的微生物大都具有氧化分解的能力，而在堆肥化处理过程中起作用的微生物赖以生存的条件就是有机固体废弃物。根据生物处理过程的不同微生物对氧气要求有很大的差异，我们把有机固体废弃物堆肥分为好氧和厌氧堆肥发酵两种方法。好氧堆肥发酵是在通风条件下，游离氧存在的状态下进行的分解发酵过程，因为堆肥化处理过程中温度会达到 55℃—65℃，有时甚至会高达 80℃，因此好氧发酵又被称为高温堆肥化；与之相反，厌氧化堆肥技术则是利用厌氧微生物进行的生物发酵来制造肥料。

高温堆肥是在人工技术可控的条件下，让废弃的有机物在微生物的作用下得到充分的分解，然后降解为腐殖土状物质，这种腐殖土状物质具有良好的稳定性。高温堆肥具有取材广泛、简便易行、净化环境、减少污染、成本低等诸多优点。因为在堆肥的过程中会有氧气的参加，所以细菌进行有氧呼吸就会使堆体的温度明显升高，这个温度的升高会维持很长的时间，就是因为如此，就会更有利于有机固体废弃物的无害化处理。高温堆肥的过程好氧微生物如细菌、真菌、酵母茵和放线菌会释放出热量。堆肥的初期，发生更多的有机物降解和释放较多的热能是由于有机物中的可溶性物质如单糖很快降解，释放出部分热量，堆温开始上升、随着温度不停地升高，嗜温菌较为活跃并大量繁殖。良好的保温性是堆肥物质的优点，这个优点会使温度加速上升，在短短几天的时间里就会上升到 50℃—60℃或者更高，但就是因为这个优点，会导致嗜温菌开始受到抑制甚至死亡，在这时，嗜热菌如真菌、放线菌等会趁虚而入并取代。固体废弃物中需要分解转化的物质有很多，比如：残留的、可溶性物质，此外纤维素类、蛋白质等复杂的大分子有机物也需要被分解。堆肥基本达到稳定时的温度会稳定在 40℃左右。

由于好氧堆肥化具有发酵周期短、无害化程度高、卫生条件好、易于机械操作等优点，因此国内外用有机固体废物如垃圾、污泥、畜禽粪便、工业废弃物等制造堆肥的工厂，绝大多少均采用了好氧堆肥化处理。

下面重点对好氧堆肥化原理及过程进行说明。

1. 好氧堆肥基本原理

好氧堆肥是在有氧的条件下借助好氧微生物的作用进行的。在堆肥的过程中，有机固体废弃物的可溶性有机物质透过微生物的细胞壁和细胞膜而为微生物所吸收，固体和胶体的有机物先附着在微生物体外，由微生物所分泌的胞外酶分解为可溶性的物质，再渗入细胞。微生物再通过自身的生命活动—氧化作用、还原作用及合成作用等过程，把一部分被吸收的有机物氧化成简单的无机物，并释放出生物生长活动所需要的能量，并且在这个过程中将另一部分有机物转化为生物体所必需的营养物质，重新合成新的细胞物质，从而满足微生物逐渐生长繁殖的需要，并产生更多的生物体。

一般情况下，利用堆肥温度变化来作为堆肥过程（阶段）的评价指标，一个完整的堆肥过程一般由 4 个堆肥阶段组成。每个阶段拥有不同的细菌、放线茵、真菌和原生动物。在每个阶段，微生物利用废物和阶段产物作为食物和能量的来源，这种过程一直进行到稳定的腐殖物质形成为止。

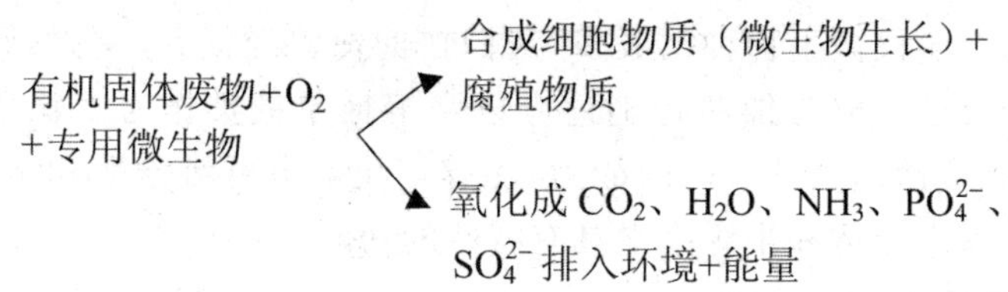

利用下面的方式可以反映堆肥中有机物的氧化和合成的基本原理：

（1）有机物的氧化

在这个过程中，包含两个方向，一个是含氮的有机物，另外一个是不含氮的有机物，它们氧化合成的反映如下：a. 不含氮有机物：$C_xH_yO_z$）＋（$x+1/2y-1/2z$）O_2 － xCO_2 ＋ $1/2yH_2O$＋能量；b. 含氮有机物 $C_wH_xN_yO_z$. $aH_2O+bO_2-C_wH_xN_yO_z$. H_2O＋水（液体＋气体）＋fCO_2＋gNH_3＋能量

（2）细胞物质的合成（包含有机物的氧化，以 NH_3 做为氮源）

$nC_xH_yO_z+NH_3+(nx+ny/4-nz/2-5x)O_2\rightarrow$

$C_5H_7NO_2$（细胞质）＋$(nx-5)CO_2+1/2(ny-4)H_2O$＋能量

（3）细胞质的氧化

$C_5H_7NO_2$（细胞质）＋$5O_2-5CO_2+2H_2O+NH_3$＋能量

我们以纤维素为例，好氧堆肥中纤维素的分解反应如下：

$$(C_6H_{12}O_6)_n \xrightarrow{\text{纤维素}} n(C_6H_{12}O_6)\text{葡萄糖}$$

$$nC_6H_{12}O_6 + 6nO_2 \xrightarrow{\text{微生物}} 6nCO_2 + 6nH_2O + \text{能量}$$

或者

$$C_6H_{12}O_6n + 6nO_2 \longrightarrow 6nCO_2 + 6nH_2O + \text{能量}$$

在这个过程中，堆肥温度将会比较高，一般维持在55℃以上，并且在发酵的部分阶段将会超过70℃以上，因此部分水将以蒸汽的形式排出。堆肥成品中的营养物质与堆肥原料的营养物质的比例一般在0.3—0.5之间，主要的能量消耗是氧化分解减量化的结果出现的。

2.好氧堆肥的一般过程

好氧堆肥从有机固体废弃物的堆积到腐熟的微生物生化过程非常复杂，但现在一般归结为三个阶段：

(1)升温阶段

升温阶段又称为中温阶段或者产热阶段。在堆肥的初期，堆肥中中温菌和嗜温性的微生物逐渐变得活跃，能够利用有机固体废弃物中的可溶性的物质作为营养源开始生长繁殖，在转换和利用化学能的过程中部分变成热能向外释放，这个时候由于这些固体废弃物保温性较好的因素，使得堆体的温度不断增加，这个阶段的微生物主要是中温型好氧菌为主，也就是无芽胞杆菌。这个阶段微生物种类极多，我们在前面曾经提到，主要是细菌、放线菌和部分真菌。因为细菌特别适应以水溶性单糖类作为生长繁殖的碳源，放线菌和真菌因为其特殊的能力，能够产生部分纤维素酶和木聚糖酶，因此对于分解纤维素和半纤维素具有特殊的功能。

(2)高温阶段

随着堆体温度的不断攀升，一般超过42℃以上是就迅速进入高温阶段，在这个阶段，嗜温性微生物(37℃以上很难存活)由于受到高温一致逐渐死亡，嗜热性微生物逐渐取代占据主导地位，在有机固体废弃物中残留的和前阶段新生成的可溶性有机物质开始继续分解转化，纤维素、半纤维素和部分蛋白质分解加剧，在50℃左右主要是嗜热真菌和放线菌在起关键作用，一旦温度攀升到60℃以上时真菌停止活动，转入嗜热真菌和细菌的高峰期，当温度升到70℃以上后，仅有部分芽孢杆菌在起作用，其他的微生物大部分死亡或者进入休眠期。这个过程与细菌的生长繁殖规律一致，微生物在高温阶段的三个时期即：对数生长期、减速生长期和内源呼吸期。经过高温的三个变化后，堆体内有机物的分解进入下一期，也就是腐殖质的形成和对非物质的稳定化时期。

(3)腐熟时期

整个堆体在微生物生长后期，除了非常难分解的有机物质和新形成腐殖质外，所有的微生物活性都降低，这个阶段产热量明显降低，温度逐渐下降。嗜温性微生物又开始活跃，对残留有机物做进一步分解，这个阶段腐殖质不断增加并且趋于稳定化，也就是进入到腐熟阶段，这个阶段的一个主要指标就是需要量大大减少，含水量基本降到 40%及以下，整个堆肥的孔隙度明显增加，氧气扩散能力加强，基本完成腐熟。

3.1.4　影响好氧堆肥发酵的因素及调控

目前，对好氧发酵的影响因素研究的比较多的主要有下面几个方面：

(1)有机物含量和营养物的含量

无论是污泥、生活垃圾、畜禽粪便还是作物残留物，因为其成分复杂，营养物含量差异较大，但是上述物质有机质含量一般均较高，从第 2 章数据也可以看出。因为有机质如果含量过低，在好氧发酵的过程中产生的热量将不足以维持堆肥所需要的温度，并且由于有机质不能合适的转化为腐殖质，导致肥效将降低，但是如果有机质含量如果过高，在发酵的过程中需要高的通氧量，如果氧气不能满足将会导致臭气和臭氧，因此有机质含量需要调节到 20%－80%相对合适。另外，好氧发酵过程中，微生物生长出了需要一定的碳源之外，还需要氮源及微量元素(铁、锰、铜、锌、钙、铁)等，并且有些物质不仅不能被微生物所利用，还有可能起到抑制微生物生长和繁殖的作用，因此在好氧发酵有机固体废弃物的过程中，需要适当调节碳源和其他物质的合适比例。

(2)C/N(碳氮比)

在有机固体废弃物好氧发酵的过程中，这是最重要的制约因素。碳是好氧发酵过程中的反应的能量来源，也是能否起到发酵的动力和维持发酵的热源；氮是好氧微生物生长的营养来源，对维持微生物的合成和生长的控制因素。结合实际的经验，现在对好氧发酵的碳氮比要求控制在 25—35∶1 的水平能够较好的维护整体的运转。在这个过程中，如果碳的比例过高而氮源过低，降解的速度将会下降，导致发酵周期的延长，并且迫使微生物的生长能源不足，生命活动力减弱；如果碳源过低而氮源过高，直观的影响就是氨气满天飞，因为在高温条件下，尤其过高的 pH 值和强制通风发酵条件下，部分氮将迅速的转化为 NH_3 而渗入空气中，导致环境的二次污染。

为了比较好的调节好氧发酵中的碳氮比值，需要做的一个重要工作是添加速效氮源，比如人粪尿或者尿素都能较快的达到这个目的。大量文献将污泥堆肥中添加结构物质或调整剂(如秸秆、木屑、园林垃圾等)归结为改善、调整堆肥物料中的碳氮比。但笔者认为并不如此,因为有机固体废弃物在腐熟期任然继续进行生化氧化完全可以得到进一步的降解,另外,所加入系统的这些调整剂中的碳通常是木质素、纤维素这类生化难降解物质。添加了这些物质,与其说是改善系统碳氮比倒不如说是增加了系统的透气性。

(3)氧气

好氧堆肥发酵,当然少不了氧气。如果只是靠自然的通风,以此来达到好氧细菌的分解环境是远远不够的。在规模大的批量生产的工厂,更需要充足的氧气,为了达到这个目的,往往是通过机械的方法向堆肥过程中进行增加氧气的含量。在增加氧气的过程往往可以带来很多的好处,比如:可以影响有机固体废弃物的降解、通过增加氧气,可以调节堆体内的温度和湿度、再一个就是为好氧细菌提供丰富的氧气。浓度维持在20%—30%以上是最适宜好氧微生物的生长的,但是太多的氧气不一定会带来预期的效果,如果氧气太多,反而会导致要分解的废弃物中的氮过多的损失。

堆肥物质——污泥,污泥可谓是透气性极差的材料,所以我们要对污泥材料的高温堆肥过程强制的增加氧气,通常为了改善污泥材料的通气性,我们需要增加一些可以增加空隙的物质,比如秸秆、木屑、园林垃圾(通常我们叫这些物质为结构性物质)以此来保证堆体中的含氧量,与此同时,产生的热量会增加堆体的温度,这样就更能增加生物活性;同时达到另一个目的:降低了湿度。随着温度的升高,堆体中的易挥发物质会随着会挥发,就会作为气味物质进入气相。虽然需要氧气的量要充足,但是关键在于氧气的供应量要持续,不能一时有氧气一时又没有氧气。如果氧气的供应量不足,导致处理时间过长则会产生臭气,但是通风的量太过于大,那么将会导致堆体的温度降低,使生物活性降低,从而分解速率下降,这样就会使时间增长,那么能耗和运行费用就会随着增大。

已经得到正式报道的文献指出,在堆肥的实际过程中测得的耗氧速率数据远远小于目前流行的通风设计值(0.05—0.2 $Nm^3/min \cdot m^3$)(中国建设部标准,城市生活垃圾好氧静态堆肥处理技术规程CJJ/T52—93)。效率如此的低下,可想而知,导致的浪费是有多么的严重,耗费的能量太多,两全不齐美,既得不到预期的结果,又浪费了大量的能源。

影响效率的通风在上面提到的不好结果以外,还会增加整个堆肥系统的能量消耗和阻力。过量的通风对已经增加结构性物质的堆肥堆中氧气的扩散,并不会起到很明显的作用。在整个系统中“通风不足”和“过量通风”交替进行,不能保证氧气的适宜,这样就会导致有气味气体的释放。产生这种现象的原因主要是通风不足时,厌氧状态下细菌产生的中间产物会在堆体的固、气表面积累,然而在以后的氧气过量阶段,氧气流速过大,大部分的挥发性的有气味物质在没有生物好氧降解之前就被解析和吹脱,这样大量的臭气就会产生并释放出来。

(4)原料的含水率

通过实践获得,在好氧发酵的过程中,过多的水分含量(超过70%)不利于发酵的进行,因为颗粒空隙结构太低,不易于溶氧;并且对于温度的维持和热量的产生都不利,并且易导致臭气产生。但是如果过低的含水量(低于30%)同样不利于好氧发酵的进行,因为微生物在水中摄取的可溶性营养物质额联过低,将导致有机物的分解逐渐缓慢,如果低于12%的含水率是,微生物的繁殖将停止。以污泥为例,其原料本身含水率高(超过80%),但影响生化反应的却不是水本身,而是由于含水率高而导致的物料透气性差。解决这个问题,可以通过添加锯末或者作物残留物(蘑菇粉等)可以吸收一部分水分,进而改善透气性,但锯末添加量大会导致成本增加。所以实际工程中一是要追求机械脱水污泥的高含固率,二是将含水量低的堆肥后的污泥进行一部分回流混合。

(5)pH的影响

pH是限制微生物生长的关键因素。一般微生物的生长最佳适宜的环境条件是中性或者弱碱性环境条件下。过高或者过低均不利于好氧发酵的进行。在整个发酵过程中,起始阶段由于有机酸会产生将导致pH下降(我们在以畜禽粪便鸡粪作原料时,pH最低能够降到5.8,也有报道指出能够降到5左右),然后上升到8.5—9.0之间。通过大量的实践,笔者认为,保持起始原料的pH在7—8.5之间为宜。

(6)其他

温度和原料的颗粒直径等因素也能影响到好氧发酵的进程。仅从好氧发酵过程看,合适的温度是该过程是否顺利进行的关键因素,因为不仅仅能够影响到微生物的生长,而且对于堆肥过程中,随着温度的升高可以起到杀灭虫卵和病原菌的作用,并且在不同的阶段能够维护不同嗜温、嗜热微生物的生长。因此,要保证好氧发酵的顺利进行,一般要求起始的温度不能低于10℃,而高温尽量不要超过70℃。但是从反应动力学的角度来看,高、低温度段是没有明显分界的。实践证明,通过合理的控制,系统在有机物含量和耗氧速率较低时,仍可达到和保持较高的温度。如果对通风控制不合理或不控制,必然会出现较明显的高温和低温段。

反应释放的热能是系统热能的根本来源。

热源:

Qo 生物反应放热:是氧消耗的函数,工程上可以把它表示为输入氧气浓度与堆中氧气含量差与通风量的乘积。

热漏：

Qr 辐射防热：工程上可表达为垃圾堆温度与环境温度之差的函数

Qv 水分蒸发吸热：是垃圾堆温度和通风量的函数

Qh 通风温度升高吸热：是垃圾堆温度和环境温度之差和通风量的函数

当系统 Qo＞(Qr＋Qv＋Qh)时，垃圾堆温度升高，反之，下降。

上面的分析还显示，系统的热平衡除了受生化反应速度的影响外，与系统的通风操作"息息相关"。

3.1.5 好氧发酵的动力学原理

有机固体废弃物好氧堆肥发酵的过程本质上是一种生物学处理工艺，也就是各种不同的微生物的生命活动围绕有机质消化、吸收、分解和转化的过程。在这个过程中，表型是微生物的积极活动的过程，本质为酶的催化反应的过程。在热力学范围内，酶能够有选择性的加速某些生化反应，并能传递电子，原子和化学基团。因为酶是具有生物特异性的高分子蛋白质，本身的两性性质及特殊的催化反应的专一性和特异性决定了在促进有机固体废弃物生化反应过程中的作用，酶的催化作用节约均项催化两者之间，可以是有机固体废弃物与酶可能形成中间络合物的过程，也可以看做是酶的表面先与底物进行吸附后再发生化学反应，因此，我们也可以认为有机固体废弃物的好氧发酵过程，本质上就是酶的催化反应过程。

在好氧发酵的堆置方式上，可供选择的及间歇式堆肥和连续式堆肥发酵两种方法。其中间歇式好氧堆肥发酵的过程中，温度逐渐升高到一定的水平后，然后随着更多的有机物质的分解，伴随反应速率的下降的同时温度也逐渐降低，可以说间歇式好氧堆肥发酵是一个动态的过程，非常难以实现稳态的条件。连续式好氧堆肥发酵目前成为趋势，由于反应装置内部的物料在机械的作用下被搅拌非常均匀，各种条件标准基本一致，因此更接近稳态条件。

如果根据酶促反应动力学，利用 Herzfeld-Laidler 均相反应机制：

$$S \underset{k_1(Y)}{\overset{k_1(C)}{\Longleftrightarrow}} X \xrightarrow{k_1(w)} P + (Z) \tag{3-1}$$

式中，S、C、X、P 分别为反应物、催化剂、中间络合物与产物；Y、W 为任意组元，也可能不存在；Z 可以是催化剂，也可以是其他组元。反应的速率方程可表示为：

$$V = \frac{\mathrm{d}P}{\mathrm{d}t} k_2 [X][W]$$

依试稳态法得到：

$$\frac{\mathrm{d}X}{\mathrm{d}t} = k_1[C][S] - k_2[X][Y] - k_3[X][W] = 0 \tag{3-2}$$

如以$[S]_0$、$[C]_0$分别代表物与催化剂的表观浓度，则

$$[S]_0 = [S] + [X] \tag{3-3}$$

$$[C]_0 = [C] + [X] \tag{3-4}$$

式中，$[S]$、$[C]$分别为反应物与催化剂的表观的自由浓度。将式(3-3)、(3-4)代入(3-2)可消去$[S]$、$[C]$，并因 X 很小而忽略$[X]^2$ 项，可解出 X 值代入(3-1)，即得均相反应速率方程：

$$r = \frac{k_1 k_2 [C]_0 [S]_0 [W]}{k_1([C]_0 + [S]_0) + k_2[Y] + k_3[W]} \tag{3-5}$$

有机废弃物堆肥化生化反应过程可近似看作单底物酶催化反应，是 Herzfeld-Laidler 机理的一种特例。此时，反应的催化剂为酶，以 E 表示，Y、W 均不存在，Z 亦为酶催化剂 E。反应机理可用下式表示：

$$S + E \underset{k_2}{\overset{k_1}{\Longleftrightarrow}} Es \xrightarrow{k_3} P + E$$

这个方程式从一个方面反映了酶促反应中基质的浓度对反应速度的影响，其中 S 代表堆肥化底物，E 代表酶，ES 代表酶-底物中间产物，也就是我们说的络合物，P 代表的是产物，因此上述的米氏方程可以获得相应的动力学方程为：

$$v = \frac{k_1 k_3 [E]_0 [S]_0}{k_1([E]_0 + [S]_0) + k_2 + k_3} \tag{3-6}$$

若$[S]_0$以底物自由度浓度$[S]$表示，且$[S] \gg [E]_0$（酶的表现浓度，即总浓度），则式(3-6)可简化为：

$$v = \frac{k_1 k_2 [E]_0 [S]_0}{k_2 + k_3 + k_1[S]}$$

如果反应处于稳定状态，那么中间的产物浓度$[E][S]$将不随时间发生变化($\mathrm{d}[E][S]/\mathrm{d}t = 0$)，也即底物$[S]$消失速度与产物 P 产生速度就可相等，可推出关系式：

$$\frac{[S][E]}{[ES]} = \frac{k_2 + k_3}{k_1} = K_m \text{（米氏常数）} \tag{3-7}$$

K_m（米氏常数）实质上是$[E][S]$达到稳定平衡时的平衡常数，一种动态平衡常数。

根据米氏反应动态规律计算，如果$[E]_0 = [E] + [E][S]$，整理$[E] = [E]_0 - [E][S]$代入(3-7)得到：

$$[S]([E]_0-[E][S])=K_m[E][S]$$
$$(K_m+[S])[E][S]=[E]_0[S]$$

推倒得：

$$[ES]=\frac{[E]_0[S]}{K_m+[S]} \text{或} v=\frac{k_3[E][S]}{K_m+[S]} \tag{3-8}$$

在酶促反应体系中，整个反应的速度是由有效地酶浓度$[E][S]$决定的，$[E][S]$越高，反应产物P的生成速度越快，或者说就是底物S的消耗越多。因此酶反应速度为：$v=k_3[E][S]$，代入到(3-8)得：

$$\frac{v}{k_3}=\frac{[E]_0[S]}{K_m+[S]} \text{或} v=\frac{k_3[E][S]}{K_m+[S]} \tag{3-9}$$

当反应体系中的$[S]$饱和时，所有的$[E_0]$都以$[ES]$的形式存在，反应速度达到最大值，即：

$$v_{\max}=k_3[E]_0$$

推得反应速度方程：

$$v=v_{\max}\frac{[S]}{K_m+[S]} \text{或} v=v_{\max}\frac{S}{K_m+S} \tag{3-10}$$

在好氧堆肥发酵的过程中，v值的确定一般采用微分法记性，也就是在不同时间内分析样品中含碳量，然后根据样品含碳量随时间变化曲线，求得曲线上任一点的切线的斜率就可获得该浓度时的反应速度。

因此，根据动力学反应过程，寻求好氧发酵过程中的最佳条件，应用稳态动力学进行研究，才能破除现在堆肥化工艺中出现的很多模糊概念，有现在的定性化逐步转入定量化方向的进程。

3.1.6 有机固体废弃物好氧发酵的物料变化

好氧堆肥发酵的基本工艺前面已经讲述过，但一个基本的指导目标就是最大限度的获得高效产品，也即投入产出比要合适，尽可能的控制物料的守恒定律。根据这个指导思想，需要对物料的平衡计算：输入的混合物料加上通入的空气，在好氧发酵过程中必须等于新增殖细胞质量、其他简单有机物的质量、CO_2、H_2O和NH_3等分解产物的总和。从质量守恒定律而言，需要做到：

混合物料质量＋输入气体质量＝排出气体质量＋堆肥质肥＋渗滤液质量

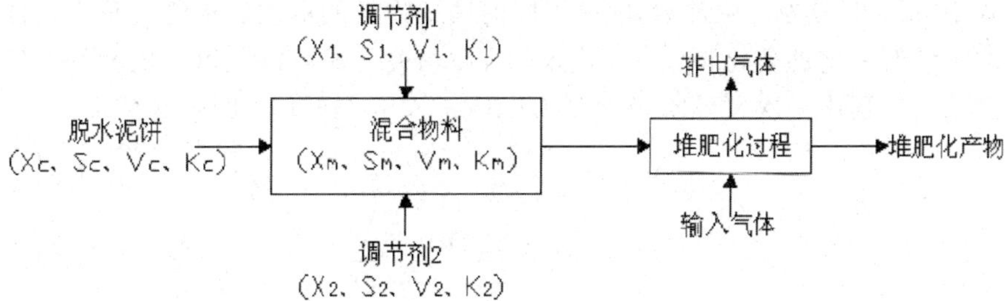

因此需要解决固体、气体和水的平衡。

1. 固体平衡

对于固体成分，可以分为灰分和挥发性固体两个部分，其中挥发性固体由可生化降解挥发性固体和不可生化降解挥发性固体组成。堆肥化过程中可以生化降解挥发性固体能够被微生物分解，降解程度可用挥发性固体降解率 X_{VS} 表示(降解所减少的挥发性固体重量与进料过程中挥发性固体的重量比)，这个是首先假定在堆肥化过程中灰分的质量 $ASH(t)$ 不发生变化，推导出好氧发酵过程中 t 时刻的剩余的挥发性固体的重量 $VS_t(t)$、剩余的可生化降解挥发性固体重量 $BVS_t(t)$、剩余固体重量 $L_t(t)$ 和挥发性固体的含量 $V_t(\%)$，因此，可以得出：

$$L_t = ASH + VS_t$$

$$VS_t = X_m \cdot S_m \cdot V_m(1 - X_{VS})$$

$$BVS_t = X_m \cdot S_m \cdot V_m(K_m - X_{VS})$$

$$L_t = X_m \cdot S_m(1 - V_m \cdot X_{VS})$$

$$V_t = \frac{V_m(1 - X_{VS})}{(1 - V_m \cdot X_{VS})} \tag{3-11}$$

如果 V_t 已知情况下，推算出 X_{VS}：

$$X_{VS} = \frac{(V_m - V_t)}{V_m(1 - V_t)} \tag{3-12}$$

这些参数对一般有机固体废弃物固体部分计算具有普遍性，使用范围比较广。但是现在的好氧堆肥发酵技术一般采用的是二次型好氧发酵的方式，二次好氧发酵工艺物料固体部分可以用比较特殊的方式进行计算。

在一次发酵阶段，根据 Roger Tim Hang 描述的有机固体废物底物增容过程动力学模型，反应速度与何人时刻剩余的挥发固体含量 V_t 成正比的关系，即 $\frac{dV_t}{dt} = -K_d \cdot V_t$，如果将此事做定积分后，$\int_{V_m}^{V_t} \frac{dV_t}{dt} = -K_d \cdot \int_0^t dt$，可知

$$V_t = V_m \cdot e^{-K_d \cdot t} \tag{3-13}$$

式中，K_d（d^{-1}）为比率常数，随着不同的堆肥物料的性质和堆肥过程中条件的不同有一定的变化将(3-13)代入(3-11)相关公式可以获得二次性好氧发酵工艺过程中一次发酵阶段 X_{VS}、L_t、BVS_t、VS_t 与时间 t 的函数关系：

$$X_{VS}=\frac{(1-e^{-K_d \cdot t})}{(1-V_m \cdot e^{-K_d \cdot t})} \tag{3-14}$$

$$L_t=\frac{X_m \cdot S_m(1-V_m)}{(1-V_m \cdot e^{-K_d \cdot t})} \tag{3-15}$$

$$BVS=X_m \cdot S_m \cdot V_m \frac{(K_m-1)+e^{-K_d \cdot t}(1-K_m \cdot V_m)}{(1-V_m \cdot e^{-K_d \cdot t})} \tag{3-16}$$

$$VS_t=X_m \cdot S_m \cdot V_m \frac{e^{-K_d \cdot t}(1-V_m)}{(1-V_m \cdot e^{-K_d \cdot t})} \tag{3-17}$$

式(3-15)、式(3-16)、式(3-17)三个计算方程式，可以分别预测一次发酵过程中剩余的固体重量，可以生物化学降解挥发性固体的重量和挥发性固体的重量，这样就可以确定出一次发酵所要的周期、总共需要的通风量，并以此推算出第二次发酵所需要的库房容积。

上述是一次发酵固体重量的变化及推导，下面看一下二次发酵后有机固体废弃物固体重量和估算堆肥后产物重量的计算。

类似 Monod 方程的动力学模型 $\frac{dS}{dt}=\frac{K \cdot A_V \cdot X}{K_X+X}$（其中 dS/dt 是挥发性固体的水解速率，K 是最大水解速率，A_V 是有机固体废弃物单位容积的有效表面积[酶促反应动力学中的酶的有效结合部位]，X 是微生物的浓度，K_X 是微生物浓度的半速率系数)，在好氧发酵堆肥的后期，底物中的大量的微生物在生长繁殖，该阶段有机固体废弃物中有机物的降解率稳定在零级反应水平上，也就是说该阶段不受微生物浓度的影响。二次性堆肥化工艺的特点之一就是想法设法将难降解的底物在第二次发酵过程中通过低通风或者自然风形式停止相对较长的时间完全腐殖化。在这个过程中，由于时间长，因此对二次发酵后堆肥的固体重量的计算显得就尤为重要。

假定二次发酵后 $X_{VS}=K_m$，代入式(3-11)得出二次发酵后堆肥中固体重量为：

$$L_t=X_m.S_m(1-V_mK_m) \tag{3-18}$$

那么二次发酵堆肥后剩余的重量 M 剩余与 V_m、K_m、S_r 存在的关系为：

$$M_{剩余}=X_m \cdot S_m \frac{1-V_m \cdot K_m}{S_r} \tag{3-19}$$

2. 气体平衡

在有机固体废弃物发酵过程中，除了挥发性物质的损耗外，另外一个就是气体的平衡。在堆肥化反应不断地进程中，由于固体成分不断发生变化，与之相接触的气体成分也在不断变化，在这个过程中，存在的气体平衡关系为：

输入空气质量－消耗的氧的质量＋有机物降解产生的气体（不计产生的水蒸气）质量＋去除的水分质量＝排出气体质量

上面提到，通风（氧气）不仅仅能够调节有机固体废弃物中氧气的浓度，维持微生物正常的生长繁殖，并且对于调节整个堆体的温度和水分含量是一种重要的手段。虽然整个发酵过程是一个复杂的系统，不同的物料比例、不同的位置，通风对堆体内外温度的影响和程度都有不同的变化，但在实际工作中，至少需要对通气量有基本的计算，才能指导实践活动。

在有机固体废弃物堆肥化发酵过程中，因为堆体本身的大小，堆肥内外温度差异较大，曾有研究指出：

①当通风量为 0.02 m^3/(min. m^3)堆层条件下，整个堆层升温缓慢而且不均匀，上层达不到无害化的要求。

②当通风量 0.2 m^3/(min. m^3)堆层条件下，堆层整个体积升温迅速、均匀，但由于热惯性温度上限（70℃）被突破，甚至突破 80℃。但如果改善池底通风性、中间补水，温度控制能够有效改善，此外，尽管温度突破了微生物生理上限，从分析数据和堆肥质量的感官指标上，现在都没有发现温度过高对品质的影响。

③当通风量为 0.48 m^3/(min·m^3)堆层条件下，整个对曾由于风量过大，热量通过水分蒸发而散失，使堆体温度下降很快，不利于反应进行，过量通风还造成一次发酵后产物水分过低（22%）现象，不利于二次发酵的进行。在实际操作中，大部分企业对通风条件不注意或者有的就是因为耗能很高，对产品成本增加较多而没有改工艺。

在连续进行操作时，气相和固相的接触方式影响这个发酵仓（发酵池）内温度及分布，气相和固相接触方式有逆流、并流和错流。如果气相和固相同一个方向进入发酵池（仓），气相和固相温差小，出口的温度较高，这个类型的装置对水分散失较有利，并且有非常高的温度范围，但是装置内温度控制不容易；如果气相和固相逆流接触，装置进口处的反应速度非常快，并且物料的升温速度也非常高，整个热效率好，但是出口的气相和固相温度一般偏低，带走的水分也少，这样装置并不是很适合有机固体废弃物的好氧高温发酵；另外一种类型就是气相和固相错流接触，整个发酵舱内各部位的通风量可以通过调节阀门的开度控制，这样的装置容易控制温度和热效率，并且能够带走水分，是实现有机固体废弃物高温好氧发酵的理想装置。

对于利用机械方法对堆肥进行供氧，可以从时间控制、温度反馈控制、耗氧速率和综合控制四种。其实，不管采用哪种通风控制的方法，其根本性的目的就是为堆肥中的微生物提供足够的氧气，使堆肥整个过程在保证最大的生物降解速率下进行；同时，通过通风能够尽可能的带走堆体内部产生的过多的热量，起到调节堆体内部最适温度为目的；通过通风带走水蒸气，在一定范围内降低堆体本身过高的含水率。在不同的堆肥过程，通风的作用不同。在有机固体废弃物好氧发酵的堆肥初期，通风的作用是提供氧气，为微生物的快速生长繁殖提供条件；在堆肥中期，通风的主要目的一是为部分真菌和细菌提供氧气，二是能够起到散热冷却堆肥体的作用；到堆肥后期，通风的主要目的就是降低堆肥的含水率。因此，我们可以根据不同的目的性计算堆肥物料在不同阶段所需的通风量，也就是基于氧气需求量控制通风需求量。当然，也有研究人员认为，以温度作为基数来控制好氧堆肥过程中需要输入空气量。下面讨论的是采用基于氧气含量控制来计算输入空气量，主要是根据好氧堆肥过程中通风三个主要作用：供氧、散热和去除水分来求得输入空气质量。

①供氧所需的通风量。在所有的高温好氧发酵固体有机废弃物的过程中，通风供氧是基本条件。通风量的多少是根据堆肥原料有机物含量、挥发性固体含量、可生化降解系数等的条件进行计算的。一般采用如下的化学计量式：

$$C_aH_bN_cO_d+0.5(nz+2s+r-d)O_2 \longrightarrow nC_wH_xN_yO_z+rH_2O+sCO_2+(c-ny)NH_3 \tag{3-20}$$

其中，$r=0.5[b-nx-3(c-ny)]$；$s=a-nw$；n 为降解系数（摩尔转化率<1）；$C_aH_bN_cO_d$ 和 $C_wH_xN_yO_z$ 分别代表堆肥原料和堆肥产物的成分。

$$M_{氧}=X_m\cdot S_m\cdot V_m\cdot K_m\frac{16(nz+2s+r-d)}{12a+b+14c+16d}$$

$$M_1=X_m\cdot S_m\cdot V_m\cdot K_m\frac{16(nz+2s+r-d)}{0.232(12a+b+14c+16d)}$$

$$W_{生成水}=X_m\cdot S_m\cdot V_m\cdot K_m\frac{18r}{12a+b+14c+16d}$$

$$M_{二氧化碳}=X_m\cdot S_m\cdot V_m\cdot K_m\frac{44S}{12a+b+14c+16d}$$

$$M_{氨}=X_m\cdot S_m\cdot V_m\cdot K_m\frac{17(c-ny)}{12a+b+14c+16d} \tag{3-21}$$

式中，$M_{氧}$—氧化有机物需要的氧气重量，t；M_1—氧化有机物需要的干空气重量，t；$W_{生成水}$—有机物分解产生水的重量，t；$M_{二氧化碳}$—有机物分解产生的二氧化碳的重量，t；$M_{氨}$—有机物分解产生的氨的重量，t。

(2)去除水分后需要的通气量

随着进入堆体的不饱和空气升温后带走大量的水蒸气，使得物料可以干化,去除水分与通气量两者本身有密切的关联度,但是如果要完成这两个目的所需要的空气量并不相同。水分的蒸发和物料的干化有时能够同时满足这两个条件,但是物料的干化所需要的空气量更多。这里有一个关键的问题:去除水分所需要的通气量取决于所要去除的水分含量和空气可能带走的水分的最大能力。如果不考虑堆肥过程中产生水分的水分蒸发量进行计算,考虑到有机物在好氧发酵过程中产生的水分,我们可以得出水分蒸发量的计算公式:

$$W_{蒸} = W_{生成水} + X_m(1 - S_m) - X_m \cdot S_m(1 - V_m K_m)\frac{(1 - S_r)}{S_r} \tag{3-22}$$

其中,$W_{蒸}$——通风去除的水分的重量,t;去除水分所需要的通风量由下式计算可得:

$$M_2 = \frac{W_{蒸}}{H_o - H_i} \tag{3-23}$$

其中,M_2 是去除水分所需要的通风重量,用 t 表示;H_i,H_0 表示进出堆体的空气湿度,$t_{水}/t$ 干空气。

(3)散发热量所需要的通风量

按照热力学第一定律可知,如果在一个平衡的系统中,能量的输入值与能量的输出值以相等的。对于高温好氧发酵的反应过程也是如此,表 3-1 列出热量平衡项目。

表 3-1　高温好氧堆肥发酵过程中的热量平衡表

热量输入	热量输出
高温好氧发酵堆肥化过程中反应产生的热	1. 发酵物料升温吸收热;2. 气体生物吸收热;3. 水蒸气吸收热;4. 反应装置热损失

在生产实践的过程中,只有当堆体的温度超过一定的温度后,整个好氧发酵的堆体才需要通过通风进行冷却,这个阶段可以视作 $q_s=0$,因为现在高温好氧发酵堆肥工艺的成熟性,整个发酵装置保温性能良好,装置的热损失 q_z 可以忽略不计,因此根据热力徐第一定律可得:

$$q = q_a + q_w$$

再与下面几个计算公式联立:

$q = 3312500M_{氧}$

$q_a = 1\ 000X_m \cdot S_m \cdot C_{p,a}(T_0 - T_i)$

$q_w = 1\ 000W_{蒸} \cdot C_{p,w}(T_0 - T_i) + \beta M_3$

推到可得:

$$M_3 = \frac{3312.5M_{氧} - X_m \cdot S_m \cdot C_{p,a}(T_0 - T_i) - W_{蒸} \cdot C_{p,w}(T_0 - T_i)}{\beta}$$

其中：M_3—散热所需要的空气重量，用 t 表示；$C_{p,a}$、$C_{p,w}$—空气和水的比热容，Kcal/(kg・℃)；T_i、T_0—进入和出堆体的空气温度，℃；β—水在 T_0℃时的气化潜热，Kcal/kg。

(4)需要输入的总空气量

根据上述计算公式，可以获得输入的空气重量为：

$M_{输入} = M_1 + M_2 + M_3$，一般情况下，在实践中采用的是计算空气的输入的体积，即：

$$V_{输入} = \frac{1\,000M_{输入}}{\rho_{输入}}$$

其中，ρ 输入——输入空气的密度，kg/m^3 表示。

上面我们计算的是输入气体的量，下面我们看一下排除气体的量的计算。

排除的气体 $M_{排出}(t)$ 主要来自输入的气体、有机物分解产生的气体和带走的水蒸气三个部分组成，即：

$$M_{排出} = M_{输入} - M_{氧} + M_{二氧化碳} + M_{氨} + W_{蒸}$$

排出的气体体积 V 排出(m^3 为)：

$$V_{排出} = \frac{1\,000M_{排出}}{\rho_{排出}}$$

其中，$\rho_{排出}$—输入空气的密度，kg/m^3 表示。

3. 水分的平衡

在整个好氧堆肥高温发酵的过程中，水分主要来源于初始混合物料中的，很少一部分来源于输入空气中带入的水分(该部分水分又随气体排出)，另外重要的水分来源是有机物体在分解成小分子过程中产生的水。在高温好氧堆肥发酵过程中，排出的气体会带走大量的水分，堆体表面仅仅蒸发少量水分，剩余的水分主要存在于堆肥后的产物中，即：

$$W_{剩余} = X_m \cdot S_m(1 - V_m \cdot K_m)\frac{(1 - S_r)}{S_r}$$

3.1.7 牛粪高温好氧堆肥发酵的过程及性质

高温好氧堆肥发酵是处理有机固体废弃物应用最广泛的方法，这个过程包括中温及高温阶段，涉及很多微生物和酶。现在常说的中温阶段通常指的是温度上升到 50℃以上，如果从微生物的生态多样性和有机物的分解速率等方面综合考虑最合适的温度应该是 60℃及以上。这个过程对堆肥中病原菌和一些虫卵具有杀灭作用，尤其后期堆肥温度长时间超过70℃后病原菌将逐步灭绝，在这个堆肥过程中，微生物的菌群结构不断变化，环境条件也在交替复杂变化，例如上述的温度，水分，氧气和二氧化碳浓度等等，在整个变化的过程中，复杂的有机物质将逐步分解为简单的化合物或者小分子物质。

1.材料与方法

(1)堆肥原料

在整个高温好氧发酵堆肥过程中，牛粪取自新鲜的牛奶厂当天牛粪，辅料采用蘑菇棒粉，牛粪:蘑菇棒粉)(质量比)=7：3，牛粪含水量83%，蘑菇棒粉水分含量50%，混合料调整后水分含量为65%左右，C/N=29：1，另每立方米补充尿素1 kg，pH调节7.4堆肥体积长3 m，宽1 m，堆高0.8 m，采用前两天不翻堆，第三天开始每天翻堆一次。

铁锹:用于定时人工翻堆；堆肥样品粉碎机；pH计:样品筛:孔径20目和60目；分析天平；恒温干燥箱；电导仪:LF91；流动分析仪:BRAN+LUEBBE；元素分析仪:VarioEL；TOC测定仪:LiquiTOC；水银温度计；0.45 μm微孔滤膜；马弗炉铝盒等。

(2)检测指标

因目前对牛粪发酵腐熟指标没有统一的标准，主要是涉及到所用的原料多种多样，并且理化性质和生物指标差异也很大，对于大型的企业因有相关的科研团队，可以采用生物或者化学相结合的分析方法进行检测，但中小型企业没有这样的技术水准很难做到实施检测，只有根据个人经验进行判断是否腐熟，因此下面介绍各种方法，各个单位可根据实际情况选用不同的方法。

首先处理牛粪发酵浸提液，样品的采集及制备。每2天采样1次，每次采5个点，每点采样500 g，混合均匀，然后采用四分法取样500 g。称取100 g加蒸馏水500 mL混合搅拌30 min后，经3000 r/min离心10 min，取上清液进行过滤，滤液即为堆肥浸提液。

①发芽指数(G1)的检测方法。取10 g新鲜堆肥样品加入100 mL去离子水，在水平摇床上摇24 h后过滤。然后吸取6 mL均匀滤液加到铺有滤纸培养皿内(直径9 cm)。每个培养皿单行放置20粒菜种子，放置在25±2℃培养箱中培养3天，对照采用空白去离子水作处理，每个处理样品三个重复。

GI(%)=(处理平均发芽率×处理平均根长/对照平均发芽率×对照平均根长)×100

②温度测定。每天采用三点测定，早上8：00，中午1：00，下午5：00

三次取样测定，测定空气温度和发酵堆体中最高温度，每次取样三个点后取平均数，并观察堆体表观特征变化。

③含水率测定。将铝盒及盖用清水洗净放入105℃电热鼓风恒温干燥箱中烘干至恒重后取出称量，记录质量为 W_1。称取新鲜堆肥样品5克(精确至0.001 g)平铺于已知恒重的铝盒中，盖好盖子转移到105℃电热鼓风恒温干燥箱中烘干8 h后转入干燥器后平衡30 min称量，记录质量 W_2，堆肥样品含水率＝$(W_1-W_2)/5\times100\%$。

④电导率(EC)和pH测定。将新鲜堆肥样品与去离子水按1∶10(质量比混合，在水平摇床上震荡2 h后静置30 min后用电导仪和pH计分别测定电导率和pH值。每个样品设三个重复。

⑤将坩埚用清水洗净放入105℃的电热鼓风恒温干燥箱中烘干至恒重后取出称量，并记录质量为 W_1，然后取5 g(精确至0.001 g)堆肥样品至处理后的坩埚内，转移至105℃电热鼓风恒温干燥箱中烘干8 h后称量，记录坩埚和样品的质量 W_2，再转移至550℃马弗炉中灼烧至恒重后取出称量，记录此时质量 W_3。每个样品设三个重复。

挥发性固体物质的质量＝W_2-W_3，灰分的质量＝W_3-W_1。

有机物(OM)的损失用下式计算：

$$\text{OM loss}(\%)=100-100[X_1(100-X_2)]/\ X_2(100-X_1)$$

其中，X_1 和 X_2 分别表示初始和最终的灰分含量。

⑥水溶性有机碳、水溶性氮和氨态氮、硝态氮测定：将新鲜堆肥样品与去离子水按1∶10(质量比)混合后在水平摇床上震荡24 h后，在4℃ 12 000 r/min离心10 min，将上清液用单层滤纸过滤收集，再用0.45 μm微孔滤膜过滤，滤液稀释至适当浓度后用TOC仪测定水溶性有机碳、水溶性氮。氨态氮和硝态氮含量用流动分析仪测定。每个样品设三个重复。氨态氮/销态氮比值有上述测定值获得。

⑦全碳(TC)和全氮(TN)测定：风干堆肥样品用粉碎机粉碎，过60目筛子后备用。称取20 mg－30 mg(精确至0.001 mg)的样品于锡箔纸上，使用元素分析仪测定样品中全氮和全碳的含量。每个样品设三个重复，C/N比值上述计算。

⑧E_4/E_6：取测定堆肥样品与去离子水按1∶10(质量比)混合后于水平摇床上震荡24 h，然后于4℃ 12 000 r/min离心10 min，收集上清液(用单层滤纸过滤)过0.45 μm微孔滤膜过滤，滤液稀释后用酶标仪在465 nm和665 nm测定吸光值，然后计算 E_4/E_6 的比值。

2.结果与分析

①牛粪高温好氧堆肥发酵过程中原料的颜色、气味和颗粒度的变化。

表 3-2　牛粪好氧发酵表观变化

堆肥时间(天)	表观颜色	表观气味	颗粒度
0	黄棕色	臭味,蚊蝇围绕	团块状,不均匀
5	黄棕色	臭味,蚊蝇围绕	团块状,不均匀
10	表层暗褐色,内部为黄棕色	少量氨及蚊蝇	团块,不均匀
20	表层暗褐色,内部为黄棕色	少量氨及蚊蝇	团块,不均匀
30	暗褐色,中心黄棕色	微臭,土腥味	团块变小,较松散
40	暗褐色,中心黄棕色	微臭,土腥味	团块变小,较松散
50	暗褐色	土腥味	团块均与松散
60	深褐色	土腥味	团块均与松散
80	深褐色	土腥味	团块均与松散

随着堆肥时间不断推进,整个堆体物料的颜色在不断发生变化,最初期的黄棕色逐渐变为暗褐色一直到深褐色,颜色的变化原因主要是由于堆肥过程中腐殖酸类物质的形成,这在前面表述过,因为腐殖酸的颜色是深褐色。内外颜色的差异主要是水分多寡引起的,在初期水分含量较高,并且外层供氧充足,但是在整个堆体内部由于缺氧原因,必然导致外层微生物生长代谢比内部要旺盛,物质转化先于内部发生,导致整个堆体物料的颜色在初期表层深于内层。伴随着水分的不断散发,并且在这个过程中有机物质的不断分解,堆肥物料变得越来越均匀,整个内外颜色也趋于一致,最终呈现的深褐色。

高温好氧发酵堆肥的初期,整个堆体散发出牛粪粪便的臭味并且有大量的蚊蝇围绕。在 10—20 天内,由于物料中的蛋白质在不同蛋白酶的作用下发生分解,生成各种氨基酸,氨基酸在酶的作用下发生脱氨基作用导致大量氨气的产生,因此这个过程有氨味。在好氧发酵堆肥后期,大量的放线菌在这个过程中出现,由次产生了土腥素等物质,使堆肥原料略有土腥味。由于微生物的代谢作用和水分蒸发,堆肥样品的含水率逐渐降低并且孔隙度逐渐增大,后期堆肥样品变得松散均匀,并且整个堆肥的体积明显降低。

②堆肥过程中温度的变化。表 3-3 采用 2009 年 1 月份的数据做一个介绍。因为冬季外界温度较低,很多时候低于 0℃,并且堆肥不完全均匀,虽然不能用温度作为统计有机物质是否完全腐熟的指标,但是可以用这个温度做一个参考,因为温度能够反映出高温好氧发酵堆肥过程中微生物的代谢活性,并且对大多数中小企业来说,这是一个比较直观的参数。

表 3-3 发酵牛粪温度记录表

日期	时刻	气温/℃	试验 1/℃		试验 2/℃		试验 3/℃	
2009—1—3	早 8：00	—7	21	20	48	50	41	42
	中 1：00	3	21	23	33	41	41	43
	晚 5：00	0	17	19	30	30	34	35
2009—1—4	早 8：00	—8	20	22	37	35	36	40
	中 1：00	0.5	20	18	27	31	35	36
	晚 5：00	—2	20	19	35	30	35	35
2009—1—5	早 8：00	—6	30	22	35	37	35	35
	中 1：00	0	26.5	27.5	42.5	45.5	51.5	49.5
	晚 5：00	—4	24.5	25.5	43.5	45.5	47.5	46.5
2009—1—6	早 8：00	—6.5	27.5	28.5	40.5	45.5	45.5	48.5
	中 1：00	0	31.5	27.5	40.5	43.5	42.5	44.5
	晚 5：00	—1	27.5	27.5	37.5	40.5	45.5	45.5
2009—1—7	早 8：00	—7.5	29.5	29.5	43.5	53.5	54.5	56.5
	中 1：00	1	32.5	29.5	44.5	47.5	52.5	54.5
	晚 5：00	—3.5	30.5	34.5	45.5	53.5	50.5	52.5
2009—1—8	早 8：00	—8	31.5	32.5	43.5	45.5	50.5	56.5
	中 1：00	0	32.5	32.5	45.5	50.5	51.5	50.5
	晚 5：00	—1.5	40.5	41.5	46.5	45.5	55.5	55.5
2009—1—9	早 8：00	—8	35.5	38.5	53.5	60.5	55.5	52.5
	中 1：00	—1.5	40.5	40.5	60.5	57.5	51.5	57.5
	晚 5：00	—9.5	38.5	36.5	48.5	52.5	57.5	52.5
2009—1—10	早 8：00	—15.5	38.5	43.5	51.5	65.5	58.5	63.5
	中 1：00	1.5	35.5	36.5	54.5	56.5	55.5	58.5
	晚 5：00	0	38.5	37.5	51.5	65.5	51.5	55.5
2009—1—11	早 8：00	—14.5	39.5	42.5	48.5	63.5	50.5	56.5
	中 1：00	0	42.5	48.5	52.5	50.5	56.5	54.5
	晚 5：00	—10	38	42	53	60	46	50

续表

日期	时刻	气温/℃	试验 1/℃		试验 2/℃		试验 3/℃	
2009—1—12	早 8：00	—10	40	45	46	63	55	53
	中 1：00	0	39	52	64	62	59	56
	晚 5：00	—8	42	56	53	66	65	68
2009—1—13	早 8：00	—9	43	49	55	54	56	56
	中 1：00	0	43	42	46	58	48	56
	晚 5：00	—2	48	54	64	66	62	64
2009—1—14	早 8：00	—10	45	47	50	56	60	61
	中 1：00	—1	43	45	40	42	42	43
	晚 5：00	—4	43	46	45	47	46	45
2009—1—15	早 8：00	—12	45	45	49	54	48	50
	中 1：00	0	45	46	51	55	57	53
	晚 5：00	—8	38	48	50	51	54	51
2009—1—16	早 8：00	—8	38	40	48	48	40	41
	中 1：00	12	42	35	48	48	50	44
	晚 5：00	1	45	46	50	54	49	50
2009—1—17	早 8：00	—9	42	40	58	63	52	55
	中 1：00	10	43	43	53	40	53	48
	晚 5：00	3	41	47	40	41	57	52
2009—1—18	早 8：00	2	43	54	52	64	62	51
	中 1：00	9	46	62	54	67	59	57
	晚 5：00	4	47	66	68	66	62	58
2009—1—19	早 8：00	—6	52	67	68	72	58	66
	中 1：00	9	52	71	61	71	64	63
	晚 5：00	2	49	65	58	60	60	61
2009—1—20	早 8：00	6	52	72	72	61	60	61
	中 1：00	3	51	52	48	52	58	61
	晚 5：00	11	51	49	52	56	58	62

续表

日期	时刻	气温/℃	试验 1/℃		试验 2/℃		试验 3/℃	
2009－1－21	早 8：00	2	53	52	68	71	58	62
	中 1：00	15	57	72	64	72	63	67
	晚 5：00	16	62	65	71	68	68	62
2009－1－22	早 8：00	7	60	61	66	68	58	61
	中 1：00	6	70	67	67	69	62	64
	晚 5：00	4	62	56	62	56	58	57
2009－1－23	早 8：00	3	57	62	54	50	51	54
	中 1：00	4	52	50	53	51	50	52
	晚 5：00	3	57	50	54	50	54	52
2009－1－24	早 8：00	5	62	64	62	60	59	54
	中 1：00	10	64	63	57	52	56	52
	晚 5：00	6	66	62	52	57	51	57
2009－1－25	早 8：00	3	54	66	57	49	50	52
	中 1：00	12	54	64	49	47	47	45
	晚 5：00	8	54	62	61	64	51	52
2009－1－26	早 8：00	4	63	68	62	60	52	57
	中 1：00	12	59	67	63	62	64	51
	晚 5：00	10	62	66	63	65	60	64
2009－1－27	早 8：00	5	52	63	62	56	51	52
	中 1：00	17	58	64	63	59	48	60
	晚 5：00	11	52	61	60	54	50	47
2009－1－28	早 8：00	8	52	60	58	54	40	51
	中 1：00	17	52	64	62	59	41	48
	晚 5：00	14	58	62	59	58	42	45
2009－1－29	早 8：00	1	43	51	58	59	66	57
	中 1：00	15	52	62	56	52	40	51
	晚 5：00	14	48	57	56	51	56	51

续表

日期	时刻	气温/℃	试验 1/℃		试验 2/℃		试验 3/℃	
2009—1—30	早 8：00	6	48	57	58	59	40	48
	中 1：00	9	52	48	54	56	41	46
	晚 5：00	10	51	57	57	58	40	48
2009—1—31	早 8：00	3	60	66	67	70	48	51
	中 1：00	12	58	62	55	57	51	48
	晚 5：00	9	58	64	59	66	42	55
2009—2—1	早 8：00	3	54	61	58	65	38	52
	中 1：00	11	65	70	66	60	55	56
	晚 5：00	7	67	62	72	67	61	62

表 3-3 有一个问题需要指出，整个堆体的温度受外界环境温度的变化在一定时期内影响较大，尤其是初期。在升温阶段由于整个堆体中细菌和真菌可以对简单有机物质如蛋白质、淀粉、糖类等物质的降解导致大量的热量产生，并且由于堆体散热性能相对较差，大量的热能不易散失导致堆体温度快速升温。最高温度可达到 72℃，但当微生物的数量和堆体中有机物含量到达一定的比例后，整个发酵堆体的温度进入一个相对平衡的过程，这个过程就是有机物质快速分解，水分大量散失和病原微生物被杀死的过程，这个过程的有机物质降解以脂肪酸、半纤维素和纤维素为主，一直持续到易被降解的有机物质被利用完成后，这个阶段的微生物生长所需要的营养耗尽后，微生物的代谢活动逐渐减弱，整个堆体的温度逐渐开始下降。

现在有很多学者认为，堆肥的最佳温度是 55℃—60℃之间，当温度超过 65℃后耐热的微生物的活性将迅速下降或者直接以孢子状态存在，代谢会受到明显的抑制。一般认为，堆体的整个过程至少三天要维持 55℃以上才能杀死病原菌，这是国内很多学者通过大量实验后获得的基本数据，可以为中小企业提供参考数据，只有通过这个阶段才可以完成无害化处理。如果要控制温度，前面提到的需要不断通过翻抛和通气及控制物料的粒径进行调节。

③高温好氧发酵堆肥过程中水分的变化(图 3-1)。

在高温好氧发酵堆肥的初期，因物料含水量较高，可达到含水率 65％，随着堆肥过程的进行，物料中含水率逐渐降低，到整个堆肥结束含水率在 43％左右，整个过程中含水率下降 22％，在 0－40 天整个堆肥温度处于升温和高温阶段，微生物的代谢活动比较旺盛，可溶性有机物质降解速度较快，因此水分的利用和蒸发的速率也比较快。我国有机肥标准要求，成品有机肥的含水率应控制在30%及以下，利用高温好氧堆肥发酵生产有机肥，可以充分利用高温阶段水分快速蒸发作用初步达到这个目标，同时堆肥的含水率是影响堆肥过程的重要参数。在整个堆体中，堆体内水分的主要作用有：第一，充分溶解可溶性有机物，为微生物的生长提供新陈代谢的基本条件；第二，在高温阶段，随着整个堆体温度的不断升高，伴随着水分蒸发能够带走大量的热量，起到调节整个堆体温度的作用，含水率过高或者过低都不利于微生物的生长繁殖和代谢物的产生，如果堆体内含水率过高将会导致通气性差，容易造成堆体内部产生厌氧，同时伴随大量的酸臭性物质的出现；并且不利于营养物质的渗出，造成养分的损失。初步统计，如果含水量超过65%，碳和氮的损失将超过40%及以上；在堆肥的过程中，如果温度过高导致含水率过低，也容易使营养物质的传质阻力增大而导致微生物新陈代谢降低。文献报道在一般情况下，最佳的含水率应控制在50%－60%，在堆肥的后期，保持一定的含水率也是非常必要的，一般不要低于30%，这有利于微生物的生长，为了加快堆肥腐熟，缩短堆肥的周期，如果低于一定的含水量，应外源补充一定的水分。

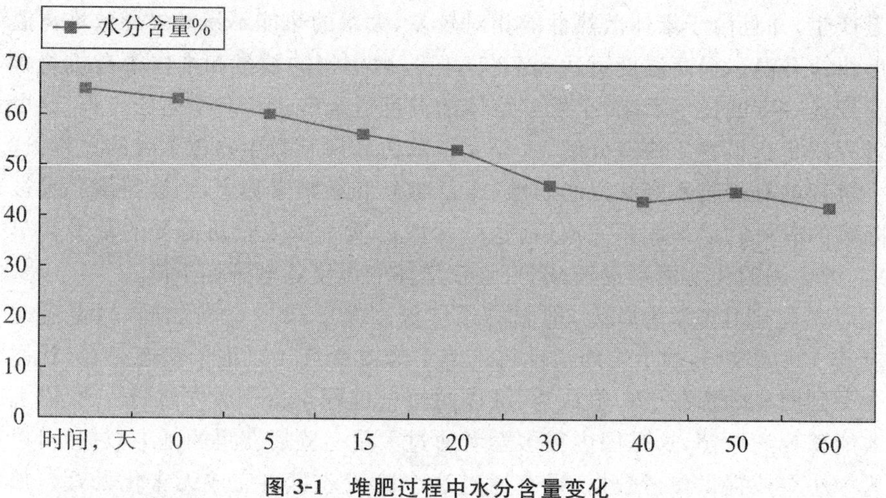

图 3-1　堆肥过程中水分含量变化

④挥发性固体物质和灰分的变化(图 3-2)。

以蘑菇棒粉和牛粪为初始的原料，在整个堆肥的过程中，挥发性固体物质含量将逐渐降低，同时伴随灰分的含量逐渐上升，因为微生物的新陈代谢作用，有机物质分解产生二氧化碳和水分在这个过程中散失，但是灰分的总量保持不变，由于高温作用导致的水分的蒸发和有机物质的分解使得堆肥的总重降低，导致最后的灰分含量逐渐上升。这个过程的变化可以看出，一般情况下在 50 天左右，有机物质的含量逐渐稳定，这个变化与含水率变化基本保持一致。

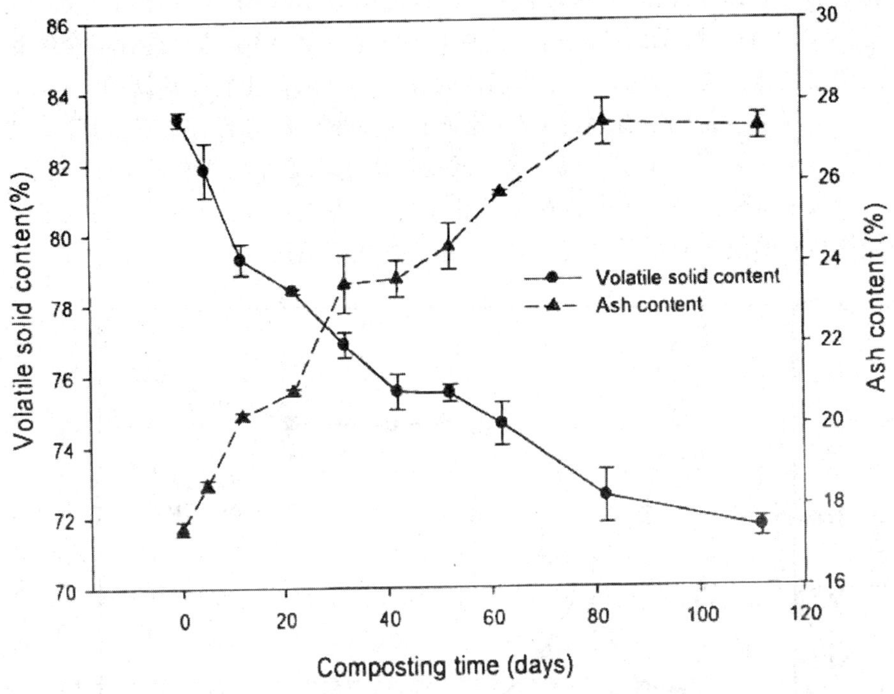

图 3-2　堆肥时间与挥发性固体物质和灰分变化

整个有机物质的变化过程，其实就是微生物能够可利用的容易降解的有机物的含量有关，因此有机物质的降解率可以作为评定高温好氧堆肥发酵的是否稳定的一个重要指标。针对牛粪而言，一般认为有机物降解达到 60％可以认为腐熟稳定性较好。

⑤全碳和全氮变化(图 3-3)。

在整个堆肥过程中，全碳的含量在 0—40 天内降低幅度较大，能够下降 3—4 个百分点，这个主要是微生物利用可溶性有机物的快速降解导致，这些有机物包括简单的糖类和蛋白质物质，被微生物非常快的分解成二氧化碳和水及释放出能量，导致有机物质的大量损失，但后期全碳保持相对的稳定，主要是微生物的代谢减弱并合成了部分有机物质，即大分子腐殖酸类物质转化。全氮的表现与全碳变化规律不同，氮的含量在整个过程中表现逐渐递增的趋势，虽然有部分氮以氨气的形式挥发，但损失量与水分和有机物的含量而言并不是很高，总量降低但相对含量增加。

中小企业在有机物质高温好氧堆肥发酵过程中，关注的重点是调节合适的 C/N 比值，因为该数据在一定程度内能够作为评价堆肥腐熟的关键指标。通过大量的时间，一般认为堆肥发酵合适的 C/N 比值为 25—30 左右，过低将导致氮不能充分固定而损失从而降低肥效，如果过高导致缺氮有机物质的分解速度降低，发酵时间会延长，上图所示如果 C/N 比值在 35，经过 50 天左右将降低到 22 左右，后期不再发生明显变化，这个过程与全氮和全碳的变化也是一直的，因此我们认为在 0—50 天微生物是活跃的。

上述指的是调节合适的 C/N 比值有利于发酵的进行，但该比值降低到什么程度代表腐熟基本完成？这个问题取决于堆肥原始物料的 C/N 比值，一般认为有机固体废弃物发酵后该比值在 20 左右可以达到腐熟，但仅限于物料初始的氮源较低的情况，对富含氮的物质不适用。

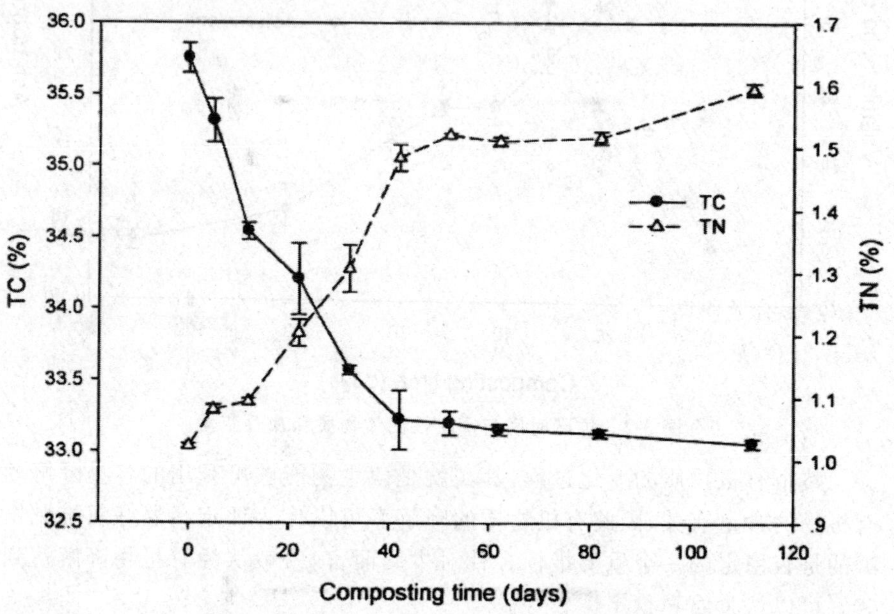

图 3-3　堆肥过程中全碳和全氮的变化规律

⑥堆肥过程电导率（EC）和 pH 的变化。电导率表示的是堆肥过程中可溶性盐含量的变化，电导率与堆肥中盐浓度在一定浓度范围内成正相关。从下图中可知，随着堆肥时间延长电导率呈现不断上升的趋势，并且在后期表现稳定。电导率不断上升的趋势可能与堆肥过程中微生物对其中有机物质的降解导致盐类物质产生的结果，很多磷酸盐、铵盐和有机酸盐出现比较多，我们经过大量实践证明，在有机肥中电导率不能过高，过高将导致作物的吸水能力明显降低，作物减产或者死亡，如果电导率 EC 超过 8.0 ds/m 将会导致土壤中微生物的数量锐减，影响生态多样性。

高温好氧发酵堆肥过程中，pH 的变化呈现先降低再升高的趋势，到后期稳定状态时的 pH 一般在 8.3 左右，后期虽稍有降低。我国有机肥的 pH

标准是 5.5—8 之间，因此牛粪发酵后的 pH 基本符合要求。堆肥的前期 pH 降低的原因主要是因为微生物利用可溶性的有机物料速度快，并且堆体含水率高厌氧发酵在局部形成，大量的有机酸物质产生，但是随着翻抛次数的增加和溶氧增加，有机酸逐渐被微生物利用或者挥发，并且水分在这个过程中蒸发加快，同时一部分蛋白质由于分解作用生成的氨释放到堆体中，因此后期 pH 逐渐升高。但现在很多的实践证明，pH 的变化并不与堆肥是否完全腐熟有关联，主要是通过检测 pH 的变化适当调节整个堆肥中氨气的挥发，减少不必要的 N 源的损失才是关键。通过长期大量的实践证明，当整个堆肥中 pH 超过 7.5 以后，应该适当的对堆体的 pH 进行调节，通过添加天然硫磺或者是磷酸厂的废渣都是可行的方法。

⑦E_4/E_6 的变化（图 3-4）。整个发酵的过程实际最后的效果就是要观察形成的腐殖酸类物质的多寡，并且腐殖酸类物质有特异的吸收峰，在 465 nm 和 665 nm 都有明显的表现，因此通过测定 465 nm 和 665 nm 的吸光值即E_4/E_6就能直观的检测有机固体废弃物高温好氧发酵过程中的腐殖化的程度，这也是很多土壤学家一致关注的课题。很多研究认为当 E_4/E_6 的比值在 2—3 之间就能说明堆肥完全达到腐熟。因为堆肥的过程就是有机物不断降解的过程，从不稳定的小分子物质向着稳定的大分子物质不断转化，小分子的腐殖酸类物质向着大分子的腐殖酸转化，但是 E_4/E_6 的比值的关系与腐殖酸中分子的数量没有直接关系，但与芳香环缩合度和分子量成反比。我们在山东临朐牧禾源有机肥厂利用牛粪高温好氧发酵堆肥持续检测了 120 天发酵过程中该 E_4/E_6 的变化，整个过程 E_4/E_6 比值不断下降，在 80 天后基本维持不再变化，比值在 2.4 左右，我们认为达到了腐熟，也就是如果不添加外源微生物的情况下，仅靠内源微生物的作用，牛粪要完成完全腐熟需要至少 80 天的时间。

⑧水溶性有机碳的变化规律（图 3-5）。水溶性有机碳是微生物初始利用率最高的最直接的碳源，利用直接分解产生能量和合成微生物自身生长和繁殖的基础性物质，这类物质包含蛋白质、脂肪类、糖类和多酚等多种混合物，既有分子量大的物质，也包含分子量小的物质。实践证明，整个可溶性有机碳的变化都是先经历一个降低的过程，这个阶段主要是微生物先利用的过程，只有堆肥中的可溶性有机碳不足以维持微生物生长需要的时刻，微生物这时才分泌一些相关酶类物质，使得有机物质不断分解，重新生成部分水溶性碳；然后再持续升高，最终下降的整体趋势。我们实验检测到，在 20 天时整个可溶性有机碳的含量达到最高值 17 mg/g，最终堆肥样品中可溶性碳的含量降低到 3.5 mg/g 左右。

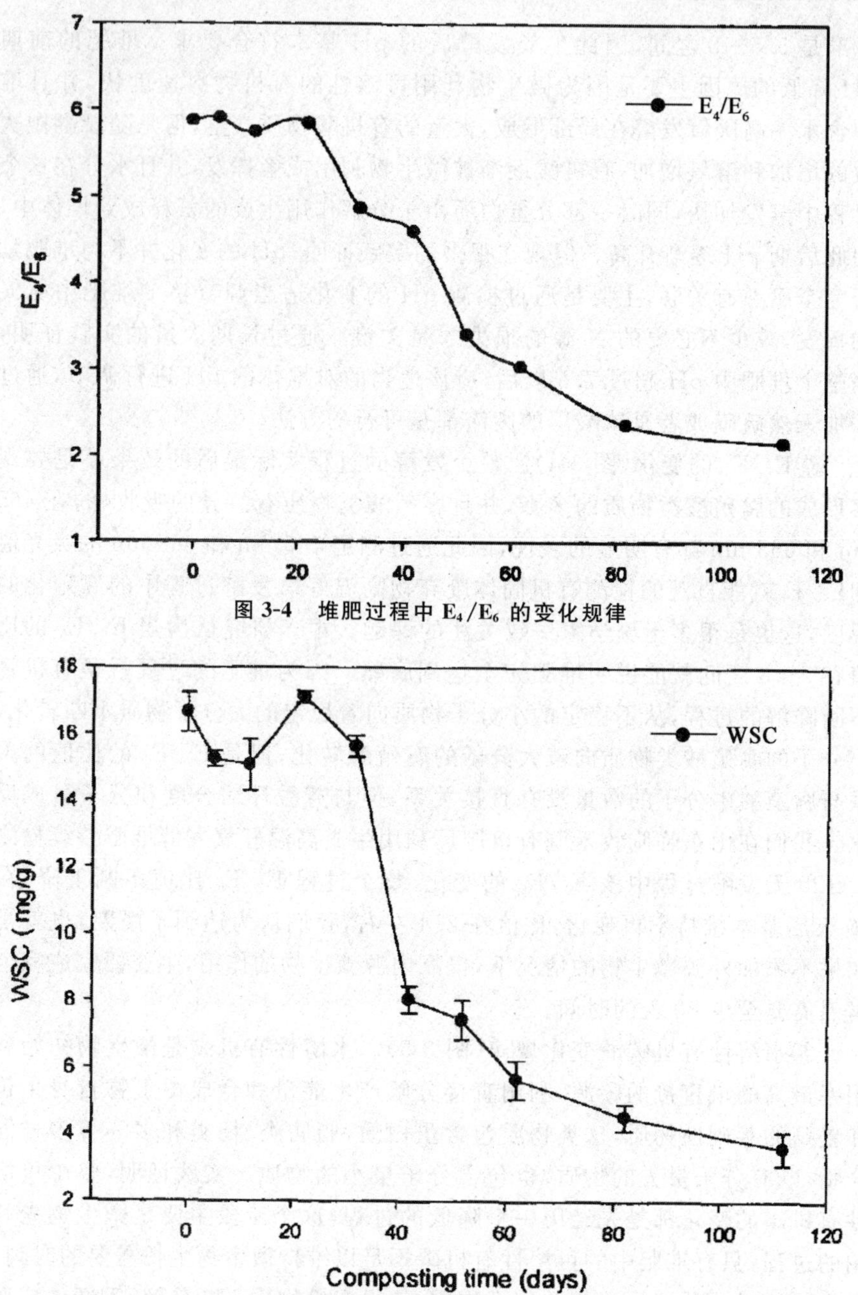

图 3-4 堆肥过程中 E_4/E_6 的变化规律

图 3-5 牛粪发酵过程中可溶性碳的变化规律

大量的实践证明,水溶性有机碳的变化状态是评价堆肥是否腐熟的重要指标,根据多年的经验,我们给出的评价指标是 WSC 在堆肥腐熟的过程中,如果能够达到 4.0 mg/g 时认为达到完全腐熟。

⑨发芽指数的检测。发芽指数与其他的理化指标相比较更直观，因此大部分的中小企业选择该方法，如果腐熟的堆肥样品中没有其浸提液中的高浓度的 NH_4，小分子的有机酸和重金属都能对种子造成直接的抑制作用，如果要使得检测效果明显，在该实验时需要选择对毒性敏感并且种粒较小的种子用作实验更有说服力，一般选择的是十字花科。

利用牛粪做初始物料，高温好氧发酵过程中在 20 天左右能够达到发芽率在 80%以上，可以说如果利用该指标检测，我们发酵需要的时间在 20 天即可完成。也有研究认为，G1 需要的指标应该在 110%以上，按照这个阀值的要求，根据我们的实验结果，需要 60 天左右的时间能够满足，这个与前面介绍的有机碳的时间还缩短大约 20 天的时间，主要原理在前已经论述。

种子发芽率实验相比其他的生物实验(田间实验，盆栽实验、微生物实验、生化实验凳)因直观明了，具有简单，快速和不需要特殊仪器等优点，其重要性不言而喻，我们将发芽指数与其他物质和性质进行了比对，为读者进行该方面的工作提供一定的借鉴。表 3-4 列出了发芽率与不同物质的相关性数据。

表 3-4　发芽率与不同物质的相关性数据

时间/d	发芽率%	EC	速效氮	WSC	水溶氮	E_4/E_6
0	1	4 600	1 800	2.19	6 500	2.14
3	5	5 300	2 600	2.17	5 700	2.63
7	32	4 900	2 700	2.15	5 000	2.95
13	52	4 600	2 300	2.13	4 880	3.25
20	82	4 500	2 080	2.18	4 800	3.36
28	80	4 400	1 920	2.13	4 700	3.36
35	75	4 100	1 400	1.84	4 030	3.90
42	83	4 150	1 200	1.80	4 120	3.94
49	86	4 180	1 280	1.80	3 950	3.91

上述均说明要使得有机固体废弃物完全腐熟，实现有机固体废物资源化利用的堆肥技术和保证农业利益的最大化，一个关键的指标就是是否完全腐熟。我们介绍了能够体现腐熟的指标，单一的理化指标很难说明或者描述腐熟，在实际的应用生产中需要 2—3 及以上的指标才能完全说明堆肥是否腐熟。要选择合适的指标是关键，作者通过长期的实践，结合中小企业的实际，给出了初步的参考意见：堆肥化的后期能基本趋于稳定的物理、化

学及生物参数有 NH^4-N，固相 C/N，HA/FA、种子发芽率，这四个指标可作为堆肥腐熟指标的优选指标，可将四者同时作为堆肥的综合腐熟指标；水溶性碳、E_4/E_6 作为堆肥腐熟的一般指标。

但是综观来说，堆肥过程中物理指标比如颜色、气味和温度能够描述但不能反应出腐熟的程度，化学指标因为原料的来源差异较大也很难做到统一，并且化学指标的检测复杂并且灵敏度不够，很多有机肥企业不能做到这一步，这是该行业目前混乱的一个重要问题，并且很容易为将来的农业可持续发展带来危机，因此需要新型的检测技术能够提供稳定可靠的方法。

3.1.8 有机固体废弃物高温好氧发酵堆肥腐熟的新型检测技术

在前面我们介绍了堆肥过程中的理化性质可以用于堆肥腐熟度的评价外，堆肥的腐熟度还与整个堆肥过程中微生物的多样性有关。堆肥过程中微生物多样性的研究方法很多，但主要采用的是平板培养法和分子生物学方法，其中的分子生物学方法主要包括：6SrRNA 基因组文库的构建，DGGE 方法，单链构相多态性（SSCP）分析，限制性酶切片段多样性（T-RLFP）分析和 454 高通量测序。传统平板培养方法只能分离 0.01%—10%的微生物，该方法阻碍了对不同环境中尤其是高温好氧发酵堆肥过程中微生物多样性的研究，基于分子生物学的微生物多样性的研究方法的出现帮我们解决了这个难题，并且分子生物学方法不需要经过长时间的培养，直接或间接的可以直接从环境样品中提取基因组 DNA 进行研究，具有灵敏度高、特异性强等优点，而且能及时地反映微生物的种群动态变化，是目前研究堆肥中微生物多样性和动态性的有效法，并且通过微生物的变化能够直接提供大量的有益数据。下面我们介绍目前比较成熟的 DGGE 方法，为高新企业提供一定的参考应用。

DGGE 又称为变性梯度凝胶电泳（Denaturingoradient Gel Eleetrophoresis）技术最早是 1979 年提出的用于检测 DNA 突变的一种电泳技术。由于其高分辨精度比聚丙烯酰胺凝胶电泳更高，可检测到一个核苷酸水平的差异。1985 年首次 Denaturingoradient Gel Eleetrophoresis 技术应用于微生物分子生态学研究，并在引物中使用“GC 夹板”技术，从而使该技术日臻完善。随着该技术的逐渐成熟，发现在在揭示自然界微生物区系的遗传多样性和种群差异方面具有独特的优越性，并且 DGGE 方法可靠、可重复、快速和容易操作等诸多优点被广泛地用作分子工具，尤其是在比较微生物群落的多样性和监视种群动态方面，该技术又结合了已经成熟的 PCR 扩增标记基因或其转录物（rRNA 和 mRNA）的 DGGE 能直接显示微生物群落中优势组成成分。DGGE 技术的优点是能够针对多样品进行分析，能够调查堆肥中微生物的空间变化优势，并且能够进行序列分析或者通过特异的探针杂交技术鉴定成员组分，并且使用 DGGE 技术还可以了解堆肥与环境变化对微生物群落或某种指示微生物的命运。由现在研究已知，碱基堆积力在双链解开主要取决于 Tm 值的改变，某一碱基替代就能导致 1.5℃的差异。DGGE 正是基于通过使 DNA 分子在不同的解链条件下改变电泳行为从而将其分离这种原理。该方法一个优点是不用切割 DNA 片段，只根据序列的差异就能将片段大小相同的 DNA 序列分开。在电泳时，可以设计一个能自上而下所变性剂浓度呈线性增加的变形梯度，当双链 DNA 分子在含梯度变性剂（尿素、甲酰胺）聚丙烯酰胺凝胶中进行电泳时，当某一双链 DNA 序列迁移至变性凝胶特定变性剂浓度的位置时可以达到其解链情况下，就会导致 DNA 的部分解链，形成部分 DNA 的二级结构导致 DNA 移动减慢，如此时梯度条件恰好适合，就将因单个碱基变化的 DNA 片段在凝胶中的不同位置进行解链，部分解链的 DNA 分子的迁移速度随解链程度增大而减小，从而使具有不同序列的 DNA 片段由于迁移速率的变化而分离开来，电泳结束时就能够形成相互分开的带谱。可以说，只要选择的电泳条件合适比如变性剂梯度、电泳时间、电压等，就能将存在一个碱基差异的 DNA 片段分开。图 3-6 为电泳图示意图。

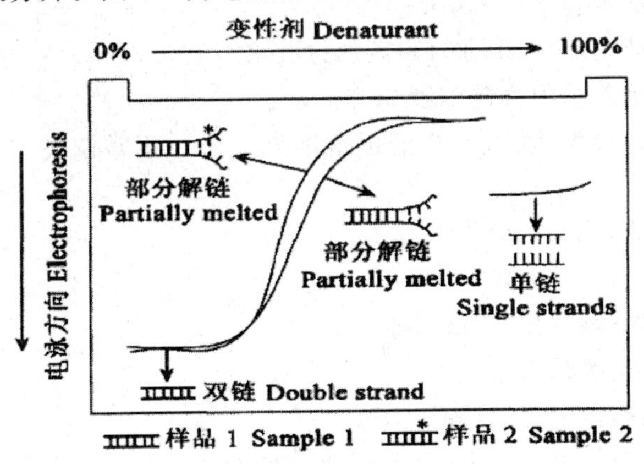

图 3-6　电泳图示意图

采用该技术研究微生物生态，如果需要将目的序列解链需要在 PCR 扩增时引入 GC 夹用于调节目的序列的解链行为。一般认为 GC 夹长度为 30 bp 可以用于绝大多数 DNA 片段的 DGGE 分析。但该方法也有一定的局限性，比如分析片段相对较小，条带在一定情况下存在共迁移的问题，另外在 PCR 扩增的过程中也会发生突变。下面结合本实验室长期的经验，介绍一个实用方法供大家参考。

1. 常规方法筛选细菌、放线菌、霉菌、酵母菌

设置不同的培养基，培养基营养浓度，培养温度，加入抑制条件，进行梯度稀释。做 3 个平行。随长随挑，细菌主要挑取培养时间在 7 天内的。

(1)细菌的筛选

培养基:LB

培养基营养浓度:高　2 倍正常浓度　中　正常浓度　低　5%正常浓度

温度:37℃

梯度稀释:10^{-5}　10^{-6}　10^{-7}

抑制条件:细菌生长较快，不设抑制

(2)霉菌、酵母菌的筛选

培养基:马丁氏培养基

KH_2PO_4　1 g

$MgSO_4 \cdot 7H_2O$　0.5 g

蛋白胨　5 g

葡萄糖　10 g

琼脂　15—20 g

用蒸馏水定容至 1 000 mL

此培养液 1 000 mL 加 1%孟加拉红水溶液 3.3 mL

每毫升培养基中含链霉素 30 μg。

培养基营养浓度:高　2 倍正常浓度　中　正常浓度　低　5%正常浓度

温度:28℃

梯度稀释:10^{-5}　10^{-6}　10^{-7}

抑制条件:孟加拉红，链霉素

(3)放线菌的筛选

培养基:高氏一号培养基

可溶性淀粉 20 g，硝酸钾 1 g，氯化钠 0.5 g，$K_2HPO_4 \cdot 3H_2O$ 0.5 g，$MgSO_4 \cdot 7H_2O$ 0.5 g，$FeSO_4 \cdot 7H_2O$ 0.01 g，琼脂 20 g，水 1 000 mL，pH7.2—7.4。配制时，先用冷水，将淀粉调成糊状，倒入煮沸的水中，在火上加热，边搅拌边加入其他成分，溶化后，补足水分至 1 000 mL。112℃灭菌 20 分钟。

培养基营养浓度:高　2 倍正常浓度　中　正常浓度　低　5%正常浓度

温度:30℃

梯度稀释:10^{-5}　10^{-6}　10^{-7}

抑制条件:待定

2. 提取筛选所得菌的DNA

扩增细菌、放线菌的16S rDNA序列和霉菌、酵母菌的ITS序列，并用琼脂糖凝胶电泳检测验证。

3. 堆肥中细菌的DGGE分析

(1)有机固体废弃物中细菌总DNA的提取

根据文献资料(土壤微生物总DNA提取方法的比较)所述，采用试剂盒提取方法，所得DNA纯度较高。

采用OMEGA的soil DNA kit。

(2)堆肥中细菌16S rDNA的扩增

引物:341F 907R 500bp 341F 534R 200bp

341F

5′>CGCCC GCCGC GCCCC GCGCC CGGCC CGCCG CCCCC GC-CCC CCTAC GGGAG GCAGC AG<3′

534R

5′>ATTAC CGCGG CTGCT GCTGG<3′

907R

5′>CCGTC AATTC CTTTG AGTTT<3′

反应体系:dd H_2O 37.5 buffer 5 Mg^{2+} 3 341F 1 534R 1 dNTP 1 taq 0.5

反应条件:touch down PCR

94℃ 4 m

95℃ 变性1 m

66—56℃ 退火1 m 递减1℃

72℃ 延伸3 m 10个循环

95℃ 1 m

56℃ 1 m

72℃ 3 m 15个循环

72℃ 5 m

4℃ 保温

(3)PCR产物的纯化

用纯化试剂盒。

(4)对单一菌株和细菌菌群的PCR产物进行DGGE并分析

点入样品包括通过常规方法筛选出的单一细菌菌株16S rDNA扩增产物和细菌菌群的16S rDNA扩增产物。

分析内容包括：

①细菌菌群中的优势菌种类数量。

②验证常规方法筛选获得的优势菌数量是否完整。

(5)切胶验证

切下亮度最大的多个条带，回收，验证，测序，进行比对。

4. 实验中用到的方法

(1)菌糠中细菌总DNA的提取

采用OMEGA的soil DNA kit。

操作步骤：

①开水浴锅，70℃。

②称取500 mg玻璃珠加入到10 mL离心管，加入0.5 g堆肥样品、buffer SLX/2-mercaptoethanol 1 mL(加入10微升1-硫代乙二醇)。漩涡震荡5 min。

③开始制冰。

④70℃水浴10 min，期间震荡2—3次。

⑤5000rpm 5 min室温。吸取800 μL到2 mL离心管。加入270 μL buffer SP2，震荡30 s。

⑥冰浴5 min。12 000 rpm，4℃，离心5 min。

⑦取上清到2 mL离心管，加入0.7倍体积的异丙醇。颠倒混匀20次，如果样品含DNA的量比较少，则−20℃ 1 h。

⑧12 000 rpm 4℃ 10 min离心。

⑨弃上清，吸水纸上倒置1 min晾干。

⑩加入200 μL Elution buffer，漩涡震荡10 s。65℃水浴20 min。

⑪平衡柱子。DEPC。

⑫加入50 μL HTR Reagent。10S漩涡震荡。

⑬室温放置2 min，12 000 rpm离心2 min。

⑭取上清到1.5 mL离心管。

⑮加入等体积的XP2 buffer，漩涡震荡10秒混匀。

⑯过柱子。

⑰给吸附柱换个套，加入300 μL XP2 BUFFER，1 min离心。(柱溶)

⑱再换个套，加入700 μL SPW Wash buffer，离心1 min。重复一次。高速离心去洗脱液。

⑲再换个套，加入40 μL DEPC，65℃水浴10 min，高速离心1 min。

⑳重复⑱步，收集。

(2)PCR 产物的纯化

用纯化试剂盒。

柱子处理：

①取新的 DNA 结合柱放在收集管中，吸取合适体积的 BUFFER GPS 平衡缓冲液至柱子中。

②室温放置 3—5 分钟。

③室温下，12 000 rpm 离心 2 分钟，或 3 000 rpm 离心 5 分钟。

④倒掉收集管中滤液，将柱子重新装在收集管中。

	BUFFER GPS 用量
小量提取	200 μL
中量提取	1 mL
大量提取	3 mL

纯化步骤：

①将切下来的胶放在一个洁净的 1.5 mL 离心管中，加入 4—5 倍体积的 BUFFER CP，如果 PCR 产物的长度小于 200 bp，那么加入 6 倍体积。

②充分漩涡震荡，充分旋转离心管，以收集包括盖上、内壁的液体。

③将一个平衡过的 DNA 结合柱放在一个 2 mL 收集管中。

④将 2 中的样品加入结合柱中，室温下 10 000 rpm 离心 1 分钟。

⑤弃滤液并且将结合柱放到同一个收集管中。

⑥加入 700 μL 稀释过的 DNA WASH BUFFER，室温 10 000 rpm 离心 1 分钟。

⑦弃滤液并重复⑥。

⑧弃滤液 13 000 rpm 离心 2 分钟使吸附柱干燥。

⑨将吸附柱放在一个洁净的 1.5 mL 离心管中，加入 15—30 μL Elution buffer，室温放置 1—2 分钟，13 000 rpm 离心 1 分钟，重复一次。

(3)DGGE

①准备试剂及仪器。

试剂：丙烯酸，甲叉双丙烯酰胺，Tris Base，冰乙酸，EDTA，甲酰胺，尿素，过硫酸铵，双蒸水。

仪器：0.22 微孔滤膜，棕色瓶 3 个，1 L 试剂瓶 1 个，各种型号枪头(其中一盒黄枪头需剪掉尖部)。

②配制试剂：

40%丙烯酰胺/甲叉双丙烯酰胺(37.5∶1)

丙烯酰胺	38.93 g
甲叉双丙烯酰胺	1.07 g

加入双蒸水至 100 mL。过滤除菌，4℃保存。

50X TAE BUFFER(1 L)

Tris Base	242.0 g
冰乙酸	57.1 mL
0.5M EDTA，PH 8.0	100.0 mL
双蒸水	600.0 mL

混匀并用双蒸水定容到 1 L，灭菌 20 min。室温保存。

30%变性剂(20 mL)6%Gel

40%Acrylamide/Bis(37.5∶1)	3.0 mL
50X TAE buffer	0.4 mL
甲酰胺	2.4 mL
尿素	2.52 g
双蒸水	to 20 mL

60%变性剂(20 mL)6%Gel

40%Acrylamide/Bis(37.5∶1)	3.0 mL
50X TAE buffer	0.4 mL
甲酰胺	4.8 mL
尿素	5.04 g

10%过硫酸铵(1 mL)

过硫酸铵	0.1 g
双蒸水	1 mL

－20℃可存放 1WEEK

③制胶。

将两块玻璃板平放于桌布上，用 kimwipe 蘸去离子水沿水平方向擦，再用酒精擦；

将 spacer 放入 2 个玻璃板中间，插入 clamp 中，用螺丝架子固定，用手摸玻璃板底部是否平，spacer 需要出来一点点；

将软垫放在底座上，玻璃板放在软垫上固定，并用琼脂糖凝胶封底；

取 2 个 20 mL 离心管，标记低和高两个记号，在低离心管里加入 6 mL 100%变性剂、14 mL 变性剂；高离心管中加 12 mL 100%变性剂，8 mL 变性剂。然后每个管中加入 22.5 μL TEMED、100 μL 10%APS，迅速混匀并吸入注射器中；排出注射器的气泡，并固定在架子上，连接好三通，针头插入两个玻璃板中间，缓慢转动圆盘，待胶灌满，插入梳子，平稳放置。注意马上用水清洗三通、导管、注射器。并加热 TAE 缓冲液。

⑤跑胶。

待胶板凝固并且 TAE 缓冲液升至 60℃时,关掉电源,把胶板放入电泳槽。点样,每个孔中加入 25 μL PCR 产物、10 μL loading buffer。设定参数,开始电泳。

(4)条带回收验证

①切胶

②用试剂盒回收

③进行 PCR

④PCR 产物与 3 中 PCR 产物进行 DGGE,条带比较,若片段相同,产物做琼脂糖凝胶电泳,切胶回收,PCR,测序。

5. 序列比对

测序完成后需要处理的一个关键问题就是对序列区域的分析。以最后获得的单一条带为模板,用不带 GC 夹的引物对扩增,得到的 PCR 后进行测序,将测得的 16S rDNA 的 V3 区序列转移到 NCBI 中进行 Blast 比对,得出相关种属的序列信息。利用软件基因数据库中搜索出相关菌株的 16S rDNA 序列并用 Clustalx 软件对未知菌株的序列与相似菌株的序列进行匹配排列(align),用 Mega 软件的 neighbor-joining(NJ)来构建系统发育树,进行 1 000 次 Bootstraps 检验。

采用分子生物学的方法检测堆肥中微生物的变化充分克服了传统平板培养的不足之处,该方法利用的前提是必须获得高质量的 DNA,否则就不能反映所研究环境中真实的生物多样性。因此,在对牛粪高温好氧发酵堆肥的多样性进行研究之前,建立一套合适的 DNA 提取和纯化的方法非常重要的。上述提供的方法是本实验多年的提取 DNA 经验,能够保证获得的 DNA 质量,此方法不但提取的 DNA 量最多,而且使用获得的纯 DNA 进行多样性分析可以获得最多的细菌和放线菌的 16S rRNA 基因的拷贝数和 DGGE 条带数。尽管此方法相对于试剂盒提取比较费时、复杂但是为了得到更准确的研究结果还是非常必要的。

3.1.9　堆肥发酵常用微生物

有机固体废弃物中含有大量的有机物质,包括碳水化合物、蛋白质、脂肪、纤维素和木质素等等,获得能够将其降解菌是国内外都在积极主动深入研究的课题,多种嗜温菌、吲哚和粪臭素降解菌等带有特定性功能的细菌和真菌被发现并利用在堆肥的分解过程中,表 3-5 是堆肥中长用于分解不同原料的部分微生物。

表 3-5　堆肥发酵常用分解有机物的微生物

纤维素分解菌	蛋白分解细菌	磷分解菌	淀粉分解菌	固氮菌	木质素分解菌	高温芽孢杆菌
黑曲霉 血红栓菌 卧孔菌 伊利亚青菌 绳状青霉 多变青霉 变色多孔菌 乳白耙齿菌	巨大芽孢杆菌 坚硬芽孢杆菌 萤光假单胞菌	酵母菌 假单胞菌 巨大芽孢杆菌 黄杆菌 欧文氏菌	巨大芽孢杆菌 荧光假单胞菌	棕色固氮菌 圆褐固氮菌 巴氏固氮梭状芽孢杆菌	绿色木霉 木质素木霉 康氏木霉 嗜热毛壳腐 皮镰孢菌 白腐菌 褐腐菌 软腐菌	地衣芽孢杆菌 枯草芽孢杆菌 凝结芽孢杆菌 环状芽孢杆菌 短芽孢杆菌 球形芽孢杆菌 嗜热脂肪芽孢杆菌

现在对微生物的种群研究及其降解机理和动力学都做了很多工作，并且已经在实践中做了很多的工作和尝试，现在出现的秸秆腐熟剂、畜禽粪便腐熟剂等都是有益的探索获得的结果。面对木质素难降解的现实，科学家研究了白腐菌对木质素的降解机理，并开展了碳、氮、硫等主要营养物质限制条件下白腐菌启动形成降解系统的探索，并对降解木质素的过程从细胞内和细胞外两个方面进行了研究，在细胞内由于白腐菌降解木质素等有机活动需要一系列酶的支持，这些酶不是外界提供的而是由白腐菌自身生成的，是细胞内的葡萄糖在分子氧的作用下参与氧化相应底物从而激活过氧化物酶启动酶催化循环，在这个过程中，合成对木质素降解起作用的细胞外酶包括过氧化物酶(LiPs)、锰过氧化物酶(MnP)、漆酶(LaC)，在白腐菌降解细胞外过程中，木质算降解酶作为高效催化剂参与反应，借助自身形成的 H_2O_2 的激活靠酶触发启动一系列的自由基链反应，先形成高活性的酶中间体，将木质素等有机物氧化成自由基，然后形成不同的自由基，包括氧化能力强的羟基自由基，实现对木质素的生物降解，整个降解对象不需要进入细胞内代谢，白腐菌在整个过程中受到的伤害很小，另外白腐菌具有对其他微生物抗性的自由基。

在堆肥过程中，有机固体废弃物中除了有机成分外，还含有其他的物质，有些物质能够通过过筛去除，但有些物质比如油漆、各种油类、杀虫剂等物质通过过筛的方法不能去除，都保留在经过粉碎后的有机固体废弃物中，对于这些有毒污染物，需要通过降解的方法将其去除，这是决定堆肥过程和堆肥产品质量好坏的一个关键指标。通过生物技术的手段建立高效特定的有降解污染物的多菌种体系是现代堆肥的高新技术手段，通过这种方法，可以缩短堆肥的发酵周期，提高有机物质的降解速率。现在针对污染物的多种菌类共培养的堆肥体系在国际上处于研究的初步阶段，仅是展开了部分工作，比如 Seymour Johnson Air Force Base 报道了石油污染物在堆肥中的降解，Williams 等研究了 TNT、RDX、HMX 和三硝基甲苯在堆肥中的降解过程，Joyce 研究了城市垃圾中多环芳香烃碳氢化合物在堆肥中降解情况，Cooke 探讨了聚丙烯酸酯多聚物在堆肥中的降解情况，Fogarty 研究了杀虫剂在堆肥中降解的机理。可以说，堆肥过程中，复合微生物菌剂的使用是在特定的菌种种类范围内开展的，因此在实践中可能会受到很大的限制，事实上，堆肥过程中对污染物的降解也有其自身特有的优越之处：温度高，超过自然环境很多，污染物降解速率比价快；多种底物同时存在的情况下，微生物因温度升高导致其难溶解的碳原子的能量可被相对容易的夺走，提高降解速率。

综观上述的特点，在有机固体废弃物处理堆肥化过程中，常采用接种外源微生物的方式，提高堆肥的效率和获得良好的产品。

(1)微生物接种必要性

国内外现在对于堆肥技术除了从设备上进行了大量的改进外，堆肥的接种技术也有了较大的发展，随着这一技术的改进，明显促进了堆肥反应的进程，传统堆肥方法大都采用添加营养物质和改善环境的方法，依靠的是有机固体废弃物中自身的有益微生物进行的降解反应，但是在实践中经常发现，因为堆肥初期自身的有益微生物的含量非常少，需要长时间的繁殖才能发挥一定的作用，因此整个过程堆肥周期长，并且易产生臭味导致肥效降低，我们著名的微生物学家陈华奎在《微生物学》一书中就曾经指出，堆肥过程中，进行人为接种分解有机物能力强的微生物，可以提高初期堆料中有益微生物的总数，加快堆肥材料的腐熟，且高温对消灭某些病原体、虫卵和杂草种子等效果较大，并能控制臭气的产生，增加对非陈品中有益微生物的书目。因此，加快人工条件下研究外源微生物并接种高效微生物菌剂，以此提高堆肥反应的过程具有重要的理论和现实意义。

现在常用的微生物接种剂（日常称为腐熟剂）主要有下列几种类型：微生物培养基、微生物添加剂和有效的自然材料。现在说的有效自然材料指的是畜禽粪便（鸡粪、猪粪、牛粪）和耕层土壤及菜园土，其内都含有丰富的微生物群体。现在选择的微生物群体主要针对有机固体废弃物中非常难降解的物质：纤维素、木质素。因此，纤维素和木质素的破坏就意味着细胞物质的解体和腐殖质的产生的过程，选择的微生物就需要加速上述两个物质的分解。表 3-6 列出了堆肥中微生物分解物质情况。

表 3-6 堆肥中微生物分解物质情况

分解成分	微生物种类	分解率	最终产物
碳水化合物	多种微生物	高	水,二氧化碳,氨气和氮气(中间产物氨基酸,有机酸和醇类)
半纤维素	放线菌	高	水,二氧化碳(中间产物五碳糖和六碳糖)
纤维素	好氧菌,放线菌,真菌和高温厌氧菌	中	水,二氧化碳,甲烷(中间产物葡萄糖和醇类)
木质素	放线菌	低	水,二氧化碳(中间产物酚类化合物)

(2)降解纤维素菌剂

因为纤维素是农业作物最主要的残留物,由β-1,4 糖苷键连接而成的长链大分子物质,通常一条链大约含有 10 000 多个葡萄糖分子,葡萄糖亚基排列紧密有序,形成类似晶体的不透水的网状结构,同时在分子间存在结构不甚紧密、排列不整齐的无定型区域,纤维素与木质素容易复合,并且该物质不溶于水,非常难水解,如采用酶制剂水解需要纤维素内切酶、端解酶和纤维素二糖酶三者协调作用,首先需要解开晶体结构,继而生产纤维二糖、戊二糖,最后水解成便于吸收的葡萄糖。结构如图 3-7 所示。

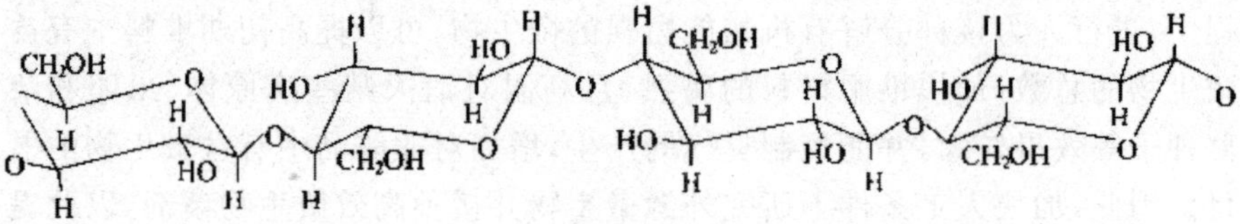

图 3-7 纤维素结构示意图

在生产实践中,根据以往经验经常选在的微生物有假单胞菌(*Pseudomonas*)、色杆菌(*Chromobacterium*)、芽孢杆菌(*Bacillus*)及很多真菌微生物如木霉(*Trichoderam*)、毛壳素菌(*Chaetomium*)和青霉(*Penicillium*)等高产纤维素酶的菌。

(3)木质纤维素分解菌

木质素是由苯丙烷结构单元组成的复杂的近似球状的芳香族高聚体,由对羟基肉桂醇(p-hydroxycinnamyl alcohols)脱氢聚合而成的,分子量非常大,溶解性差并且没有任何重复单元或者容易水解的键,因此微生物及其分解的胞外酶很难与之结合,并且因内部没有有易水解的重复单元并对酶的水解作用具有抗性，是目前公认的微生物难以降解的芳香族化合物之一。结构如图 3-8 所示。

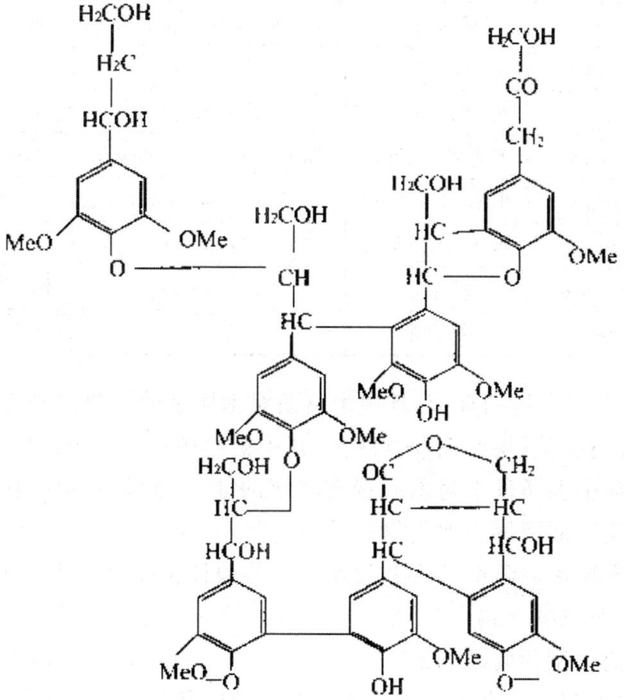

图 3-8　木质素结构示意图

根据现在对木质素的了解，木质素的分解的机理是一个氧化的过程，首先被细胞外酶分解成小分子物质，然后这些小分子物质被植物细胞吸收，期间部分物质转化成为了石碳酸和苯醌，然后与氧化酶一起排放到环境中，堆肥中的腐殖质主要物质是由木质素、多聚糖和含氮化合物所形成的腐殖酸，其中芳香结构和羟基比较多，碳水化合物比较少。随着堆肥进入后期，微生物将容易吸收和利用的有机物质逐渐消耗，只有部分木质素等物质剩余，这个时期在堆肥内部微生物高度活跃并且竞争性生长，这时候放线菌因能产生抗生素并可在一定程度上分解木质素就占据主导地位，放线菌因有大量的菌丝体保卫，在高温、降温和后熟阶段都有相对数量存在，可以说，放线菌能够在一定程度上改变木质素的分子结构，从而水解木质素。除了放线菌外，高温真菌也能对纤维素、半纤维素和木质素具有分解作用，此刻不仅利用胞外酶，还利用到了真菌的菌丝的机械穿透作用，这两个方面的功能使得微生物能够降解有机固体废弃物中的有机物，促进整个生物化学反应的进程。

表 3-7　纤维素木质素降解常用微生物

菌种名称	分解物质	菌种名称	分解物质
Aspergillus	纤维素	*Trichoderma viride*	木质素，纤维素
Trametes sanguinea	纤维素	*T. ligorum*	木质素，纤维素
Poria sp	纤维素	*T. koningii*	——
Penicillium iriensis	木质素，纤维素	*Chaetomium thermophile*	木质素，纤维素
P. funiculosun	木质素，纤维素	*Fusarium solani*	纤维素
P. variabile	木质素，纤维素	*White-rot*	木质素，纤维素
Poluponus versicolor	纤维素	*Brown-rot*	木质素，半纤维素
Irpex lacteus	纤维素	*Soft-rot*	木质素，纤维素

表 3-7 中有大量的真菌，其中木腐菌对木质素的生物降解至关重要，木腐菌主要有白腐菌、褐腐菌和软腐菌，其中褐腐菌能够分解纤维素和半纤维素，软腐菌在中温条件下对木质素有降解的能力，但降解速率比较慢，在自然界中，木质素的降解主要依靠的是白腐菌，因为该菌既能降解硬木也能降解软木，对木质素的降解速度和效率与其他菌种相比具有明显优越性，现在对白腐菌的研究越来越广泛。

(4)其他类型的腐熟菌剂

现在的堆肥菌剂在国内外应用最为广泛的是日本琉球大学比嘉照夫教授经过多年开发生物新产品——EM 菌。该菌有 10 属 80 多种微生物如酵母菌、放线菌、乳酸菌、固氮菌、纤维素分解菌等经过特殊方法培养而成的，对提高堆肥效率和去除臭气在实践中有明显的效果，还有日本的生物专家岛本觉研究的酵素菌，对于在环保上的应用也取得了极大地效果，尤其将酵素菌改良后，不仅仅可以作为堆肥菌剂使用，而且在饲料行业也取得了巨大的成绩，该菌群由细菌、酵母菌和放线菌等 24 种有益微生物组成的群体，能够在生长繁殖过程中产生各种酶，比如常用的淀粉酶、蛋白酶、纤维素酶和氧化还原酶等几十种，具有非常好的好氧发酵的能力，能够比较快的催化分解各种有机物质、难溶性物质和纤维素等，能在最短的时间内完成转化，并且对很多有毒素的有机物质经过转化后转变为无毒无害的物质。

为了使微生物在堆肥中更好的发挥作用，一些特殊的物质在堆肥的过程中被加入到其内(生物表面活性剂)将能极大改善堆肥微生物反应生态微环境，生物表面活性剂是一类新型表面活性剂，微生物在代谢生长过程中可以用于调节微生物生长微环境，这类物质一般具有一个烷基脂肪酸构成的疏水端，并且有糖苷脂或酰胺基将疏水端连接到亲水端，这种结构的本质能够显著降低固-液界面表面张力，使得微生物在有机物过量存在的反应体系中能够正常生长甚至能够直接代谢该产物；另外，由于生物表面活性剂由微生物形成，对微生物本身存在的毒害作用非常小，同时因为具有生物同源性，这些物质在微生物体内的降解会相对容易，一但表明活性剂被引入有机固体废弃物的间隙将会与废弃物进行亲合，是分子能够有效固定在废弃物的颗粒表面，亲水端溶于颗粒空隙内的水中，因为该物质具有的两亲基团的不同作用，使得废弃物表面能够形成稳定的液膜，为微生物的生长繁殖提供表面环境；另外，该物质的疏水端会提高有机物在水膜中溶解度，为微生物生长和分解有机物提供基础，因此我们总结生物表面活性剂的优点：能改善微生物生长的微环境，提高微生物对有机物质的降解效率；本身对微生物属于无害化物质；能促进微生物降解有机物，本身在有机物降解完后可选择性降解该物质。

3.2　有机固体废弃物厌氧发酵

生物转化是有机固体废弃物利用的新型技术，主要的转换途径目前有两种：厌氧消化和特殊酶的技术。沼气发酵是利用有机固体废弃物中的有机质（主要是碳水化合物、脂肪类物质和蛋白等）在一定的条件下（温度、湿度、酸碱度和特殊的厌氧条件）下，利用微生物将其中的有机物质转化为甲烷（沼气）、消化液和污泥（沼渣）的过程，这个过程称为沼气发酵或者厌氧消化。现在使用的有农村小型的沼气技术和大型的厌氧处理污水的工程。相比较传统的卫生填埋的方式，该方法将厌氧发酵过程有几年的发酵周期缩短到几十天甚至更短，并且该技术具有过程可以控制，操作技术简单，降解速度快，尤其是全过程封闭，整个产物可以计量和再利用的特点，具有显著地环保特点，受到广泛关注和应用。他的缺点是能源产出率较低，投资一般较大，适宜于以环保为目的的污水处理过程或者以有机易腐熟物为主的垃圾堆肥过程。利用生物技术包括微生物技术和酶制剂技术将生物质转化为乙醇为主要目的是制取液体燃料，优点是可以生物质变为清洁燃料，拓宽了生物质的利用途径，提高了效率，但是这个过程同上面的一样，存在转换速度相对较低，投资大成本高的特点。

我国目前对于生物质的利用技术主要是从两个方面开展的工作：第一是利用率比较高的沼气技术，第二个是生物质的热转换和利用技术。目前这两个方面的发展差异较大。沼气是现在最重要的途径，我国目前已经成为世界上利用沼气最好的国家，沼气技术相当成熟并且进入了商业化应用的阶段。而生物质的热转换技术我国刚刚开始研究几年，尤其是生物质制油技术和生物质产氢技术仅仅处于实验室研究和小试阶段，生物质的气化技术目前在个别地区进入了初步应用阶段，因为生物质气化集中供气技术和中小型生物质气化产电技术投资规模一般较小，容易运行。我国已经开始利用玉米或者糖类生产乙醇并且全国推广的车用乙醇汽油在一些地区尝试开始了。

从目前应用的情况看，我国和国外的技术水平还有相当大的差距，国外对于有机固体废弃物的利用主要有两个方向：直燃技术和制取燃料技术，如乙醇、生物柴油和氢，因为两大类技术处于不同的发展阶段，技术水平和工艺也完全不同，本节仅讨论后者。

根据我国的目前实际情况，生物质的发展根据国家规划要分两阶段进行：一是到 2020 年完成生物质技术的开发和完善阶段，重点关注部分经济好的技术进入商业应用，比如生物质气化技术由于投资相对较小，生物质能源比较集中并且能源供应比较进展且价格昂贵的地区逐步实现商业应用，对于有机固体废弃物在生物质转换技术，比如我们现在说的生物质运输燃料和氢气技术，因为目前工艺和条件都不成熟，仅仅可以作为工业化示范区应用。二是到 2050 年左右，将生物质逐渐成为主要的能源技术，这个阶段随着技术的不断发展，生物质的生产和收集成本将逐渐降低，生物质的利用技术相对成熟和完善，具备了与矿物燃料相竞争的条件，可以进入商业示范和全面推广阶段，尤其是面临对环境问题重视，从国家层面上对矿物燃料采取了限制手段，这样生物质将必然成为最便宜和最具有竞争力的新型能源之一。

在生态系统中，一个主要的功能就是由能量循环、物质循环和信息传递实现的，并且通过能量转移的方式和物质循环的作用将整个大环境组成一个自我调控的系统，能量由环境进入生态系统后，经过逐级专递部分消耗，呈现单向方式，物质由环境被生产者吸收后沿着生物链逐级转移，没有被完全利用的物质将由复杂的有机物质还原为无机的状态，再度被利用。前面曾提到，生态系统中物质的循环主要包括四个，即碳循环，磷循环，氮循环和水循环。这里说的是碳循环。

碳元素作为构成有机物的基本成分，来自于二氧化碳。从生物小循环的角度分析，碳主要通过条途径进行循环：

一是在光合作用和呼吸作用之间的细胞水平上的循环；

二是在大气二氧化碳和植物体之间的个体水平上的循环；

三是在大气-二氧化碳微生物之间的食物链水植物动物平上的循环。

从地质大循环角度看，碳以动植物残体的形式被深埋地下，通过物理化学变化转变为化石燃料，化石燃料被开采利用后又释放出二氧化碳到大气中，并进一步被植物吸收利用。

下面介绍厌氧消化获得沼气的原理，该过程主要包括水解，酸化，乙酸化和甲烷化四个阶段，如图 3-9 所示。

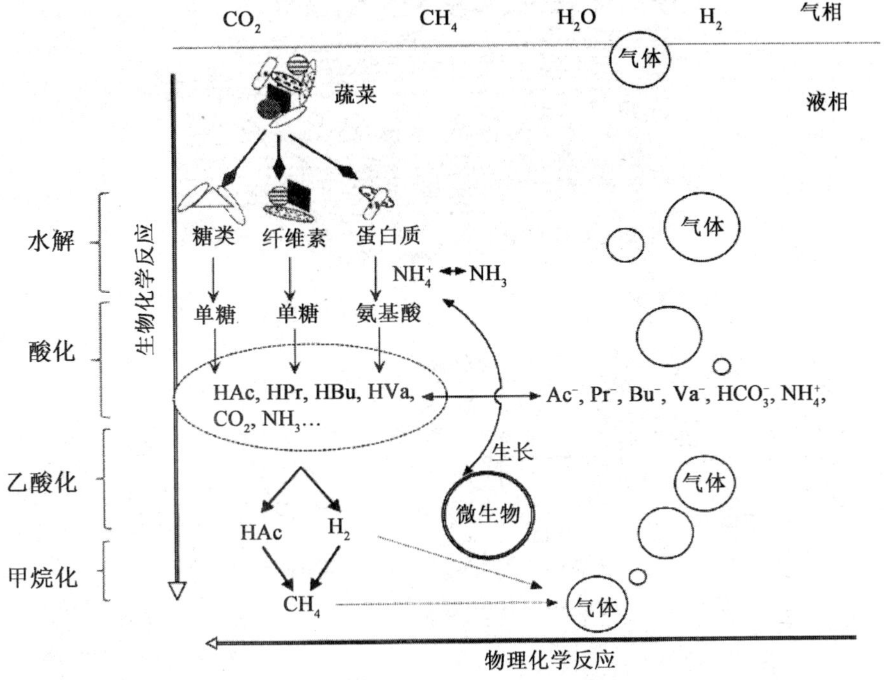

图 3-9　有机固体废弃物降解产甲烷流程图

3.2.1　有机固体废弃物厌氧消化基本原理

有机固体废弃物中的有机物质主要包含三类：碳水化合物、蛋白质和脂肪类物质。其中的碳水化合物主要有 C、H、O 三种元素组成，最主要的淀粉类物质，纤维素类物质，木质素类物质，多糖和单糖等。典型木质素和纤维素的基本结构如图 3-10 所示。大分子的物质在各种酶的作用下逐步降解为小分子单糖。下述是四个阶段中发生的变化(图 3-11)：

1. 水解阶段

将固体有机废弃物转化为简单的溶解性单体或二聚体的过程是在水解酶的作用下进行的，这个过程就是水解过程。能被酸化菌群直接利用的物质是可溶性聚合物或者单体化合物，在不同的淀粉水解酶的作用下，淀粉会被水解成水解成麦芽糖、葡萄糖和糊精。在沼气发酵过程中拖慢整个系统的分解速率最重要的步骤之一是纤维素的降解，这是因为纤维素在自然状态下一般都与木质素结合成高度聚合状态，以阻止微生物的分解，以此来保证植物的“自身安全”，在堆肥的过程中其多种纤维素酶的协同作用下水解成糖。

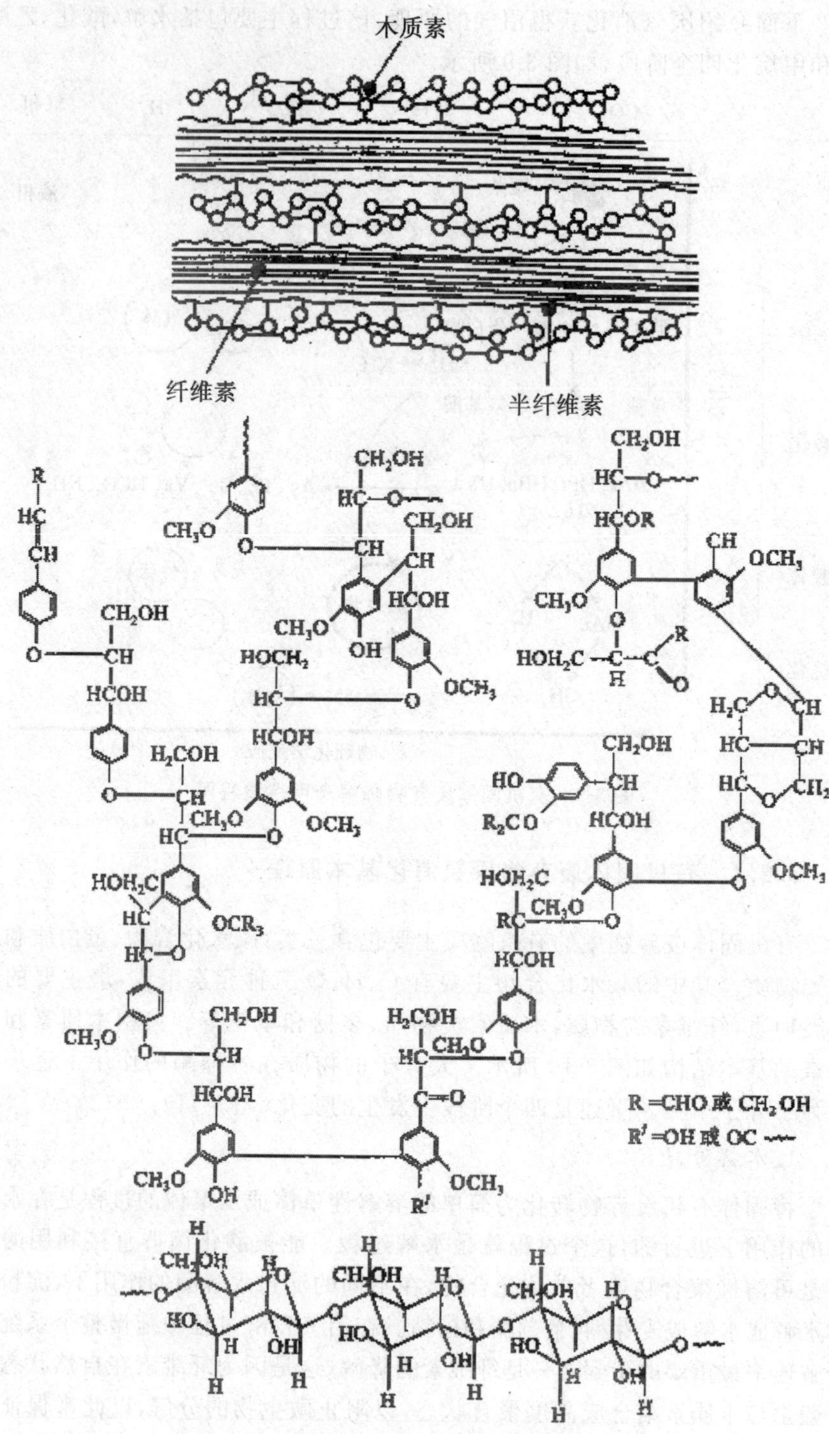

图 3-10　典型木质素和纤维素的基本结构

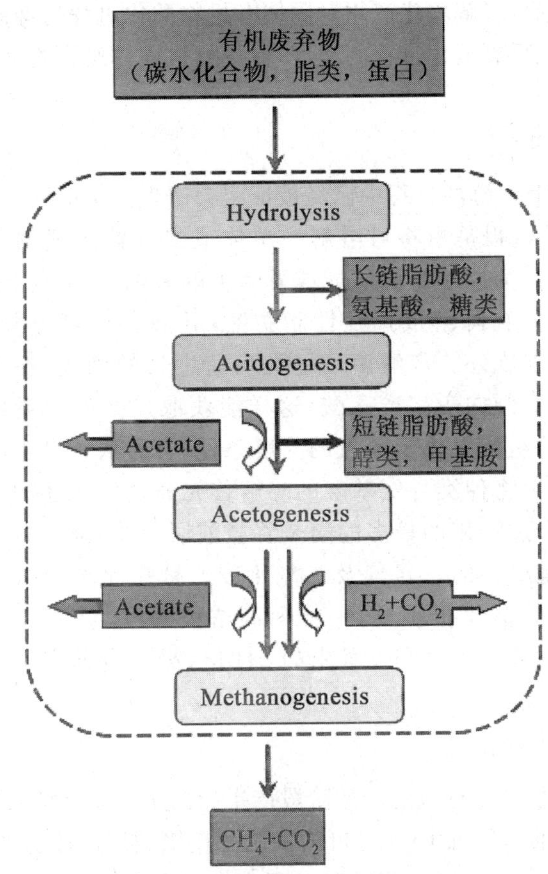

图 3-11　典型四段厌氧发酵示意图

促进三羧酸循环的关键步骤主要有两个过程，第一个是蛋白质是植物合成的一种重要产物，它在蛋白酶作用下肽键断裂生成二肽和多肽，再生成各种氨基酸；第二个是脂肪首先在脂肪水解酶的作用下水解为长链脂肪酸及甘油，甘油在甘油激酶催化下生成 α-酸甘油，继而被氧化为磷酸二羟丙酮，再经异构化生成磷酸甘油酸，经糖酵解途径转化为丙酮酸，最终进入糖酵解途径实现彻底氧化及利用。在水解的整个过程会受到多方面的影响，这些影响是多方面的，其中最重要的有两个，一个是受到物质本身特性的影响，另一个是物质的外形。此外厌氧消化的是整个水解过程的限制速度的主要步骤，因为系统中的基质以固体颗粒存在，正因为如此，厌氧消化过程决定整个消化过程的速度。酸化过程的性能受很多因素的影响，其中最重要的影响因素有下面几个，包括 pH 值、发酵的固体浓度和颗粒大小、中间生成物的浓度等。挥发性脂肪酸会在酸化过程中产生，在固体含量较高的基质中难以扩散，这些有机酸非常容易造成积累，对酸化过程本身也会产生反馈抑制。因此,缓解酸化产物对固体有机物酸化过程的抑制,对加快水解速率,提高整个厌氧消化过程的速度,促进有机固体废弃物的处理效率具有重要意义。

2.酸化阶段

有机物厌氧发酵的过程中已经被证实会产生大量的酸性物质。在生物学上,产酸发酵过程是指将可溶解性单体或二聚体形式的有机物在各种酶的作用下转化为以短链脂肪酸或醇为主的末端产物的过程。这些单体会进一步被微生物降解成挥发性脂肪酸、乳酸、醇、氨等酸化产物和氢、CO_2 并分泌到细胞外。产酸菌是一类快速生长的细菌,在有机物相对丰富的环境条件下倾向于生产乙酸,这样能获取最高的能量以维持自身生长,末端产物的组成取决于厌氧的降解条件、各种底物种类的类型和参与生化反应的微生物种类。氨基酸的降解首先通过氧化还原氮反应实现脱氨基作用,这个过程用的最多的酶是谷氨酸脱氢酶,通过这个过程生成有机酸(丙酮酸是最多的)、氢气及二氧化碳。氨在此阶段由氨基酸分解而产生。氨对厌氧消化很重要,一方面高浓度 NH_3 对发酵过程有抑制作用,并且能够调节整个发酵过程中的 pH 值;另一方面它又是微生物利用的氮源。

3.产氢产乙酸阶段

这个阶段主要是将水解产酸阶段产生的两个碳以上的有机酸或醇类等物质转化为乙酸、H_2 和 CO_2 等可为甲烷菌直接利用的小分子物质的过程。现在的研究已经证明,在厌氧发酵过程中有机酸的产氢和产乙酸过程不能自发进行,因为氢气会抑制此步反应的进行,降低系统的氢分压有利于产物产生。如果氢分压超过 10^{-4} 大气压,有机酸浓度增大,但是甲烷的产量会受到明显的抑制。

4.甲烷化阶段

如需要获得大量的甲烷,这个过程需要外界严格专性厌氧的产甲烷细菌将上述产生的物质如乙酸、一碳化合物和 H_2、CO_2 等转化为 CH_4 和 CO_2 的过程。一般而言,大约 72%的甲烷来源于乙酸的分解,是由乙酸歧化菌(*Acetodastic MethaneBacteria*)通过代谢乙酸盐的甲基基团生成,剩下的 28%由 CO_2 和氢气合成。产甲烷细菌的代谢速率一般较慢,对于溶解性有机物厌氧消化过程,产甲烷阶段是整个厌氧消化工艺的限速步骤。沼气发酵是一个由多种微生物联合、交替作用的复杂生化过程,非产甲烷菌和产甲院菌相互依赖又互相制约,使整个厌氧生物反应系统处于一种相对平衡状态。微生物的生命活动需要多种控制条件,其中主要包括:发酵原料进料量、水力停留时间、氧化还原电位、酸碱度、温度、碳氮比和搅拌等。厌氧消化的生化反应四个阶段是连续发生的，传统单相厌氧消化过程是在同一反应器中各阶段保持一定动态平衡，而这种平衡很容易受到有机负荷、温度等外界因素的影响，也受发酵产物的反馈抑制影响。在厌氧发酵过程中只有满足微生物的生活条件，才能达到发酵旺盛、反应器运行稳定、产气量高的目的。由于某一条件没有控制好会导致整个系统运行不稳定甚至运行失败。一旦平衡遭到破坏，导致有机酸的积累使产甲烷阶段受到抑制，发生"酸化"现象，从而使整个厌氧消化过程受到抑制。

因此整个过程需要关注几个重点过程：甲烷和二氧化碳的量率比、整个氨气产生量的控制、调节合适的限速酶。

利用有机固体废弃物产甲烷的目的是减少有机废弃物的量和提供资源的利用率，实现资源化效应。在这个过程中，需要的微生物不仅仅是产甲烷菌的作用，还要其他的微生物来完成，一般而言分为酸化细菌和产甲烷菌两类，这两大类物质共同完成厌氧消化的过程，但我们也知道，这两类菌在生长繁殖的过程中所需要的营养条件和 pH 环境条件差异很大，并且其生长动力学和环境耐受力截然不同，因此需要调节合适的限速关键环节才能获得最高的产能。一般认为，底物和水解能力是水解性的限速因子，如果底物中含有大量的小分子物质如单糖等时，将导致大量的挥发性脂肪酸的产生从而抑制甲烷菌的活动。

3.2.2　水解产酸限制因素和产甲烷影响因子

1. 水解产酸限制因子

在微生物的细胞内通过各种酶的作用能够转化成别的物质，这种物质在水解阶段由厌氧发酵产生，主要是小分子化合物，这种物质更为简单，主要是挥发性脂肪酸，它们的存在形式主要是末端产物，这些产物在水解阶段会被转运到细胞外。正是因为多种化合物可溶性与被水解的难易程度不同，从而被微生物利用的顺序也有优先。这一阶段在氧化酶作用下，能够形成的产物有很多，其中有甲、乙、丙、丁酸、乳酸、CO_2、H_2、氨气和硫化氢等。

发酵过程末端产物的形成量和形式取决的条件有很多，其中主要取决于厌氧降解条件和参与发酵的微生物种群。由挥发性脂肪酸的浓度已经证实：发酵能够明显影响到酸化过程。有研究发现如果整个环境条件下的 pH 维持在 6.5—7.5 范围内，影响是挥发性脂肪酸浓度可以从 2 500 mg/L 升至5 000 mg/L，另一个影响是底物 VS 水解率降至 42%。根据诸多研究认为，当挥发性脂肪酸浓度达到5 000 mg/L时就会对水解产生明显的抑制作用。因此为了促进水解过程的酸化，在生产过程中发明了很多简单有效地方法，比如添加 NaOH 或 $NaHCO_3$，稀释法，添加各种水解酶（淀粉酶和中性蛋白酶），用超声处理等。适宜的超声处理条件可提高酶促反应速度，超声波辐射可将附积累在基质颗粒表面的挥发性脂肪酸脱掉。pH 值是重要的生态因子之一，它不但影响产酸发酵细菌的代谢及生长速度、酶活，还影响发酵类型，表现为不同的酸化产物的种类和产量，可能对水解过程产生抑制，因为微生物细胞对 pH 值的改变非常敏感，只要是环境中的 PH 改变一点就会产生影响不到的结果，一旦产酸菌和产甲烷菌的代谢失衡，就会发生挥发性脂肪酸积累，导致 pH 下降，使微生物和酶的活性受到抑制。环境中的 pH 值如果超过了微生物能耐受的最低或最高 pH 值都会产生不好的影响，严重的将会引起部分微生物失活甚至全部死亡，由此导致影响菌群的生长速率。有机废弃物是复杂的混合物，包括水溶性的糖类、氨基酸及较易水解的物质如半纤维素、淀粉、脂肪、蛋白质和不易水解的纤维素、果胶、芳香族化合物等物质以及难以水解的木质素等。由于各组分水解的难易程度不同导致其被微生物利用有先后，存在底物水解时酸化产物相互抑制现象。

2. 产甲烷影响因子

上面提到，整个环境的 pH 值对厌氧消化产甲烷过程的影响主要是对产甲烷菌的抑制，是厌氧消化过程中甲烧化是否正常的标志之一。一旦产酸菌和产甲烷菌的代谢失衡，就会发生挥发性脂肪酸积累，导致 pH 下降，使微生物和酶的活性受到抑制。有机酸的过度积累，也会抑制纤维素的水解，使得水解成为限速反应。在厌氧反应器内发酵液的 pH 值除了与进料本身酸碱有关外，还与反应器内发酵过程中自然建立的缓冲平衡体系有重要关系。碱度是衡量厌氧发酵液中缓冲能力的指标，发酵液中具有较高的碱度则可以对有机酸引起的 pH 值变化起缓冲作用，厌氧消化过程中产生的各种酸、碱物质对消化液的 pH 值往往起支配作用，产生的有机酸会使 pH 值下降；含氮有机物分解产物氨会使 pH 值升高。CO_2 积累会引起 pH 值下降，而产甲烷菌消耗 CO_2 会引起 pH 值上升。因此，在产甲烷的过程中，需要对物料进行合理的搭配，并对发酵条件适时的调控才有望获得最佳的产能，图 3-12 列出了不同物质产甲烷的能力，给广大爱好者提供一定的参考。

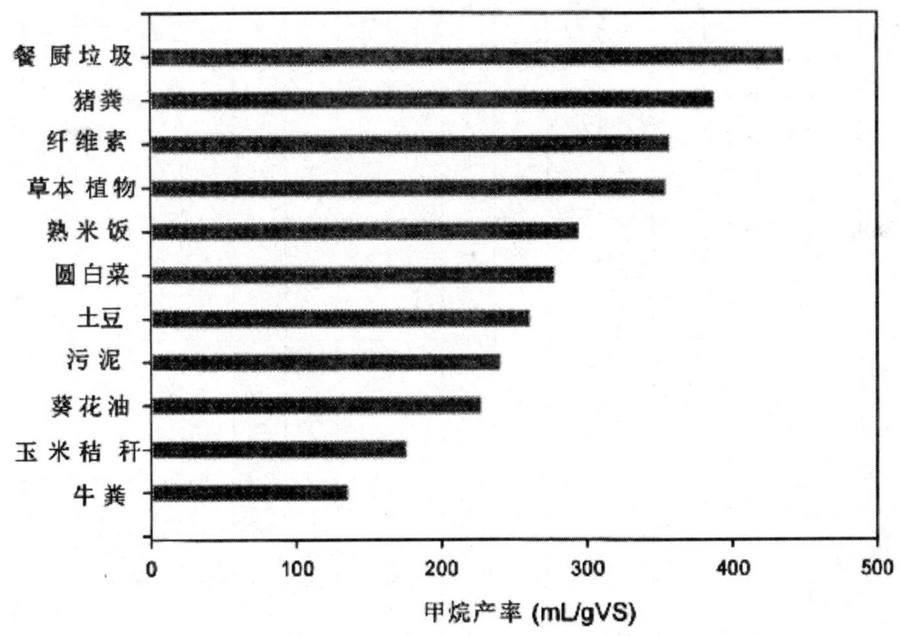

图 3-12　有机固体废弃物产甲烷潜能

3. 影响产甲烷的因子

影响厌氧消化的主要因素有原料的特性和元素的组成、有机负荷和水力停留的时间、环境的 pH 值及温度等，下面分别介绍其影响机理。

(1)原料的特性和元素的组成

有机固体废弃物粒度的大小对生物质的热解传热传质都会产生影响(表 3-8)，不同的颗粒态有机物如畜禽粪便、污泥、稻秆和生活垃圾等其水解性能明显不同。有机物的组成成分，如淀粉、蛋白质、脂肪、纤维素、半纤维素和木质素等的水解动力学常数存在显著的差异。即便是均质的生物质由于其中不同组分也会表现出可降解性能的差异。此外，底物的颗粒尺寸或颗粒比表面积也影响底物的水解过程。一般认为，粒度对生物质热解挥发分释放的影响规律性不强，总体而言，粒度减小反而使热解残留物增加，不利于生物质的热解气化。这可分为两种情况：一是当微生物或酶过量时，颗粒表面被酶全部覆盖，颗粒比表面积成为水解的限速步骤；二是当底物过量时，吸附至颗粒表面的微生物或酶量成为水解的限速步骤。在实际工程中，纤维类等物质生物降解性能较差不易水解酸化，有机物含量高，厌氧消化时能够获得较高的容积负荷，但多数情况下此类有机物的沼气产率相对偏低且停留时间时间长；对于餐厨和果蔬垃圾由于易水解酸化在一定程度下限制了反应器的运行负荷；市政污泥粘度高，消化性能差，反应器可以实

表 3-8 粒度对生物质热解特征温度的影响

粒度 mm		T_1 max	T_2 max	T_3 max	T_4 max	T_5 max	T_6 max	T_i	ΔT_1	ΔT_2	ΔT_3
GR	2—1	118.2	132.1	238.5	352.4	325.8	446.1	181.4	−6.7	2.7	3.0
	1—0.5	115.7	130.9	236.0	348.6	325.9	510.1	179.3	−8.2	1.9	2.2
	0.5—0.28	110.6	123.3	238.5	348.2	329.7	518.7	175.6	−7.5	2.8	2.4
	0.28—0.1	103	118	237	346	322	456	160	−8.1	2.5	2.8
	≤0.1	106	121.1	237	344	323	520	181	−6.9	2.9	2.42
WS	2—1	89.1	108	296	361	341	494	143	−3.7	1.78	1.90
	1—0.5	89.6	108	—	—	342	—	150	−4.1	—	—
	0.5—0.28	89.6	108	—	—	342	—	153	−4.8	—	—
	0.28—0.1	89	108	—	—	333.5	—	158	−4.8	—	—
	≤0.1	86.6	108.9	—	—	346	—	161	−3.32	—	—
CS	2—1	89	106	287	301	349	371	156	−3.61	1.0	1.7
	1—0.5	90.3	106	287	301	351	368	152	−4.0	0.9	1.6
	0.5—0.28	85.3	103	291	302	349	380	152	−3.23	1.03	1.7
	0.28—0.1	85.3	103	295	309	351	379	152	−.321	0.93	1.52
	≤0.1	78.9	95.4	300	309	348	389	143.2	−2.43	1.39	1.89

现的运行负荷及容积产气率均较低。含固率也是影响厌氧消化的一项重要指标，尤其在高含固率下，含水率对有机物的降解的影响显得尤为突出。Funishim 等的研究表明污泥的含水奉从 97%下降到 89%时 VS 去除率能够从 45.6%下降到 33.8%，降低大约 12 个百分点，碳水化合物的去除效率也从 71.1%下降到 27.8%，样品中最大脱水速率随着粒度 增加有减小的趋势，但不是很明显，样品中最大脱水率并不是与粒度大小严格呈现比例关系，含水率高固体含量小界面传质阻力小，反应物和反应产物扩散速度快。

此外，反应器内可能出现分层现象从而能够影响厌氧消化效果。现在在实践过程中，可按照物料中的干物质含量不同可以分为干式厌氧发酵和湿式厌氧发酵两大类。湿式厌氧工艺中进料的总固体含量一般控制在总量的 10%以下，发酵原料呈液态。干式厌氧发酵又称固态厌氧发酵，是指保持固体废物的原始状态，反应器内的 TS 根据物料组分以及季节等不同保持在 15%—40%左右的比例，随着固体含量的增高许多影响微生物活性的条件变得更为严格，尤其是温度和 pH 成为关键条件。在我国国内沼气工程目前大多采用湿式厌氧发酵技术。生物质废弃物的主要组成元素为 C、H、O、N、S、P，其中 C、H、O、N 是在微生物生长的过程中对于细胞的物质合成及代谢是重要的组成元素；同时城市有机固体废弃物中还含有少量金属离子及其他无机元素。在厌氧消化过程中，微生物生长需要充足的营养物质。在实际工程操作中，对于原料的调节既需要有合适的碳、氮、磷比例来满足厌氧发酵微生物的生长代谢，还要合适的比例。如氮元素含量过高，容易引起氨氧浓度过高形成抑制，但氮含量过低，则不能提供细胞正常生长的营养，造成挥发性脂肪酸积累，系统缺乏缓冲能力。混合物料的共发酵能够显著提高沼气产量，改善营养平衡，有利于系统稳定运行。表 3-9 列出了典型生物质废弃物的重要组成。

表 3-9　典型生物质废弃物的重要组成

原料	TS%	VS%	C/N
牛粪	34.66	19.52	9.47
猪粪	28.14	22.26	11.30
玉米秸秆	91.80	88.00	53.00
水稻秸秆	93.70	83.10	47.00
污泥	14.58	10.60	6.50
果蔬垃圾	9.10	7.70	20.61
餐厨垃圾	19.71	17.0	18.40

(2)有机负荷和水力停留的时间

传统的厌氧发酵过程中,产酸菌和产甲烷菌在反应器内进行发酵,本身不能提供各自最佳的生长条件,产气效率和容积的负荷率一般较低。厌氧消化是一个有机物降解产沼气的过程,为了维持发酵微生物正常的生长代谢,反应器内须维持足够的底物供其利用,所以进料的有机负荷直接影响着发酵产气的性能,过低或过高的有机负荷都会对厌氧消化造成不利:当有机负荷过低时,反应器容积产沼气量低;当有机负荷过高时,可造成挥发性脂肪酸的积累,抑制产甲烷菌活性而降低产气量,但是也有不同的报道。因此,反应器在适宜的有机负荷下运行可以充分利用原料且稳定产气。水力停留时间(HRT)是指一个消化器内大发酵液按照体积计算被全部置换所需要的时间,HRT 是影响两相厌氧发酵的重要参数之一,HRT 是与有机负荷是密切相关的,其直接影响反应器的厌氧处理效率。对于同样的反应器容积来说,一般认为,HRT 越长,有机负荷越小,废弃物处理的时间越长;HRT 越短,有机负荷越大,反应器的处理能力越大,但会引起有机物去除效率的下降。有报道指出,水力停留时间(3 d)一般不影响产酸相发酵的类型,各组乙酸和丁酸的总和的百分含量在 80%以上,属于丁酸型发酵。但是产甲烷的水力停留时间(6 d)能够保证甲烷的量最大,从上述也可以发现,不同的时间对酸和气的产能有影响,需要选择合适的 HRT 的停留时间,所以 HRT 的优化尤其是在技术改造中的应用,是厌氧发酵系统运行和设计中的一项重要内容。反应器有机负荷发生变化时,一定要兼顾水力负荷的变化,进水 CODcr 浓度一定时,以缩短 HRT 的方式提高负荷,随着 HRT 的缩短系统运行特征会发生变化。在两相发酵的过程中,一般采用连续补料的方式,使得产酸相和产气相反应在有效容积情况下,适当调整产酸和产气的发酵设备,在连续厌氧消化过程中,HRT 如果小于微生物增长的时间,会造成微生物随出料流出,同时 HRT 的缩小而相应的有机负荷提高,使微生物在反应器内没能有效的维持而导致反应器处理效率降低;如果 HRT 过长使反应器在低有机负荷下运行,同样处理效率较低,因此选择适宜的水力停留时间也是非常重要的。

(3)pH 值对发酵产气的影响

pH 值在生物学中,是影响微生物生长和繁殖的关键条件,同时也是影响酶活性的决定条件之一,主要是通过不同的 pH 值影响到生物体内酶的催化活性以及细胞的结构和形态,引起蛋白质的絮凝或吸附现象,从而导致生物催化效果的降低;在厌氧发酵过程中,大多数的水解产酸菌能够适应较大范围内的 pH 的变化,水解和产酸的过程微生物能够在 3—10 之间的 pH 范围内进行,整个反应器内如果 pH 的变化将导致最终端产物类型发生变化，如果 pH 值较低，生物则需要消耗更多能量将自身细胞体内的质子向体外排出，从而保证细胞内部的酸碱度处于中性范围，如果过度降低，将导致产甲烷量迅速受到影响，严重时将至微生物死亡，主要原因还是微生物的代谢速率从高速逐渐减慢甚至不产生代谢产物，因此适宜的 pH 值对秸秆沼气厌氧发酵的重要保证。一般认为，有效产甲烷的甲烷菌所适应的 pH 范围较低，在 7.0—8.0 之间最为合适，这个范围内有机酸产量一般很低，有研究表明，当环境中 pH 值较低时将会产生较多的丙酸，而过多的丙酸对厌氧细菌具有抑制作用，从而导致沼气产量的降低。以餐厨剩余物进行的厌氧发酵产气发现，发现 pH 值为 6.0 时，沼气产量和产气速率均达到最大值，而超过或低于 6.0 时，厌氧发酵的速率有所减慢，产气量也显著降低；厌氧消化过程中的 pH 的变化要调节到最佳的状态，需要对反应器内条件进行适合的控制，一般情况下随着产酸量的增加，整个环境的 pH 呈现酸性，这时需要外加碱进行控制，长期的实践显示，一般进水的最小碱度是每将 1 g 进水的 COD 转化为挥发性脂肪酸需要 1.2 克左右的碱石灰的碱度。一个效益的问题是：随着加碱的进行将导致沼气工程运行的经济型，如果可能需要将整个反应器出水碱度高于进水碱度采用回流的方法进行实现。

(4)温度对产甲烷影响

在厌氧发酵的过程中，尤其是产甲烷用于生活中，由于温度的原因导致大量的设备和装置不能有效地获得甲烷，因为该影响因子能够对发酵的效率，发酵的周期和产气量影响深远，现在根据实际的生产过程，按照温度的差异将发酵分为常温发酵(10℃—30℃)、中温发酵(35℃—38℃)和高温发酵(51℃—53℃)三个方式，这是根据工艺的不同进行的分类。以秸秆厌氧发酵产甲烷为例，随着厌氧发酵的进行温度逐渐升高，能够从 37℃ 升高到 55℃，整个超期产量和甲烷产量都是呈现先升高后降低的变化趋势，实验测得在 40℃ 时沼气产量能够达到最大值，一般认为中温条件下产气总量高于常温条件和高温条件。这与 Veeken 的研究温度对水解的条件基本一致，20℃ 一级动力学水解常数 0.03—0.15 d^{-1}，40℃ 时为 0.24—0.47 d^{-1}。产生差异的原因主要是温度对水解酶活性影响导致，有研究表明，在 5℃—35℃ 范围内，温度每升高 10℃—15℃ 产气的速率都能增加 1－2 倍，在 35℃ 范围左右能够达到一个最大值，40℃—50℃ 范围内属于微生物中温菌和高温菌的过渡期，两类微生物由于均不适宜该温度导致产气量急剧降低，在 53℃—55℃ 之间产气量有升高，主要还是微生物的作用，比如布氏甲烷杆菌最适温度范围是 37℃—39℃，甲烷八叠球菌为 35℃—40℃，而嗜热自养甲烷杆菌却能够在 65℃—70℃ 范围内高效作用；如果温度控制在 32℃—40℃ 范围左右能够获得相对较佳的产气量，表 3-10 列出了高温和中温厌氧发酵的差异。

表 3-10　中温与高温厌氧发酵特点

厌氧发酵温度	反应器运行特征
中温	停留时间需要 15—30 天 氮平衡问题较小 启动时间长 需要保持较高的操作温度以维持最佳反应条件
高温	沼气产率高，停留时间 10—15 天 发酵过程可能产生氨氮抑制作用 能耗较高，设备投资和维护费用高

实践证实，大部分的厌氧发酵系统都能够实现中温或者高温发酵，现在大多数偏喜高温厌氧发酵，因为嗜热菌在高温条件下生长速度更快能够提高物料转为成沼气的得率，加快水解速度缩短停留的时间，并且反应体系中的病原微生物更易被杀灭。并且高温消化对温度的快速变化有很高的敏感性二期挥发性脂肪酸浓度比中文厌氧消化要高，一般情况下，如果仅以净能量产出为计算，热带地区应选择高温发酵最为合适，并且控制好反应容器内的温度波动不能太大，一般控制在 3℃左右为宜。

(5)氨对厌氧发酵条件的影响

有机物中含有大量的蛋白类物质，在生物降解的过程中由于脱氮作用产生大量的氨，这些氨主要是以蛋白质和尿素的形式存在于物料中，同时这类物质是甲烷产生过程中重要的抑制因子。目前研究氨对厌氧发酵的抑制作用主要认为是由 FA 作用导致的，其抑制原理主要是通过自由可通过膜，导致疏水性的氨分子被主动运输到细胞内，致使质子平衡或者导致钾的缺失。在厌氧发酵过程中，四种功能性微生物中产甲烷菌群最容易受到氨的抑制作用导致停止生长，有研究发现如果环境中氨的浓度变化在 4 051—5 734 mg NH_3NL^{-1}时，对于体系内颗粒污泥的产酸微生物类群对其抑制并不显著，但 56.5%的产甲烷菌群活性受到明显抑制；大量的数据显示，当氨浓度在 1 670—3 720 mg NH_3NL^{-1}时，产甲烷菌活性降低大约 10%，当氨浓度在 4 090—5 550 mg NH_3NL^{-1}时降低 50%左右，如果超过 6 000 mg NH_3NL^{-1}时整个活性将完全丧失。

$$C_aH_bN_d+\frac{4a-b-2c+3d}{4}H_2O\longrightarrow \frac{4a+b-2c-3d}{8}CH_4+\frac{4a-b+2c+d}{8}CO_2+\sigma H_2O$$

上面层提到温度和 pH 对厌氧消化的影响，铵离子和 FA 在一定的条件下可以相互转化，当 pH 大约 6.5 时铵离子将转化为 FA，而 FA 引起的系统不稳定运行导致挥发性有机酸的过度积累，又使得整个环境的 pH 降低。同时氮也是微生物营养元素的重要组成部分，一般认为整个环境中营养元素 C、N、P 和 S 的比例在 600∶15∶5∶1 时能够满足甲烷转化所要的充足的营养。

(6)合适的 C/N 比值

好氧发酵需要合适的 C/N，在厌氧发酵过程中不同的有机底物的 C/N 也是影响产甲烷过程的重要作用(表 3-11)，如果底物中营养元素不均衡将导致产气率明显下降，如果 C/N 比值在 20—30∶1 范围内能够适合厌氧发酵过程的进行，25∶1 是最适合的厌氧菌的生长条件，可以得到理想的甲烷产量。该条件如果不合适，将会导致总氨浓度偏高或者有机酸含量积累，抑制甲烷菌群的活性导致最终失败；如果 C/N 过高，甲烷菌将快速的消耗底物中所含的氮元素来满足对蛋白质的要求，生物的碳源底物将不会再利用，如果该 C/N 比值过低，氮元素被束缚并且以铵根离子的形式过度积累导致整个环境的 pH 升高，抑制了产甲烷菌的活性。在牛粪厌氧发酵的过程中 C/N 最为接近 25∶1，是比较合适的适合厌氧发酵的营养结构配比，整个过程产甲烷也相对稳定。调节合适的 C/N 比值最佳的方法就是如下面提到的采用混合发酵的方式，即充分利用了各种有机固体废弃物，又能够满足厌氧发酵的营养条件的合理配比。

除上述提到的影响因子外，环境中的硫化物和金属离子也能对厌氧发酵产生较大的影响。

表 3-11　不同的单一底物及厌氧发酵装置产沼气的效率

底物类型	反应器类型及容积	温度(℃)	OLR(kg $VSm^{-3}d^{-1}$)	HRT (d)	沼气或甲烷产量
家禽粪便	大型厌氧池，95 m^3	35	1.6—2.0	30—52	55—74 m^3 Biogas d^{-1}
牛粪	厌氧旋转反应器，5.5 L	35	3.0%VS	11	93 mL GH_4 g^{-1}VS
猪粪	CSTR，4.5L	37	NS	15	188 GH_4 g^{-1}VS
牛粪	搅拌厌氧反应器，4 L	NS	9.6%VS	NS	0.2 m^3 Biogas kg^{-1}VS
液体猪尿粪	传统厌氧发酵反应器，380 L	35	15	5	0.36 GH_4g^{-1}VS

续表

底物类型	反应器类型及容积	温度(℃)	OLR(kg $VSm^{-3}d^{-1}$)	HRT(d)	沼气或甲烷产量
牛粪	UASB	NS	NS	22.5	0.3 m^3 Biogas kg^{-1} COD_{fed}
牛粪	亮相发酵 0.6 和 2.4 L	55	3	12	260 mL $GH_4 g^{-1}$ VS
牛粪	新型 AHR14.5 L	36	7.3	15	0.191 m^3 $GH_4 g^{-1}$ VS
牛粪	大型沼池,2 300 m^3	30	17	40	360 L $GH_4 g^{-1}$ VS
城市固体废物	CSTR	55	15	NS	0.32 m^3 $GH_4 g^{-1}$ VS
工业食品废物	大型沼池,2 300 m^3	30	17	40	360 L $GH_4 g^{-1}$ VS_{fed}
家禽粪便	搅拌厌氧装置	37	3.5	16	0.16 m^3 $GH_4 g^{-1}$ VS
有机废物	两相装置,2.0 和 4.5 L	55	3.0	15	320 L $GH_4 g^{-1}$ VS_{fed}

注:NS,not specified;AHR,anaerobic hybrid reactor(复合厌氧反应器)

3.2.3 有机固体废弃物厌氧发酵工艺

上述曾介绍过 4 阶段厌氧发酵理论,其实从 20 世纪以来,各国的研究学者从理论上对 CH_4 的生成根据不同的反应条件也曾分为两段式厌氧发酵理论或者三段式厌氧发酵理论,这些观点也被广大的科研爱好者所接受。因此下文将这些理论做一介绍,方便科研工作者根据实际情况确定厌氧发酵的工艺。

1. 三阶段厌氧发酵理论

图 3-13 是根据 1979 年布莱恩特根据大量的实验数据提出的三段式 CH_4 厌氧发酵的理论,根据这个理论可以设计发酵工艺。

该理论的主要内容有:

①水解和发酵阶段,因为可用作沼气发酵的原料比较多,多糖类物质是其主要成分例如淀粉、蛋白质、脂肪类物质、纤维素和木质素,这些不易溶于水的多糖物质首先被发酵性细菌分解为可溶性糖,肽、氨基酸和脂肪酸后才能被微生物吸收利用;蛋白质类物质被发酵性细菌分解为氨基酸,也可被细菌分解成脂肪酸,氨和硫化氢;脂类物质在细菌脂肪酶的作用下分解成为甘油和脂肪酸,再转化为酸性物质和醇类。

②产氢、产乙酸阶段。除第一阶段分解产生的甲酸、乙酸和甲醇外，其他的有机酸和醇类在产乙酸菌和产氢菌的作用下转化为乙酸、二氧化碳和氢气，还有个别的氢气在食氢产乙酸菌的作用下生成乙酸；

③最后的产 CH_4 阶段，通过不同的循环途径，食乙酸产甲烷菌和食氢产甲烷菌通过不同的途径将乙酸、甲酸和醇类及氢气和二氧化碳转化为甲烷，其中在整个厌氧发酵的过程中由乙酸的分解获得的甲烷能够占到 70%左右，而来源于氢气和二氧化碳的比例比较少。

图 3-13 是三阶段厌氧发酵制取沼气的缩略图。

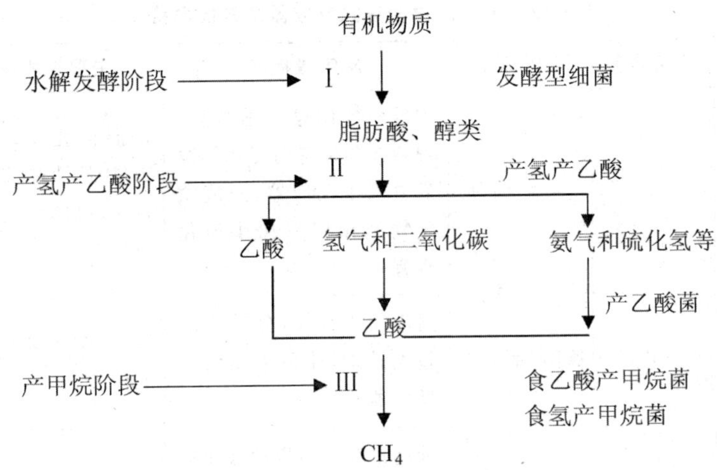

图 3-13　三阶段厌氧发酵理论示意图

2. 厌氧发酵工艺

根据上述理论，在实际生产过程中，因为不同地区原料来源的差异，尤其是小型企业或者农村沼气池的大规模使用，根据实际情况开发了几个工艺类型，主要有：

(1)单相厌氧消化工艺，目前大部分沼气厂采用该工艺，此工艺由于操作简便和低成本投入而被推广应用单相反应器中水解是在酸化微生物和甲烷化微生物同时存在的环境下进行的，当处理易降解的有机废弃物高有机负荷时，单相的反应器会因为挥发性脂肪酸的积累导致 pH 值的降低而抑制甲烷菌活性，从而导致产气降低甚至停止。Lane 等的研究表明 4 kg $VS/m^3/d$ 时，反应器 pH 下降，沼气中 CO_2 比例大。也有研究者认为最大有机负荷 3 kg $VS/m^3/d$，再提高负荷会产生酸抑制。此外，全混式反应器因为中间水力停留时间较长，不能快速有效地满足易腐烂的蔬菜垃圾的处理需求。厌氧序批式反应器(ASBR)可实现固体停留时间和水利停留时间的合适分离比率，在反应器内保持较高的污泥浓度来抵抗温度、高有机负荷和毒害物质的影响。曾有科学家利用 ASBR 反应器，在有机负荷 2.46—2.51 VS/m^3/d，水力停留时间 10 d 条件下处理果蔬废弃物，沼气产率为 0.31 L/gVS，VS 去除率为 76.4%。采用管式反应器也有报道，最佳的水力停留时间为20 d，有机负荷为 2.8 VS/m^3/d，pH 维持在 7.2 左右。如果将 HRT 缩短时间为 10 d，将会导致 pH 降低到 5 左右出现明显的抑制现象。这种工艺的一个优点是能够将酸化和甲烷化产生分离，主要是因为内部存在的一定的长度陡坡避免了酸抑制现象。表 3-12 是主要的单相湿式反应器及其技术特点。

表 3-12　主要的单相湿式反应器及其技术特点

工艺	公司名称	国家	反应器特点	主要技术参数
Waasa	CiTec	芬兰/瑞典	主反应器内设置预留室，物料在预留室内短暂停留后进入主反应器，回流微生物至预留室加快消化进程	高温消化 HRT＝10 d，中温消化 HRT＝20 d，单位产气量 100—150 m^3/t
BTA	BTA	德国/加拿大	适应于小规模，分散式的垃圾处理，简单单相厌氧反应器	单位产气量在 80—120 m^3/t
BIMA	Entec	澳大利亚	利用沼气压力带动水面提升进行搅拌	HRT＝16 d
Linde Wet	Linde-KCA Dresden	德国/瑞典	预处理制浆后进入单相反应器	HRT＝16—22 d，单位产气量约为 100 m^3/t
Mebius	Ebara	日本	设置预留室，混合制浆和产甲烷	HRT＝22 d 左右
湿式连续反应器	上海神功环保	中国	气体或者液体回流搅拌，设置三相分离装置	HRT＝14—20 d，有机负荷 4.0—7.0 kgVS/(m^3·d)

除了单相湿式厌氧反应器外，现在用的比较多的还有单相干式厌氧反应器。这种反应器主要用于处理含水率比较低的有机垃圾，整个物料多以活塞流形式在反应器内运动，目前在欧洲等国家应用比较多，反应器多为水平或者垂直的塞流式反应器，这种装置对于推流过程实现厌氧消化的水解和酸化功能较好，能够有效地避免完全混合造成的反应器的酸化，将两相厌氧消化在不同相中进行的功能在单相厌氧反应器的推流过程中得以实现。

整个反应器内部不设置机械搅拌，仅靠叶轮缓慢转动，表 3-13 是主要单相干式反应器的特点。

表 3-13　主要单相干式反应器的特点

工艺	公司名称	国家	反应器特点
Valorga	Valorga	法国	垂直圆柱形活塞流反应器，采用渗滤液部分回流与沼气压缩搅拌技术
Kompogas	Kompogas Organic	瑞士	水平活塞流反应器，消化物料部分回流
Dranco	Waste Systems	比利时	垂直活塞流反应器，产生沼气进行搅拌，消化物料回流
Linde-DRY	Linde-KCA Dresden	德国/瑞典	水平活塞流反应器，反应器内部设置搅拌和推进装置

(2)两相厌氧消化体系是 20 世纪 70 年代由美国的科学家 Ghosh 和 Pohland 开发的一种厌氧发酵工艺，目前在国内该项技术仍然处于起步的阶段，这种工艺与其他单相和三相相比，并不是侧重于反应器内部的改造，而是对工艺的改革是其最大的进步。

厌氧发酵的关键是控制产酸阶段和产甲烷阶段能够达到合适的条件，一般认为产甲烷阶段是整个过程的控制阶段，为了更好的使厌氧消化过程完整进行必须满足产甲烷相细菌的生长条件，如 pH，温度，增加反应时间等，尤其是对于难以降解的有机物质或者含有一定的有毒物质的需要对甲烷菌进行长时间驯化才能适应。两相厌氧消化的工艺就是根据产酸过程和产甲烷过程这两个阶段微生物种群在组成和特有的生理生化方面的巨大差异，采用两个完全独立的反应器并将这两个反应器串联运行，满足了产酸菌和产甲烷菌各自的最佳生长条件，不仅各自发挥各自的优势，更提高了处理效果减少了反应的容积，增加了运行的稳定性。我们从微生物学的角度认为，产酸相一般存在产酸细菌，产甲烷相不但存在产甲烷细菌还有产酸发酵细菌的存在，表 3-14 是产酸和产甲烷菌的基本特征。

表 3-14　产酸和产甲烷菌的基本特征

主要参数	产酸菌	产甲烷菌
种类	多	相对较少
世代时间	相对短(3 h)	长(12 h—7 d)
细胞活力[Gcod. (Gvss. d)$^{-1}$]	39.6	5.0—19.6

续表

主要参数	产酸菌	产甲烷菌
对pH敏感性	不敏感	敏感
最佳生长pH	5.0—7.0	6.8—7.2
氧化还原电位	<−150—200	<−350(中温菌)<−560(高温菌)
最佳生长温度	20—35	30—38,5—55
对毒物的敏感性	一般敏感性	特别敏感

两相处理工艺根据底物水分含量的差异,可以分为几种不同的处理设备,图3-14、图3-15和图3-16列出了几种常用处理设施。

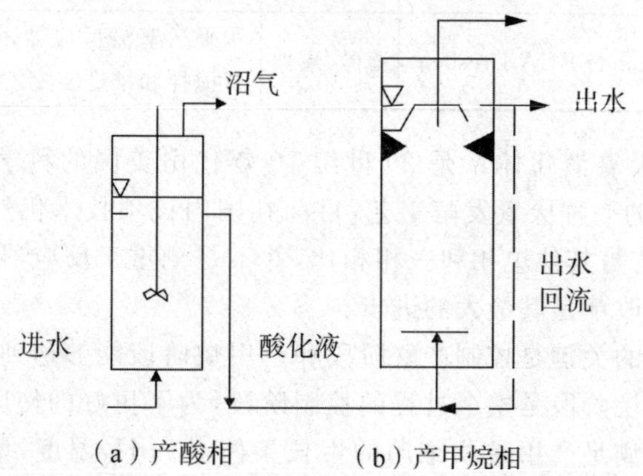

图3-14 处理易于降解的,低悬浮物有机废水两相厌氧工艺

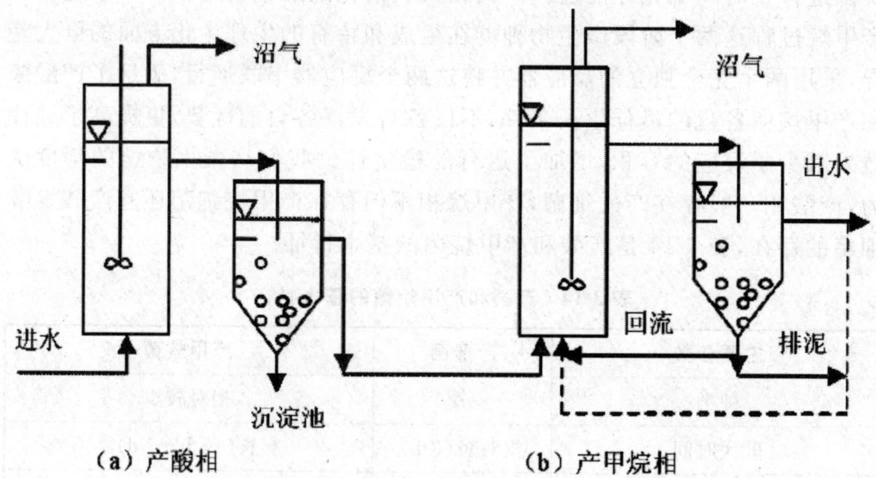

图3-15 处理难降解的,高悬浮物有机废水或者污泥两相厌氧工艺

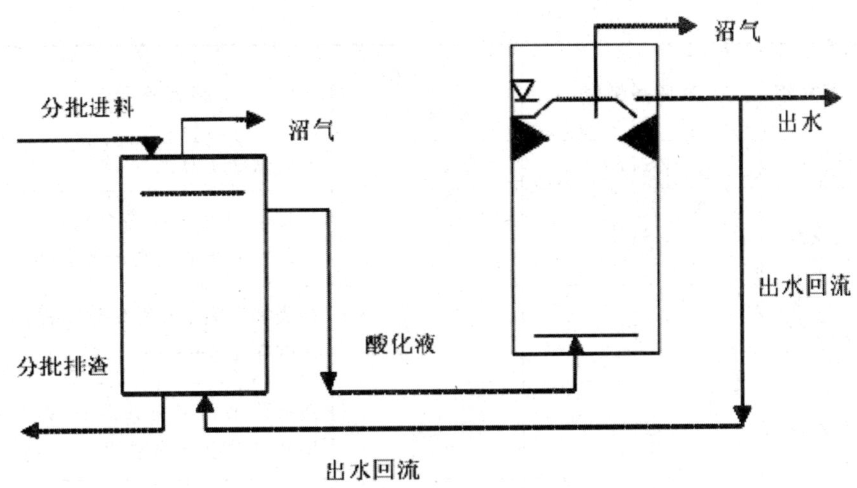

图 3-16 处理固含量高的农业废弃物或者城市垃圾垃圾两相厌氧工艺

(3)大部分采用混合物料共发酵的方式进行厌氧发酵。所谓的共发酵指的是发酵特性互补的几种原料混合在一起作为厌氧发酵的底物进行沼气发酵,这个工艺的一个优点是能够稀释原料中的有毒的成分,增加整个发酵过程的稳定性并能够提高甲烷的产率;现在利用甲烷发酵的原料不外乎有机固体废弃物中的畜禽粪便、农业废弃物如秸秆、城镇的生活污水和一些企业的有机废水。利用这个工艺可以讲原来的营养比例单调、发酵过程稳定性差和生物降解速率偏低,尤其是原料来源受季节性限制的因素解决掉,因此被认为是今后进行厌氧发酵工艺发展的一个重要的方向。利用混合发酵的方法能够产生协同效应,这是因为易生物降解的有机物水解产生的挥发性酸类物质和醇类物质能够明显的促进纤维素和木质素的水解,有机酸的作用相当于酸性预处理所有的原料,在这个过程中同时促进了厌氧产酸菌的生长和繁殖,提高了水解木质纤维素原料的能力。表 3-15 列出了目前常用的共发酵的一些基本工艺特征,供参考。

表 3-15 不同有机固体废弃物共发酵工艺的基本特点

工艺名称	反应器类型	有机负荷(gVS/L/d)	运行特征
单相共发酵	CSTR	3.19—5.01	牛粪与蔬菜残渣好,鸡粪与果蔬产生氨氮抑制
共发酵	厌氧序批式反应器	2.46—2.51	屠宰场废水与污泥及鱼类废弃物与秸秆或蔬菜废弃物

续表

工艺名称	反应器类型	有机负荷(gVS/L/d)	运行特征
共发酵	CSTR	2.5—3.5	共发酵能提高产气
共发酵	CSTR	2—4	添加微量元素提高有机负荷,酵母粉和牛粪提高产气稳定性
共发酵	CSTR	0.4和0.6	猪粪和秸秆、蔬菜废弃物提高产气率1.4—3倍
共发酵	CSTR	1.6	残渣苹果和猪粪共发酵,如苹果超过50%出现酸化
两相	固体反应器+固体床生物膜反应器	0.4—1.1	土豆皮。胡萝卜和苹果渣水解和产甲烷率在80%以上
共发酵	CSTR+倾斜管状消化反应器	4.3—5.7	有机固体污泥和蔬菜水果残渣,达到40%VS
	固体反应器+固体床生物膜反应器	0.5—2.0	两相系统可更好的控制各相条件

上面介绍的无论是哪种厌氧发酵的方式,不可避免的均存在同一个问题,即厌氧消化中间产物的抑制作用。在整个厌氧消化的过程中,不产甲烷菌能够为产甲烷菌提供生长和繁殖的必需基质条件,同时产甲烷菌能够为不产甲烷的菌的生化反应解除反馈抑制作用,从理论上讲是相辅相成的关系,但是在整个厌氧发酵的过程中,中间产物的数量过量或者物质的性质发生变化,系统不可避免的发生了反馈抑制现象。其中在厌氧发酵过程中最为常见的抑制现象主要有两种,一种是挥发性脂肪酸在积累到一定的数量后抑制了产甲烷菌的活性,另一种是丙酸的积累了抑制产甲烷菌的活性。在实践中,物料差异导致的抑制现象差异较大,如在处理容易水解酸化的餐厨垃圾时,水解产酸的速率往往超过产甲烷的速率,产生的有机酸不能被产甲烷菌完全吸收利用,从而导致整个环境的pH迅速下降,从而抑制了水解酸化的继续进行以及产甲烷的能力下降。挥发性脂肪酸中的丙酸含量能够明显的抑制产甲烷菌的活性,因为丙酸的产酸和分解生成乙酸的速率比较慢,这就导致丙酸含量积累过度导致pH严重降低,从而抑制了产甲烷菌的活性,并且因为丙酸产生和积累的原因使得氢分压较高,但是也有部分学者认为pH和ORP是影响丙酸产生和积累的主要原因,氢分压并不起主要

作用。

3.2.4　有机固体废弃物厌氧发酵指标测定方法

1. 碳含量测定方法

重铬酸钾容量法：称取试样 0.100 0－0.150 0 g 或者 0.200 0－0.250 0 g，均匀加入 25 mL 0.8 mol/L 重铬酸钾-浓硫酸溶液，在 200℃±10℃的电热板上加热，沸腾 5 min 后冷却至室温，转入 250 mL 容量瓶中定容。吸取 25 mL 待测溶液加 4 滴邻菲啰啉指示剂，用 0.2 mol/L 的硫酸亚铁标准溶液滴定至紫红色出现，记录硫酸亚铁标准溶液用量，同时做空白试验。

有机碳含量为：$有机碳 = \frac{(V_1 - V_2)\times c \times A \times 0.003}{m} \times 100\%$

其中，V_1—空白试验时使用的硫酸亚铁标准溶液的体积，mL；V_2—测定时使用的硫酸亚铁标准溶液的体积，mL；c—测定及空白试验时，使用的硫酸亚铁标准溶液的浓度，mol/L；A—稀释倍数；0.003—1/4 碳原子的摩尔质量，g/mol；m—称取样品的量，g。

2. 粗纤维测定方法

(1)空坩埚灼烧至恒重(W_0)

将清洗干净的坩埚放入高温电炉中在 550±20℃下灼烧 30 min 后取出，在室温下冷却约 1 min 后移入干燥器冷却 30 min 后称重。再重复一次，两者之间相差小于 0.000 5 g 时达到恒重。

(2)坩埚＋滤纸烘干到恒重(W_1)

在已经烘干的坩埚中放入定量滤纸一张，在 105±2℃烘箱中烘干 6 h 后取出，盖上坩埚盖，干燥其中冷却 0.5 h 后再重复一次烘干，两者质量相差≤0.001 g 达到恒重。

(3)样品称量(W)：

准确称取样品 2 g，精确到 0.000 1 g，放入干净的烧杯中。

(4)酸碱消煮

烧杯置于消煮器上，加上 50 mL 5%硫酸溶液，继续加入蒸馏水至 200 mL 可独处，放好冷凝球立即加热，保证在 2 min 中内液体沸腾，进行酸消煮，整个过程保持 0.5 h，趁热过滤溶液，残渣转移到不锈钢滤网中，利用热的蒸馏水冲洗残渣到中性(pH 试纸测定颜色不发生变化)；将残渣放回原烧杯中，加 50 mL 5%的氢氧化钠溶液，继续加入沸蒸馏水至 200 mL 刻线处，放好冷凝球，立即加热，使其 2 min 内沸腾，进行碱消煮，保持微沸

0.5 h，趁热过滤，将残渣转移至不锈钢滤网上，用热蒸馏水冲洗残渣至中性（PH 试纸测定）。

(5)残渣＋滤液＋坩埚烘干至恒重(W_2)

将上述酸碱消煮过滤到已经恒重的滤纸上，放入处理过的坩埚中，开盖于 105±2℃烘箱中烘干 6h 后取出，盖上坩埚盖，干燥其中冷却 0.5 h 后再重复一次烘干，两者质量相差≤0.001 g 达到恒重。

(6)残渣＋滤纸＋坩埚灼烧至恒重(W_3)

将已烘干至恒重的残渣＋滤纸＋坩埚重复步骤 1。

(7)结果：

$$粗纤维=[(W_2-W_1)-(W_3-W_4)]\times100\%/W$$

3. 粗脂肪测定

(1)称取样品

准确称取 2 g 左右样品，用滤纸包好并用绳扎紧，放入铝盒。

(2)试样＋滤纸包＋铝盒烘干到恒重(W_1)

上述物在铝盒打开盖子放到 105±2℃烘箱中烘干 6 h 取出盖好盖子，干燥其中冷却 0.5 h，称重；上述同样烘干 1 h 冷却称重。

(3)乙醚浸提

将恒重的滤纸包在索氏脂肪提取器中用乙醚提取试样。

(4)称重

浸提后，试样＋滤纸包＋铝盒再次烘干到恒重(W_2)，取出滤纸包，放回相应的铝盒中，室温通风乙醚挥发，烘干称重。

(5)结果

$$粗脂肪=(W_1-W_2)\times100\%/W$$

4. 粗蛋白测定

(1)样品处理

固体样品，应在 105℃±2℃烘箱中烘干 6 h 干燥至恒重。液体样品可直接吸取一定量，也可经适当稀释后，吸取一定量进行测定，使每一样品的含氮量在 0.2－1.0 mg 范围内。

(2)消化

取 50 mg 样品，于 100 mL 干燥的凯氏烧瓶内。加入 1 g 混合催化剂，再加入 5 mL 浓硫酸（小心腐蚀）。摇匀后，将凯氏烧瓶放在通风厨中，用电炉加热消化。先以文火加热 15 min 左右，避免泡沫飞溅，不能让泡沫上升到瓶颈，待泡沫停止发生后，适当加强火力，保持瓶内液体沸腾，直至消化液透明，并呈淡绿色为止（此时应无浓烟产生）。为保证消化彻底，再继续加热

10 min。消化完毕，取出消化瓶（瓶壁可能有腐蚀性物质，切勿用手直接接触）冷却至40℃—50℃，加水10 mL，趁热转入50 mL容量瓶中，加水稀释至刻度，混匀后准备蒸馏。

另取凯氏瓶一个，不加样品，其他操作相同，作为空白试验，用以测定试剂中可能含有的微量含氮物质，以对样品进行校正。

（3）蒸馏

①凯氏定氮蒸馏装置的洗涤：微量凯氏蒸馏装置洗涤（先用水蒸气洗涤）干净。

②加样：吸取5 mL稀释的消化液，置于蒸馏装置的反应室中，加入10 mL 40％氢氧化钠溶液，将玻璃塞塞紧，于漏斗中加一些蒸馏水，作为水封。

取一个三角瓶，加入10 mL硼酸指示剂混合液，置于冷凝管之下口，冷凝管口应浸没在硼酸液面之下，以保证氨的吸收。

③蒸馏。蒸汽发生器中盛有几滴硫酸酸化的蒸馏水，加热水蒸汽发生器，沸腾后，夹紧夹子，凯氏蒸馏。三角瓶中的硼酸指示剂混合液，吸收蒸馏出的氨，由紫红色变为绿色。自变色起计时，蒸馏3－5 min，让硼酸液面离开冷凝管口约1 cm，再蒸1—2 min以冲洗冷凝管口。空白试验按同样操作进行。

（4）滴定

样品和空白均蒸馏完毕后，用0.01 m标准盐酸滴定，至硼酸指示剂混合液由绿色变回淡紫色（此颜色要比硼酸指示剂混合液原液的颜色浅的多），即为滴定终点。

（5）计算

$$X=[(V1-V2)\times C\times 0.014\times 6.25\times 1000]/m$$

式中：X—样品蛋白质含量（g/100g）；V1—样品滴定消耗盐酸标准溶液体积（mL）；V2—空白滴定消耗盐酸标准溶液体积（mL）；C—盐酸标准滴定溶液（mol/L）；m—样品质量（g）；0.014—1.0 mL盐酸[c(HCl)＝1.000 mol/L]标准滴定溶液相当的氮质量（g）

5. OD测定方法及步骤

①分别吸取3 mL蒸馏水（作空白）或混合均匀的水样（或发酵料液用蒸馏水经适当的稀释后，取稀释后水样在6 000 r/min离心10 min后的上层清液）置于已清洗干净的反应管中。

②每支反应管内加入掩蔽剂1 mL（或补加硫酸汞以使硫酸汞与氯离子的重量比为10∶1，但要保持最后待测溶液总体积与标定时的总体积相同）。

③每支反应管内加入专用氧化剂 1 mL。

④每支反应管内加入专用催化剂 5 mL,具塞摇匀。

⑤将反应管依次插入炉孔,待温度降低后再升温到 165℃后进行消解 10 min。

⑥取出反应管至试管架自然冷却 2 min 再水冷至室温。

⑦使用 100—1 200 mg/L 标准曲线测样,消解后向反应管内加 2 mL 蒸馏水(若加入的掩蔽剂超过 1 mL,应相应减少蒸馏水加入量,两者加入量之和应为 3 mL),并具塞摇匀后测量,如有沉淀,应静置后取上层清液待测。

⑧在 610 nm 下用比色方法测定出实际水样的吸光度。

整个厌氧发酵的发酵液经适当的稀释测出吸光度值后,按回归方程计算出稀释样品的 COD 值,乘以稀释倍数后即得发酵液的 COD 值。

6. 甲烷含量的测定方法

因为沼气是一种可燃性气体混合物,主要成分是 CH_4 和 CO_2,另外还有少量的 H_2S、CO、H_2 和部分氨气。一般可以采用气相色谱仪(6890 型)测定气体的成分,采用纯的 CH_4 和 CO_2 保留时间对照未知样品进行定性,采用的测定方法是经过长期实验获得相对成熟的技术,具体步骤如下:

①色谱柱:19095p-U04(length,30meters;ID,0. 53mm;Film,20 μm)。

②柱温:采用程序升温法,70℃持续 2 min,以 15℃/min 的速度增长 2 min,整个时间共 4 min。

③气化室温度为 180℃,载氢气的压力为 4. 91 psi,流速为 10 mL/min。

④TCD 检测器的温度为 250℃,载氢气的流速为 7 mL/min。

7. 挥发性脂肪酸含量测定方法

使用色谱仪的氢火焰检测器测定 VFA 的含量,基本原理是色谱柱分离后溜出的物质被载气载入检测器离子室的喷射口,与燃烧气体氢气混合,以空气助燃进行燃烧,能够将组分电离成离子数目相等的正离子和负离子,在离子室内装有收集极和底电极,因此离子在电场内做定向流动,从而形成粒子流,该粒子流被收集极收集后,经过微电流放大输送给记录仪得到信号,此信号的大小能够代表单位时间内进入检测器火焰的含量,具体流程如下:

①样品预处理。取沼气发酵液 5. 8 g 加入 1 滴 6 mol/L 硫酸调节 pH 值 3. 5 左右,以 12 000 r/min 离心 20 min,移液器取上清 1. 4 mL,加入 0. 07 mL 浓甲酸,最终 pH 值为 2. 0 左右。

②实验参数。选用FID检测器，INNOWAX型毛细管柱，色谱条件为：

色谱柱：IINNOWAX (length，30meters；ID，0.25mm；Film，25 μm)。

柱温：采用程序升温法，60℃持续3 min，以15℃/min的速度增长4 min，整个时间共7 min。

气化室温度为220℃，载氮气的流速为10 mL/min。

FID检测器的温度为280℃，载氮气的流速为7 mL/min。

③定性与定量测定。

定性：配制模拟标准样品，用已知物质的保留时间对照被测物质的保留时间进行定性。

定量：采用外标法进行定量分析。

3.3 资源化应用——堆肥化

在上面的章节中介绍了有机固体废弃物好氧和厌氧发酵的原理，本节重点介绍资源化应用技术之一——堆肥化。

堆肥是目前处理有机固体废弃物的一种常用方法，根据整个过程中是否需要氧气分为好氧发酵处理和厌氧发酵处理，无论哪种处理有机固体废弃物的方法，都可以实现有机固体废弃物的资源化应用，并对循环农业的发展和生态农业的促进有很大的经济效益和社会效益。下面重点介绍好氧发酵堆肥的工艺，对厌氧发酵堆肥做初步介绍。

好氧发酵堆肥是固体有机废弃物中的有机质成分借助好氧微生物的分解进行的，可溶性的有机物透过微生物的细胞壁及细胞膜从而被微生物分解利用，不溶性的胶状有机物先附着在体外，由微生物分泌的胞外酶分解为可溶性物质再被利用，微生物通过氧化、还原和合成自身生命活动需要的物质，将吸收的物质氧化分解为简单有机物为微生物的生长繁殖提供能力和营养物质，同时将一部分有机物转化为大分子物质用于细胞质合成的物质，为细胞增殖提供物质基础，下图是好氧发酵的基本过程。

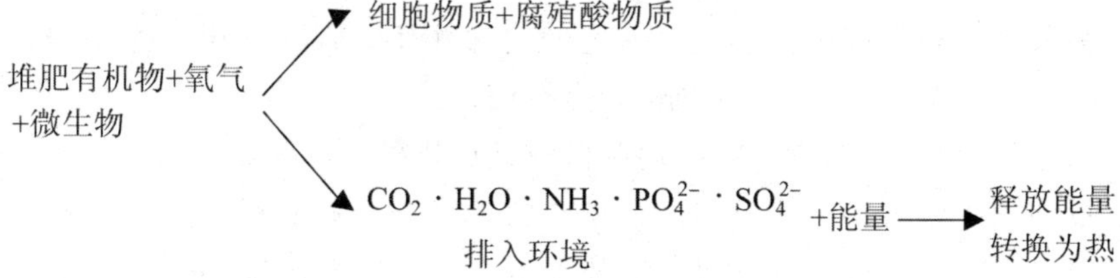

3.3.1 好氧发酵的工艺和分类

现代好氧堆肥的生产，一般由前处理（预处理）、主发酵（一次发酵或者初级发酵）、后腐熟（后发酵或者称为二次发酵或次级发酵）、后处理、脱臭及包装储藏等工序组成。

1.前处理

现在获得的有机固体废弃物中，各种来源的原料存在大量的杂质，在机械化作业时往往对设备造成很大的损害，使得整个发酵仓或者发酵池的容积受到很大限制，并且由于很多物质的存在不能使得堆肥过程中达不到合适的温度，影响堆肥过程中的无害化要求，对获得的产品商业化造成不利，因此在堆肥前需要进行前处理。这个过程主要包括利用粉碎机进行破碎，分选等方法除去粗大的垃圾和不能降解的物质比如沙子、石块、铁片和塑料等不能降解和利用的物质，并且在这个处理过程中，使堆肥的物料粒度和含水量达到一定的均匀化。这个过程中颗粒变小，物料的表面积能够大幅增加，微生物与物料的接触面积增大有利于微生物的生长繁殖，可以促进发酵过程的进行。但是粉碎的过程颗粒度不能太小都则孔隙度和透气性将降低，不能利用外界氧气的通入。现在根据实践经验认为，颗粒的粒径在12 mm—16 mm 之间是较好的理化指标，如果在处理畜禽粪便和污泥是，因为其含水量较高，因此需要采用外加碳源调节水分含量和C/N，在一些情况下如果工业化生产有机肥，需要添加外源的菌种和一定的酶制剂促进发酵的进程正常进行。

在前处理过程中，为了降低物料的水分，调节合适的 C/N 的比值，常用的方法是添加有机调理剂和一定的膨胀剂。调理剂指的是能够加进整个堆肥物料的干物料，减少单位体积的重量，在这个过程中增加物料与空气的接触面积，利用物料的溶氧过程，也在这个过程中增加了物料的有机物含量。现在常用的调理剂主要是选用干燥、比重低和易分解的物质，常用的木屑、花生壳、稻壳、蘑菇棒、秸秆等，加入到物料后能够保证物料与空气充分接触，并能靠着粒子间的接触起到一定的支撑作用。现在常用的膨胀剂是干的木屑、花生壳、厂矿成粒状的轮胎也有使用。

经过前处理后的物料需要运载机将其运送到发酵区域堆成条剁进行一次发酵，这个过程的主要目的是在微生物的作用下将有机固体废弃物中易分解的物质进行发酵，同时也是物料去水的一个重要过程，能够将混合物料的含水率降低大约 20%左右，这个过程的温度变化在前面已经提到，在实践过程中，需要随时观察堆肥温度的变化，从中温进入高温后需要及时翻堆,保证氧气的供应和温度不能过高,该阶段一般持续 7－10 天左右的时间。

这个过程中需要通风常用的方式是定期翻堆、强制通风(通风量的计算根据前面提到的公式设计电机功率)或者两者结合使用。整个堆体温度一旦突破 55℃后表明堆肥进入高温阶段,这个阶段需要增加堆体翻抛的次数,有效控制温度,不能过高。

目前常用的条剁系统中使用到的翻抛设备主要有:斗式装载机或者大型的推土机、跨式翻堆机和侧式翻抛机三种类型。这些设备的使用可以根据发酵堆肥的规模程度选用。一般情况下大规模的发酵堆肥需要用到垮式翻抛机或者侧式翻抛机,垮式的对于条剁较小的适用,不用牵引机械,堆肥的占地面积相对较小,侧式翻堆机需要在拖拉机的牵引下进行,容易损坏。对于年产不过 1 000 t 的堆肥场而言,最合适的直接用推土机翻抛即可。现在大型的生物有机肥加工企业,为了扩大规模和获得商品性有机肥,常采用垮式翻堆机设备。

现在,国内的企业对于好氧堆肥生产有机肥的方法主要有:条剁式堆肥、仓式堆肥和好养动态堆肥工艺。因为仓式堆肥发酵需要的条件和投资较大,因此国内大部分企业选择的是条剁式堆肥工艺和动态好氧堆肥工艺。

2. 条剁堆肥工艺的方法

在整个堆肥的过程中,根据通风供氧的方式分为静态堆肥和翻堆堆肥两大类,每个企业根据生产时间和备料的不同,可以选择不同的方法。

(1)静态堆肥

现在典型的条剁式静态堆肥技术也即快速好氧堆肥技术,经过前处理的有机固体废弃物堆置在经过硬化的地面和通风管道之上,外部氧气经过自然复氧、强制通风保证整个发酵过程中所需要的氧气,一般情况下,采用该种堆肥方式,整个堆体的高度不宜超过 30 cm,能够充分减少臭味的形成和保证堆体内部较高的温度,发酵周期在 14—20 天即可完成。

(2)翻堆堆肥

这个方法在国外用于处理废弃物比较多,采用的是机械对非的手段使得堆肥物料与空气能够充分接触来补足需要的氧气。典型工艺为利用输送机将前处理后的有机固体废弃物堆积成一定的堆体,在堆置之前需要调节好 C/N 的比值,在整个堆肥的过程中,中间温度可以达到 75℃,通过机械翻抛的方式进行降温和氧气补充,一般翻抛周期为每周 2－3 次,整个堆肥周期需要 6—8 周左右可完成发酵。

(3)仓式堆肥工艺

前处理后的物料,经过传送带的输送后由物料仓转到一次发酵舱内均匀布料，一般一次发酵仓采用的大多是矩形仓式结构，由仓顶或者侧面进料，另一侧装置装载机进出的密封门，在底部设置供风管道进行强制通风，保证整个发酵过程中氧的充足供应，在仓的上面利用抽风管将一次发酵的仓内气体抽出后经过排臭处理后排放；另外在仓底设置水管道用于收集渗滤液，如果物料在发酵过程中水分含量降低过快，可将上述滤液回喷到发酵堆体，这个工艺一次发酵周期大约在10天，二次发酵时间在20天左右能够完成。

(4)Metro-Waste 工艺

这个工艺又称为圆筒仓式沤肥技术，因为该工艺结合了机械好氧堆肥及翻堆堆肥两种工艺的优点，空气可以通过底部设置的穿孔从发酵仓的底部强行进入堆体内，在仓的上面依靠搅拌装置对堆体翻堆供氧，整个物料在仓内停留时间大约6天，这个工艺的优点是通气阻力小，堆肥物压实现象小，发酵周期明显缩短，一般3—6天即可完成。这种工艺的缺点是一次性处理的物料相对较少，餐厨垃圾等可采用该方法。

3. 动态好氧发酵

动态好氧发酵目前根据工厂化生产的方式分为下面几种。

(1)连续式动态好氧发酵工艺

该工艺在物料前处理后，利用机械将物料输送到发酵反应器内，这个反应器是滚筒式，在整个发酵的过程中缓慢旋转，所有的物料在转筒内不断翻滚搅拌和混合，并逐步向筒的下方移动，最后排出筒外，新鲜空气通过鼓风机的作用从整个生物反应器(转筒尾部)进入，与整个的反应内物料的出口逆向流动，尾部物料通过滚筒筛分后进入二次发酵车间进一步腐熟，此时底部可以通空气或者采用专用的翻堆设备进行翻堆，大约40天左右的生物降解时间能够完全腐熟，经铲车运送到料斗，皮带输送到筛分区筛分后可做成粉状有机肥。

(2)间歇式动态好氧发酵工艺

该发酵工艺是对物料一批批进行发酵，特点是分层均匀进料，一次发酵仓底部每天出料一批，顶部每天进料一批，分层发酵。这种工艺极大缩短了发酵的周期，所需要的发酵仓量也明显减少，但是操作起来比较复杂，处理的规模一般较小。

(3)好氧和厌氧结合发酵工艺

这个发酵方式是将好氧发酵作为厌氧发酵的前处理方式进行的，高温好氧堆肥的过程提高厌氧发酵的效率，获得较高的产气量并且脱硫型更好。但是这个发酵方式是基于高温短期发酵后进行厌氧发酵，在厌氧发酵的过程中可以获得相对较少的病原菌。

(4)搅拌翻堆条剁式发酵工艺

前面提到条剁堆肥的工艺,如果有 N 多条剁平行排列,在大规模的有机肥生产公司,将对剁的翻动采用可移动的翻抛设备进行,一般条剁堆置为长方形,这个方式可以对所有的有机固体废弃物进行堆肥化处理,条剁采用了机械化使得整个发酵的效率明显提高,并且这个工艺生产效率高,占地相对较少。如果物料的湿度比较大,在采用条剁式堆肥的过程中,需要掺入干燥的回流堆肥产物,掺入量一般控制在 50%－60%之间,并且掺入量整个堆肥的水分含量低于 60%,能够保持相对稳定的条剁形状,同时改善通气性,如果当地有合适的其他废弃物如木屑、稻壳、蘑菇棒等均可添加。

(5)强制通风发酵工艺

这种工艺是适用于大剁并且不翻堆的条件下,通风是通过机械抽风的方式使空气渗透到整个堆肥的物料内部,这个工艺不采用回流物料而是直接添加膨胀剂实现。在这个过程中,抽出的风需要首先通过过滤池去掉臭气。为了节约成本,发酵完成后的物料中的木屑干化后重新利用,去除木屑可以通过振动筛的方式达到这一目的。

3.3.2　好氧发酵常用设备

1. 前处理需要的设备

在整个好氧发酵堆肥的过程中,需要各种设备。物料的粗分选可以采用旋转筛、振动筛分机、干燥型比重风选机、多级比重分选机、半湿式分选破碎机、风选机、磁选机和铝选机等等。

旋转筛广泛应用于各种大粒度物料的粗分选,能够广泛将物料按照不同粒度进行分级,从而提高堆肥物料的比例,在这个过程中最大的问题由于物料湿重或者大小不均导致筛网容易堵塞,清筛比较困难。

振动筛的原理是利用不平衡重块的激振使得整个振箱振动的筛分机,筛网的构造可以采用由筛孔或者筛条或者筛杆组成,结构简单,生产能力比较大,可以作为有机固体废弃物粗筛。振动筛与旋转筛存在同样的问题,筛网易堵塞并且清理比较困难。

圆盘筛分机也被称为滚动筛,筛面有很多个圆盘的转轴合拼而成,该筛所需要的动力比较小。

干燥型比重风选机主要用于除去有机固体废弃物的密度大的物体,比如玻璃、石块等。

半湿式分选破碎机的原理是利用加水增加各种物料的脆性的差别同时破碎和分选,大部分有机固体废弃物的含水量一般超过 60%,比如畜禽粪便、城市污泥和蔬菜残果等，这些不需要加水处理；但是如农作物废弃物有时候需要加水。

风选机也是常用的设备，主要用于除去塑料和纸片等，通过福利不同进行分选，设备需要空气压缩机和供风装置将空气送入旋风分离器中，根据物料的差异选择不同的风力。

表 3-16 是预处理设备及主要的分选物。

表 3-16　预处理设备及主要的分选物

预处理设备	主要分选物
旋转筛分机	对有机物、炉渣、塑料、尼龙、木头纤维和纸都有作用
振动筛分机	
圆盘筛分级	
比重筛分机	能够堆肥的物质、比较轻的物质和金属等
半湿式分选破碎机	对可以用于堆肥的物料、不可燃烧的物料、纸类和重金属有明显作用
风选机	

破碎机是在有机固体废弃物堆肥前处理时常用的设备。在有机固体废弃物处理过程中，常用到破碎，所谓的破碎是利用机械方法或者非机械方法将固体废弃物内部的内聚力克服从而使大块固体废弃物分裂成小块的过程；有时候用到磨碎，使小块固体废物颗粒分裂成细粉的过程。上述操作都是为了使固体废物的体积减小，便于储存和运输，使固体表面积增加，从而提高发酵的速度。目前应用范围比较广泛的是机械破碎，根据原理不同分为压碎、劈碎、折断、磨碎及冲击波破碎等方法。工业化生产中，常用的破碎机类型有颚式破碎机、锤式破碎机、冲击破碎机、剪切式破碎机、辊式破碎机及球磨机等；尤其是常温破碎机可分为剪切式破碎机和撞击/剪切旋转破碎机，根据不同物料选择恰当的破碎机。剪切式破碎机主要用于破碎纤维物料、塑料和轮胎等，但是对重金属和水泥等不适用；撞击/剪切旋转破碎机的原理是通过高速旋转的轴和固定在箱体上的撞击杆和板的作用实现的，在旋转轴上一般都有锤头，具备了剪切和撞击破碎的功能，对一些脆性的物质比如煤、金属和水泥块等比较有效。在整个前处理过程中，还需要调节和混合设备，通过这些设备可以将堆肥物料有机质含量、水分、空隙和合适的C/N比调节到最佳状态，这些设备一般采用双螺旋赶搅拌机或者圆盘给料机，一般分为固定调节设备和旋转调节设备。下面将不同破碎机的构造做一介绍。

(1)常用的颚式破碎机

现在常用的颚式破碎机有两种，一种是简单式，另一种是复杂式。前者主要有机架、工作机械、传动机构和保险装置构成。皮带轮能够带动偏心轴旋转，使得偏心顶点牵动连杆上下运动，使得前后推力板能够做舒张和收缩，动鄂就在固定鄂周围连续运动，靠近时对腔内物料进行压碎、劈碎和折断，物料在动鄂后退时下落，该机械装置一般设置一个质量比较大的飞轮能够贮存能量，在工作形成中释放。复杂的摆动颚式破碎机仅比简单的少了一根动鄂的偏心轴，动鄂直接与连杆合为一个部件，肘板也减少到只有一块，从而动作更为简单紧凑，不仅能够上下摆动，同时在垂直方向上也能运动，复杂的鄂式破碎机能够将物料破碎的更细，工作能力在规格相同时能提高 20%—30%。如图 3-17 所示。

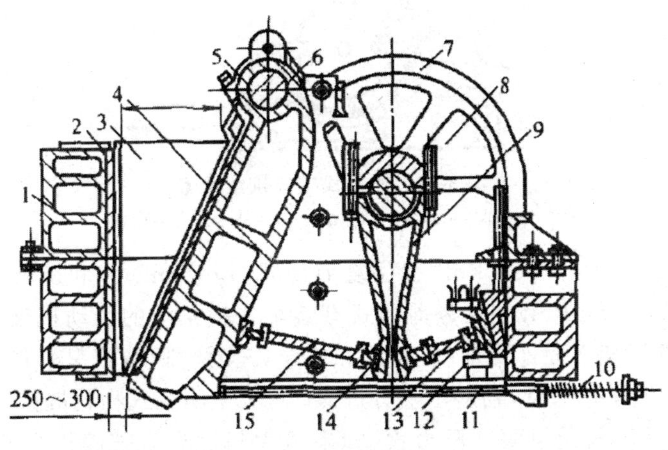

图 3-17　鄂式破碎机结构图

1—机架；2—固定额；3—侧面衬板；4—破碎齿板；5—动鄂；6—心轴；7—飞轮；8—偏心轴；9—连杆；10—弹簧；11—拉杆；12—楔块；13—后推力板；14—肘板支座；15—前推力板

复杂的鄂式破碎机主要有：机架、动鄂、固定额板、破碎齿、偏心轴、轴孔、飞轮、肘板、楔块、水平拉杆和弹簧组成。

(2)冲击式破碎机

主要类型有 Universa 和 Hazemag 型两种类型。其中 Universa 型板锤有两个，利用一般的楔块或者液压装置固定在转子的槽内，冲击板采用弹簧作为支撑，有一组 10 个作呕的钢条组成，冲击板的下面是研磨板，后面有晒条，可以起到破碎与筛分的功能，该类型对要求破碎粒度在 40 mm 时仅靠冲击板就可以做到，将研磨板和晒条拆除就可，当需要的粒度在 20 mm 就需要装上研磨板。实际工作中，有很多时候物料比较轻或者比较柔软，这是需要冲击板、研磨板和筛条都要装上，图 3-18 是 Universa 型结构。(3)剪切式破碎机

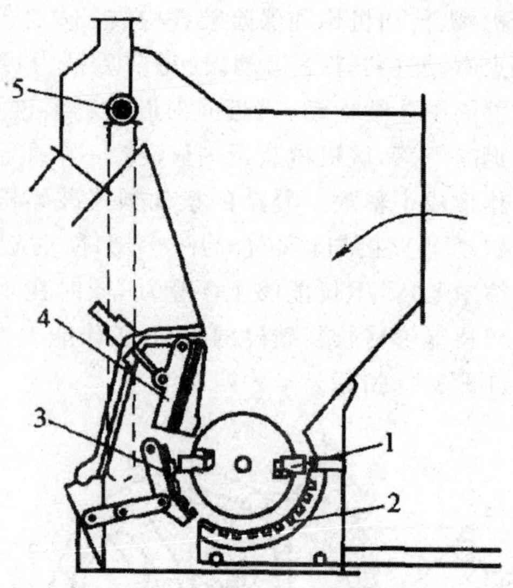

图 3-18 冲击式破碎机结构图

1—板锤；2—晒条；3—研磨机；4—冲击板；5—链幕

该设备类型有 Von Roll 型往复剪切式、Linclemann 和旋转剪切式破碎机。其中 Von Roll 型往复剪切式有装配在横梁上的可动机架和固定框架构成，在框架下面连着轴，往复刀和固定刀交错排列，当呈开口状态时往复刀和固定刀呈 V 型，物料由上方进入，当 V 型闭合式物料被挤压破碎，该设备驱动速度较慢但驱动压力大，如果阻力超过最大破碎机自然开启，图 3-19 是该设备图。

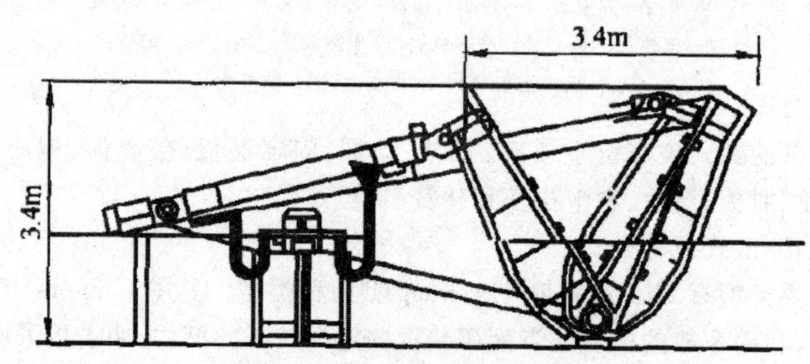

图 3-19 剪切式破碎机结构图

另外，还有辊式破碎机和湿式破碎机，如图 3-20 所示。

在生产中，需要选择合适规格的破碎机保证生产的正常进行，表 3-17 所示。

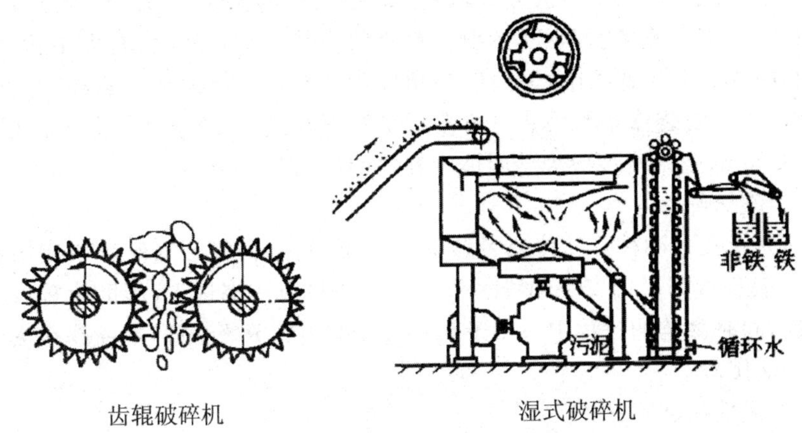

图 3-20　辊式和湿式破碎机结构简图

表 3-17　辊式破碎机主要技术规格

型号	破碎物料	最大进料尺寸/mm	出料粒度/mm	生产率/t/h	转衮转速/r/min	电机功率/kW
2PG600×400	中硬物料	36	2—9	4—15	120	2×11
2PG750×500	中硬物料	40	2—10	3.4—17	50	28
2PG630×300	砂岩长石	10—25	0—10	2—8	80	15
2PG670×400	中硬脆料	85	12—40	12—40	75	28
2PGC450×500	中硬物料	100	25	25	64	8
		200	50	35	64	8
		200	75	45	64	11
		200	100	55	64	11
PGC550×600	低硬物料	200	≤25	12	60	20

2. 筛分设备

在有机固体废弃物处理发酵制作有机肥的工程中，利用筛分设备主要是将不能满足有机肥标注的物料筛分分离出来，通常利用筛子将物料中小于筛孔的细物料透过筛面，大于筛孔的粗物料留在筛子上面，通过这个过程能完成粗、细物料分离的过程，在有机肥生产过程中，常常根据工艺的不同需要设置 3—4 层筛子才能达到目标要求。

(1)固定筛

筛面排列很多平行晒条，结构简单，不耗动力，设备费用低和维修方便，可采用水平或者倾斜安装的方式，在有机固体废弃物处理中常被广泛应用，固定筛有格筛和棒条筛两种，在物料粉碎前安装格筛，保证物料大小适度，粗碎和中碎后采用棒条筛，一般安装角度为 30°—35°保证废物能够沿着筛面下滑下来，安装棒条的尺寸一般需要是筛下粒度的 1.1—1.2 倍，筛孔不小于 20 mm，筛条宽度应大于固体废弃物的最大 2.5 倍。

(2)滚筒筛

筛面带孔的圆柱形筒体或者截头为圆锥筒体，圆筒形安装轴线应倾斜 3°—5°，截头形可采用安装轴线水平方式。物料由一端进入，借助旋转力向前推进，同时翻腾的过程中将小于筛孔尺寸的细粒分级透筛，所需物料逐渐从另一端排出。

(3)惯性振动筛

该振动筛是通过主轴配重轮上的重块在旋转时产生的离心惯性力导致筛箱发生振动的一种筛子，适用于 0.1—0.15 mm 细粒废物的筛分，对潮湿黏性废物筛分效果也比较好。

(4)共振筛

利用连杆上装有的弹簧曲柄连杆机构驱动，使筛子在共振条件下进行筛分，该设备处理能力大，筛分的效率高和耗电少及结构紧凑，适用于中细粒，还可以用于废物的脱水、脱重介质和脱泥筛分。

除上述提到的筛分机外，还有重选设备、风选设备、电选设备、浮选设备和磁选设备，这些设备在处理含有特殊物料时有较大作用，在此不一一介绍。

3.脱水和浓缩设备

在有机固体废弃物中，有些物料往往含有较高的水分，比如城市污泥、畜禽粪便和一些生活垃圾含水率往往超过 70%及以上，因此需要脱水设备对其脱水减容，便于运输和后期好氧发酵堆肥使用，常见的固体废物脱水设备分为机械脱水设备和自然干化脱水设备。

(1)机械脱水设备

包括机械过滤脱水设备和离心脱水设备。目前广泛使用的是真空抽滤脱水机，覆盖滤布的转鼓部分浸没在含水率较高的固体废物中，整个转鼓分为若干的小室，在主轴附近通过分配头依次与真空系统和压缩空气系统相连接，在转鼓旋转的一个周期内，浸入固体废物的小室这时与真空系统相连接，实现水分的吸滤，水分通过过滤进入小室后排出机外，固体的高含固形物均匀形成滤饼，整个小室在脱离槽后继续运行一段后仍然处于负压的作用下继续保持脱水，当转动到一定部位后通过分配头的作用，小室与真空脱离并与负压系统连接，整个固形物由卸料机构刮下落入料斗或者被传送带带走，整个机械进入下一步循环。这种机械能够连续操作并且效率较高，便于维护并且适合于各种高含水的物质如污泥、畜禽粪便等，通过脱水后整个物料的含水率低于 75%，但该设备的缺点是附属物较多，运行费用比较高，并且建筑面积一般较大，不利于清洁，在一定程度上能够影响到效率。脱水设备图如图 3-21 所示。

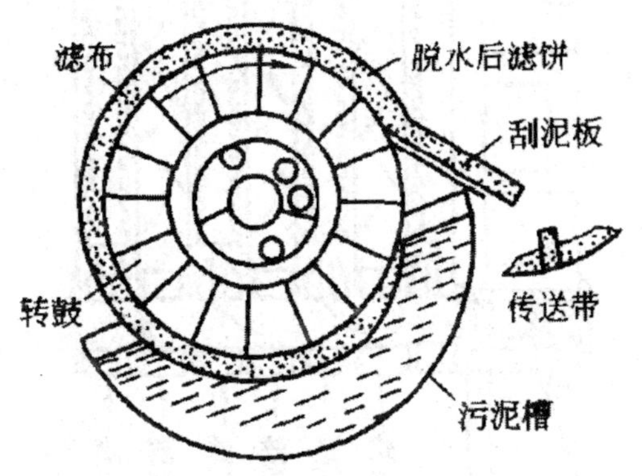

图 3-21　脱水设备示意图

该设备有转鼓、污泥槽、分配头、卸料机构、转动装置、真空系统和压缩空气系统组成。

(2)板框压滤机

该型设备在很多含水率较高的固体废物处理中常用，结构简单，由滤板和滤框相间排列而成。整个滤框的两侧使用滤布包夹在中间，两端用夹板固定，整个板与框均有槽和孔相连接，在过滤时用泵将含水率高的物质通过导管压入机内，在各个滤框空间，滤液可以通过滤布沿着滤板沟槽汇集到排液管中排除，固形物留在框内，过滤结束制药松开板框就可将固形物泻出，现在常用的压滤机主要是自动板框压滤机。这种设备结构简单并且容易制造，能够适用于各种含水率高的物质进行脱水，整个操作可实现自动化，并且生成的固形物含水率比较低，在生产中得到了广泛的应用，如图 3-22 所示。

(3)滚压带式脱水机

这个设备由上下两组同向运动的传动滤布组成，整个泥浆由双带之间通过，通过上下压辊挤压后滤液通过滤布排除，这种设备结构简单，运行动力消耗少并可实现连续操作，生产能力大，占地小，适用于利用设备不能脱水的各种物质，但是通过该设备处理后固形物含水率仍然较高，需要继续再通过脱水的作用才更有效更实用，如图 3-23 所示。

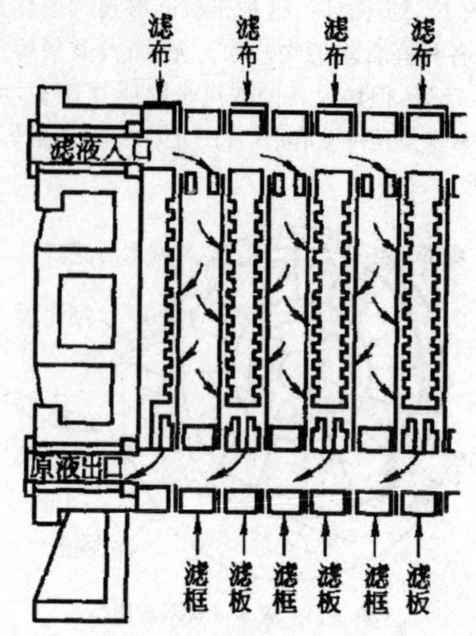

图 3-22 板框压滤机示意图

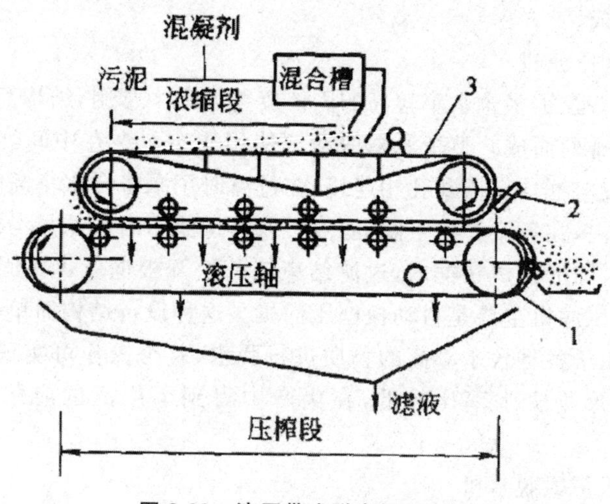

图 3-23 滚压带式脱水机示意图

1—滤布;2—刮刀;3—金属丝网

(4)离心脱水设备

最为常用的是圆筒形离心机,该设备主要由螺旋输送器、转筒、空心转轴、罩盖和驱动装置组成,整个固体废物从空心转轴的分配孔输入离心机,利用高速旋转产生的离心力使固形物和水分离开,设备的螺旋输送器和转筒由驱动装置带动,两者旋转方向抑制,变速箱控制输送器速度较转筒速度稍慢，便于螺旋输送器能够缓慢将固体物质由转筒一段(细口)排除，滤液从转筒另一端溢流排除，整个设备简单，能够实现连续脱水和声场，并且可实现自动化，对于各种高含水的固形物都可以适用，该设备的一个缺点是能耗较高并且分离出的滤液固形物含量比较高，易造成一定的损失。

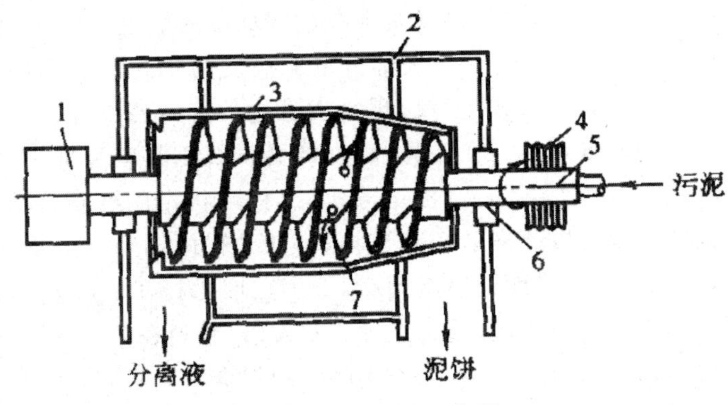

图 3-24 离心机示意图

1—变速箱；2—罩盖；3—转筒；4—驱动轮；5—空心轴；6—轴承；7—螺旋输送器

自然脱水后，大部分固体废物能够获得满意的含水量，但是部分物质因为设备和本身的原因，含水量仍然比较高，因此还需要通过浓缩设备将继续浓缩脱水，现在常用的浓缩方法主要有：重力浓缩法、气浮浓缩法和离心浓缩法三种。

通过上述的作用，能够对有机固体废弃物完成脱水、破碎和调匀的作用，可以进入下一步的发酵过程。

4. 堆肥和发酵设备

前面已经说明，堆肥化就是在控制一定的条件下通过生物的作用将来源于本身有生物产生的有机固体废弃物分解为比较稳定地腐殖质的过程。整个有机固体废弃物经过处理后本身的体积能够减少50%—70%，起到了一定的减容作用，现在堆肥分为好氧堆肥和厌氧堆肥两种方法，但是根据现代堆肥工业的不断发展，尤其是大量的有机固体废弃物的产生，要使得快速无害化和资源化利用，尤其是工厂化生产堆肥的要求，为了节约成本和快速实现商业化，大部分都选择了好氧堆肥发酵的工艺。

整个好氧堆肥发酵需要的设备主要包括前处理设备、进料和出料设备、发酵设备、后处理设备、脱臭设备及包装和贮存设备，在上述所有设备中，发酵设备至关重要，现在对于发酵设备的类型，常用的有游泳池型发酵设备、卧式回转筒式发酵设备、立式发酵设备和水压式沼气池，下面介绍目前常用的发酵设备，各个有机肥生产厂家可根据自己需要及爱好选择合适的发酵设备。

(1)游泳池型

这种设备一般两侧宽2—3 m,长度20 m左右,深2 m的细长游泳池型的发酵设备,现在工业也有大的,宽度达到9 m,长度90 m,深度2 m,也成为深槽发酵,这种发酵需要的供气是由在仓底预留的空隙供入,整个发酵物料在仓内的高度在1—2 m,但是大部分堆肥高度为1.5 m左右,大规模生产时往往采用多排并联方式进行。现在发酵仓的形式各种各样,差异在于搅拌发酵物料的翻堆形式存在差异,现在的翻堆机都具有翻堆和运送物料的作用,常见的使用最多的是链板运输机,链板环状相连组成翻堆机,在各个链板上都装有刮刀以此来运送和挖物料,在藏得两侧装有滚动的可以移动的小车,操作的过程中使运输机倾斜,每次翻堆物料在2 m左右,翻抛的次数根据发酵指标进行确定,通过这种方式发酵,物料在7—10天就可完成第一次发酵,达到无害化。设备上使用的电缆根据空间不同,采用不同的方式,有的采用悬空结构,在仓房上部架设滑轮结构,电缆在上来回滑动,也有的是在槽的一边架设滑轮,电缆缠绕在浮着在翻堆机上的带状轮上面,通过电机带动自由收缩。图3-25是游泳池型翻抛机示意图。

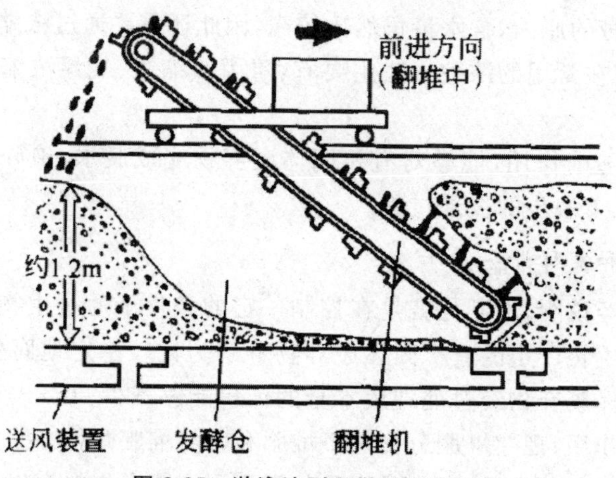

图3-25　游泳池型翻抛机示意图

(2)卧式回转筒发酵设备

这种设备采用圆筒发酵,有达诺式,单元式和双层圆筒式等多种样式,最常见的就是达诺式结构,加料斗经过底部板式给料机和皮带输送机送到低速旋转的回转窑发酵仓,整个物料仓内通风、混合、破碎和发酵　起进行,依靠微生物分解释放的热源保持发酵仓内温度在60℃—70℃,整个发酵过程在3—5天就可将对非排除舱外完成一次发酵,然后利用振动筛分筛后进入二次发酵进程。目前该设备的一个重要缺点是需要的运转费用和维护费用较高，如图 3-26 所示。

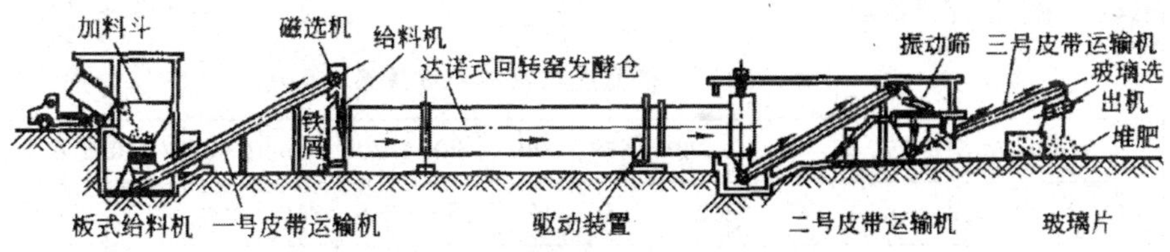

图 3-26 卧式回转筒发酵设备示意图

(3)立式发酵设备

这种设备主要有多阶段立式发酵仓，多层立式发酵仓，多层浆式发酵仓、活动层多阶段发酵仓和直落式发酵仓等各种形式。整个发酵仓的外部类似多段焚烧炉的样子，外部有隔热材料制成，具有保温的性能，整个仓内一般有 5 个左右的由混凝土或者钢板制成的发酵槽，整个装置的中心设置垂直空心主轴，与槽相对应的部位设置横向的旋转桨叶，每个发酵槽底均留有依次错开的孔口，整个发酵装置通过传动装置带动主轴和桨叶旋转，物料在其内发生位移，从上进入的物料通过上层搅拌下层放料的方式，同时受到各层热空气的作用，从而发生生物降解的过程，这种设备便于运行，通风条件均匀并且不容易发生结块的现象，便于发酵过程一直处于最佳的状态，如图 3-27 所示。

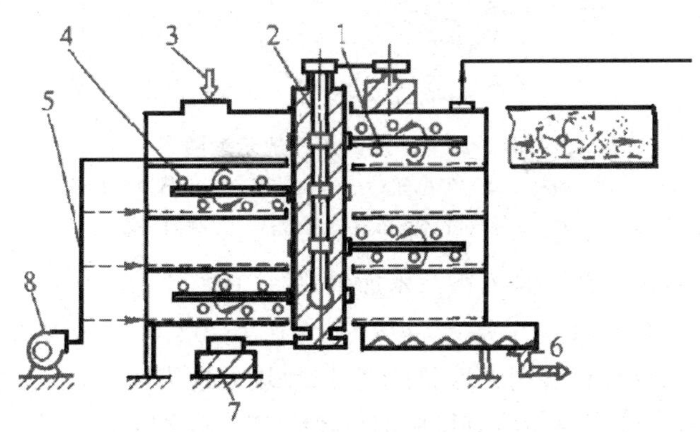

图 3-27 立式发酵设备示意图

1—空气管道；2—旋转主轴；3—进料口；4—放置浆；

5—空气；6—堆肥；7—发电机；8—鼓风机

除了上述的主要设备外，输送设备也是在堆肥中常用的，具有牵引件的输送机主要有带式输送机、板式输送机、刮板输送机、自动扶梯、斗式输送机和提升机及悬挂输送机组成，这些设备一般有牵引件、承载件、驱动机、张紧和改向装置及支撑件组成。皮带传送是堆肥生产中常用的一种输送设备，下表类除了输送带宽度与物料颗粒度的一般关系，生产厂家在生产时根据情况可做适当选择。

表 3-18 皮带宽度与物料粒度关系

皮带宽度	500	650	800	1 000	1 200	1 400	1 600	1 800	2 000
物料大小均匀时粒度小于值	100	130	180	250	300	350	400	450	500
物料大小不均时，最大重量不超过总重 10% 时最大粒度应小于值	150	200	300	400	500	600	700	800	900

另外，在沼气生产过程中，需要用厌氧发酵，除了获得大量的沼气外，沼渣也是一种有益的肥料。厌氧发酵完成后，将沼渣取出后，通过脱水、浓缩后，既可以直接作为生物有机肥加工的原料，也可以与其他有机固体废弃物混合进入好氧堆肥发酵，图 3-28 是常见的水压式沼气池示意图。

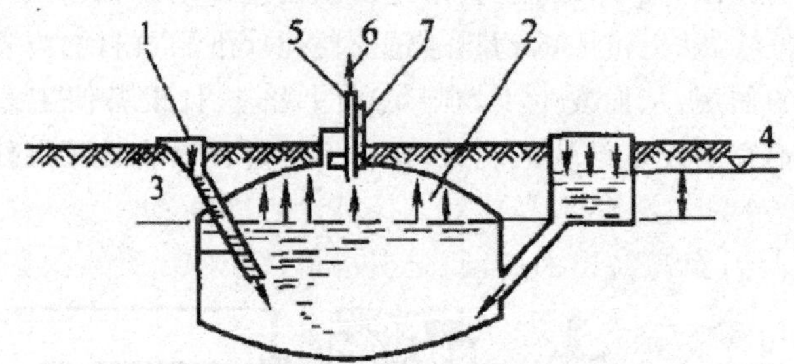

图 3-28 水压式沼气池示意图

1—加料管；2—发酵间；3—池内页面；4—出料液面；

5—导气管；6—沼气输气管；7—控制阀

在设计时需要的各种参数基本如下：气压选择 7 480 Pa(80 cm 水柱)；池容产气率一般选每立方米一昼夜产能为 0.15，02，0.25 和 0.3 几种类型。

前面提到各种设备用于堆肥处理，以垃圾处理为例，结合前面介绍的各种设备使用，能够完成粉状有机肥的生产，如图 3-29 所示。

5.造粒工艺及设备

通过上述发酵及各设备的作用，能够获得粉状有机肥。随着农业自动化的进行，市场需要颗粒有机肥与播种机同时操作，利于降低农业生产成本，因此粒状有机肥或者复混肥现在成为市场的产品主力军，下面介绍造粒需要的各种关键设备。

首先看一下经过发酵后的物料，要制造成颗粒有机肥或者复混肥需要的工艺流程图如图 3-30 所示。

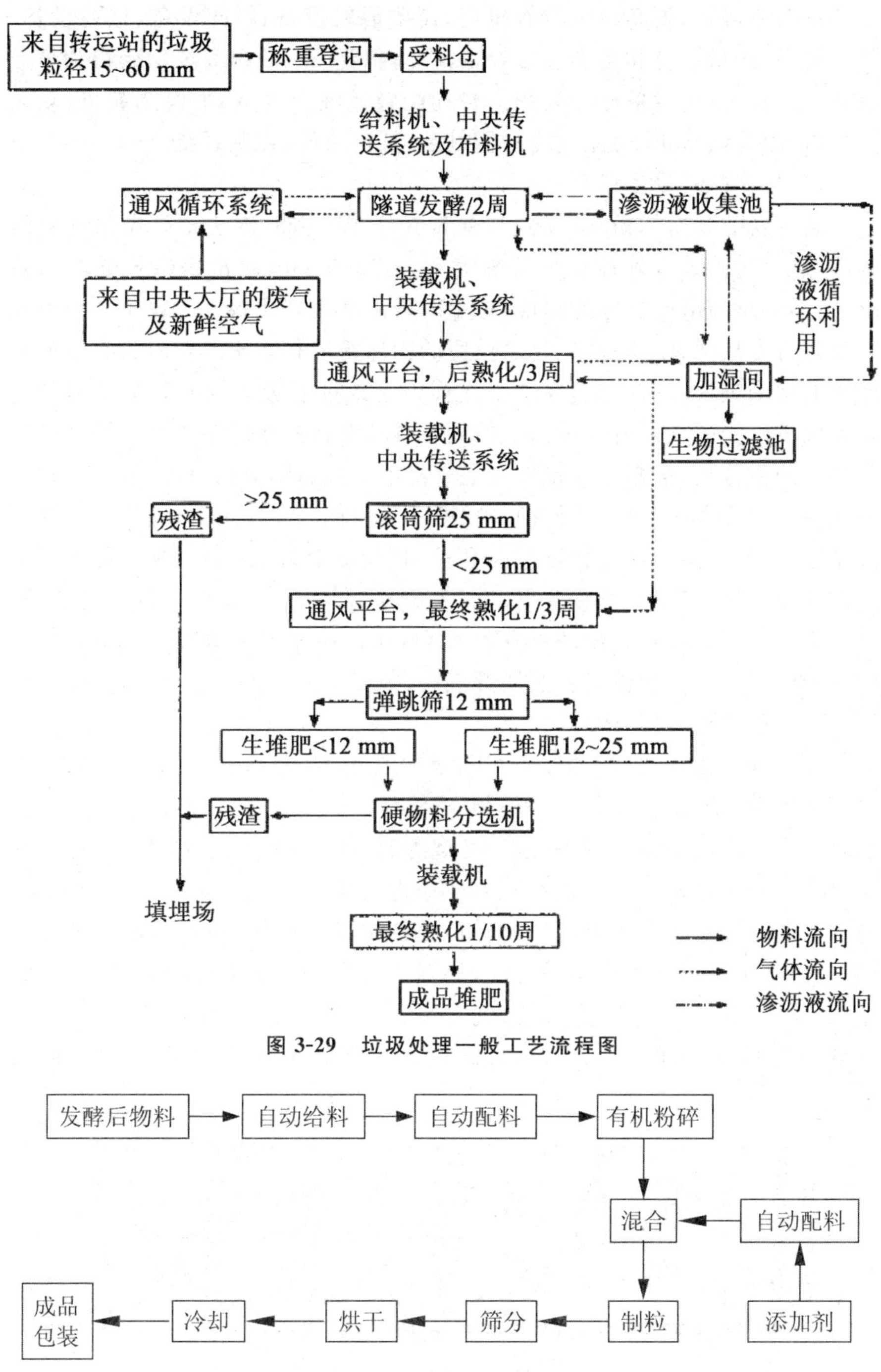

图 3-29　垃圾处理一般工艺流程图

图 3-30　颗粒有机肥生产工艺流程图

从上述可知，要获得颗粒有机肥，需要混料设备、粉碎设备、造粒设备、烘干设备、冷却设备和自动包装设备，中间需要回料粉碎需要粉碎机和筛分设备，下面将主要设备逐一介绍。自动配料及混合设备、平模制粒机、颗粒筛分机、滚筒烘干机、逆流式冷却器、成品打包系统、控制系统。

(1)自动配料设备

通过发酵获得的粉状肥料，其营养成分在很多时候达不到国家规定的标准，这个时候需要外加部分营养元素；有时为了满足植物生长的特殊要求，也需要添加部分特殊的物质，这个时候需要用到配料混匀设备。混料的过程其行为是两种互不产生化学反应的固体粉末状物质混合时具有的混合和分散两个过程同时发生，在这个过程中应尽量消除离析或者减少抑制离析现象发生。两种或者两种以上的固体颗粒混合操作的主要目的是获得组分均匀的混合物，根据固体颗粒在混料机中混合运动分析，可以发生三种混合作用：a. 对流混合，在混料机叶轮、螺带的旋转运动作用下，促使粒子群大幅度移动，形成流动的过程发生混合；b. 剪切混合，混合物料粒子群内部有速度分布，促使各个粒子相互滑动或者碰撞，搅拌叶轮尖端和机壳避免、底面间隙较小以及对粉体团块的压缩剪切，导致粉体团块破裂；c. 扩散混合，将临近粒子相互改变位置引起局部混合，与对流混合相比较，混合速度显著降低，但可以达到最终的均匀。

现在混合机，目前国内生产的类型虽然很多，但基本分为两种类型：容器固定型和容器旋转型，下面分别介绍：

①容器固定型混合设备，这种类型的混合机，根据螺条安装的位置不同又可分为水平是螺条混合机和立式螺条混合机。在水平式螺条混合机上，在水平槽方向安装有几根可以回转运动的螺条，为了使得物料混合的更均匀，一般整个容器的直径不易过大，要增加容积常用的方法是增加长度，螺条的安装一般采用左旋式更能达到混匀的目的，现在一般的容积为 30 m^3，混合的时间大约在 5—20 min，如果要完全混匀所需要的动力一般为 3 W/m^3 物料，设备如图 3-31 所示。

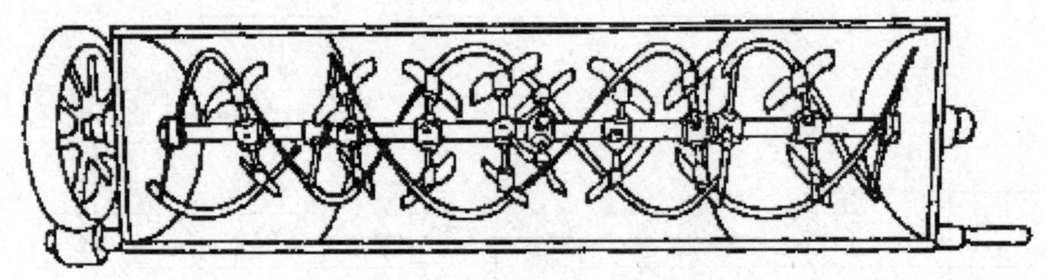

图 3-31　水平式螺条混合机

立式螺条混合机也是常用的类型，一般采用锥形行星螺条，这种设备安装的螺旋1由主电机2带到螺旋做旋转运动，可以将底部物料进行提升，在螺旋1不断旋转的过程中，电机3带动的横臂4绕着容器中心轴线旋转，因此螺旋1不但本身自传而且还绕容器中心公转达到将物料混匀的目的，国内现在设计这类混合机一般讲螺旋设计成两根，也有单根的，有很多人认为单根螺旋混合效果比两根要好，但是制造困难，图3-32所示为锥形行星螺条混合机。

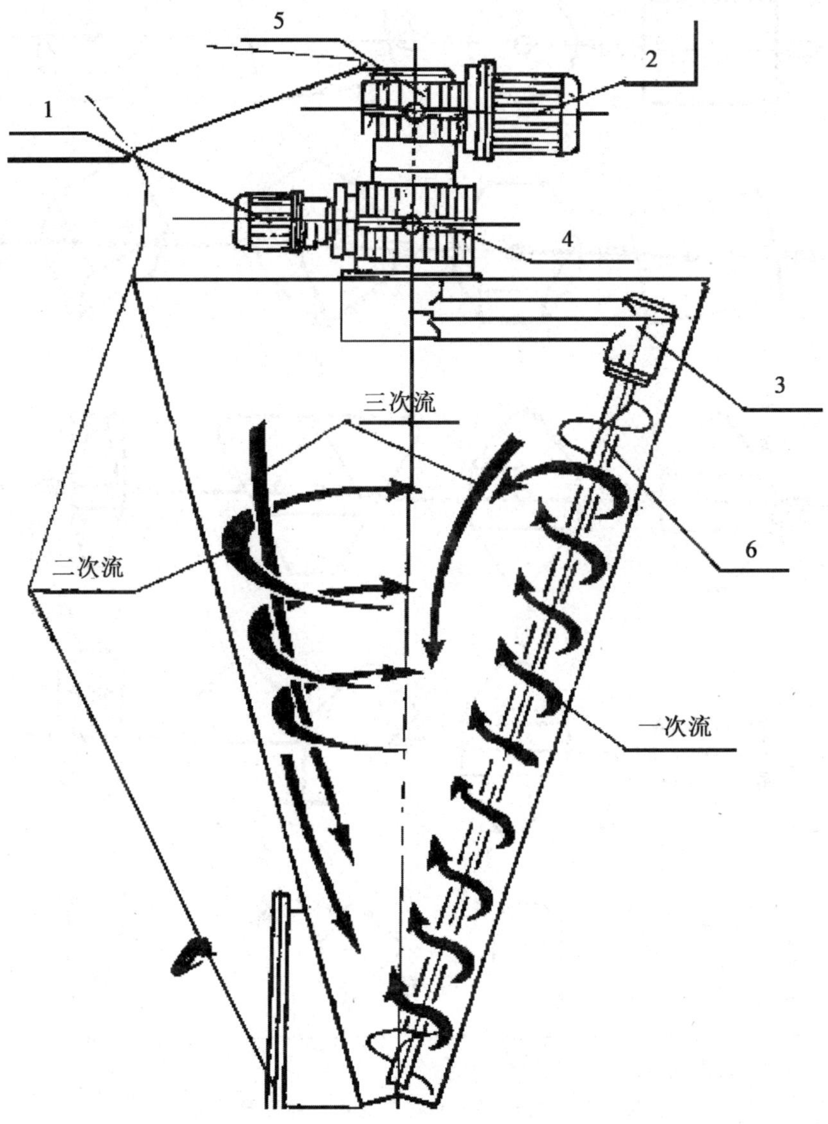

图3-32　锥形行星螺条混合机

1—螺旋；2—公转电机；3—自转电机；4—齿轮头；5—减速器(大)；6—减速箱(小)

②容器旋转型混合设备，这类设备分为水平旋转同型、倾斜圆筒形、六角形、双重锥形和 V 型。其特点一方面依靠容器本身的旋转来使固体颗粒混合均匀，另一方面靠内部安装的螺条来混合固体颗粒物料，为增加混合度和缩短混合的时间，长在内部加装抄板，对于这类设备，加装物料时不要超过总装入率的 50%，如图 3-33 所示。

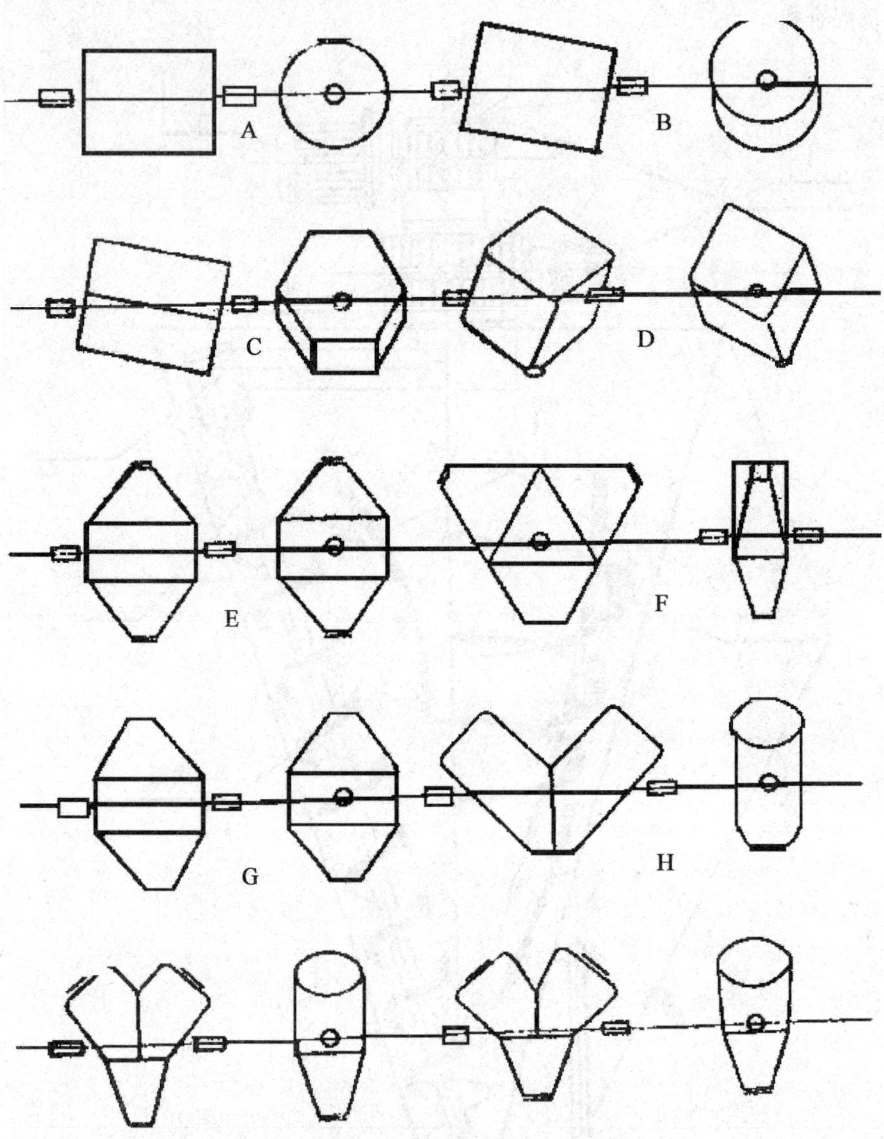

图 3-33　外形不同的容器旋转型混合器设备

在混合物料时，经常发生混合不均匀或者堵塞的现象发生，主要因素主要是:a.物料的性质,因为物料的粒度、形状、密度和表面粗糙度、脆性及含水率等因素都能明显影响到混合的均匀度。要使得混合均匀,需要采取的措施主要有:选用对流混合机,减少分层;减少卸料的落差;缩短从混合机到造粒机或者其他成粒机械的距离;在混合机种适当加水防止分层;b.操作因素影响。因为物料在容器内受到重力、离心力、摩擦力等的作用,容器转动型混合机如果转速过低,物料流动性小,混合效率低,如果转速过高,物料间失去相对流动不发生混合,一般情况下可以采用下式求得最佳转速:

$$\eta_{最佳} = \sqrt{cg} \cdot \sqrt{d_{平均}/R_{最大}}$$

其中,c 为实验常数(cm^{-1})[一般建议:$c=15$,V 型 $c=6-7$];$d_{平均}$ 为混合物平均粒径(cm);$R_{最大}$ 为容器的最大回转半径(cm);g 为重力加速度。

根据笔者大量的经验表明,$V_{搅拌}$ 的值一般在 1.5 m/s 左右时比较合适。c.粉料填装时间和填装的比例,经验表明,在 240 mm×396 mm 型水平圆筒混合机种,如图 3-34 所示采用第二种填料方式将比第一种速度快 1 倍;另外装料的比率也是一个重要的影响因素,如果太多不利于混料,太少效率降低,按照水平圆筒形混合填料的比率在 30%时较佳,而对于 V 型和正方形的混合机可以达到 50%。

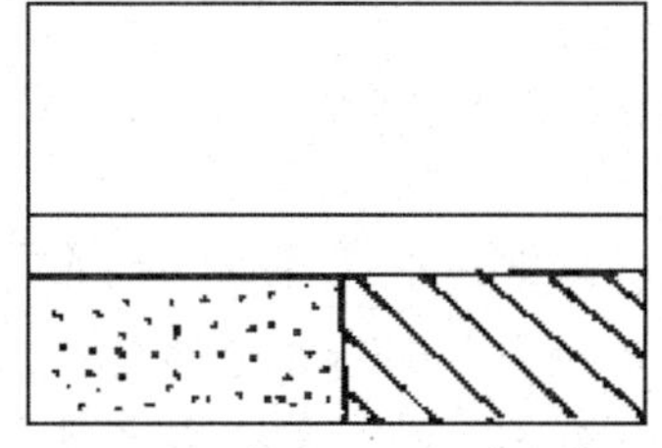
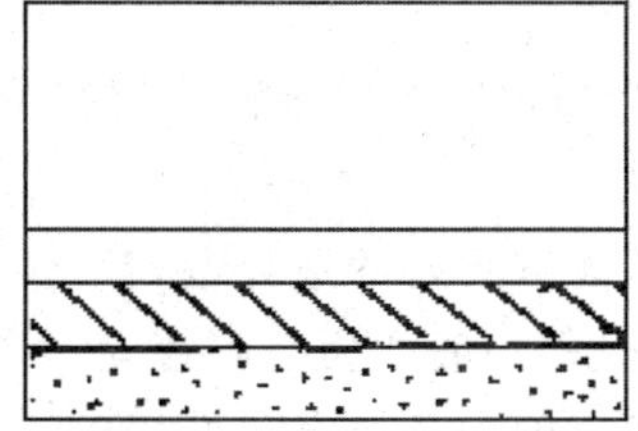

图 3-34　水平圆筒示意图(左图 1 和右图 2)

③混料时间是决定效率的关键因素,很多时候并不是混料时间越长均匀度越高,有时反而均匀度下降,具体混匀时间应参照图 3-35 计算。

(2)造粒设备

现在有机肥生产大多有造粒设备,既满足了有机肥的商品性又满足了种植户的需求。现在讲的造粒就是将粉末状的集合起来通过物理和化学的变化固定成颗粒的造粒的方法。现在常用的是挤压式、压缩式和转动式三种。目前国内最为常用的还是圆盘转动式,大量廉价的颗粒都是通过这个方式获得的,所谓的转动造粒就是将干燥的粉末不断滚动的同时,喷洒一定强度的水分,生成球状并且具有一定的强度,这个方法又称为团粒法,采用该种方法获得的球状颗粒大约直径在 2－3 mm 到 15－20 mm 左右,因为该方法可以直接获得颗粒并适合大规模生产,因此现在成为主要的造粒工艺。

首先了解影响造粒的主要影响因素:a.粉末的强度与粒度对造粒的影

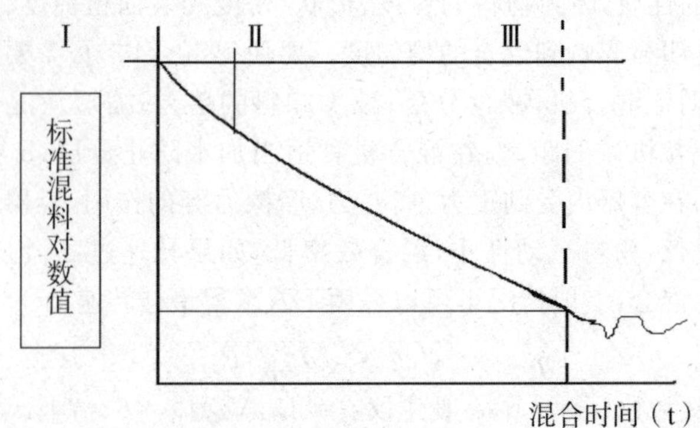

图 3-35 混合过程曲线

响,表明张力产生的凝集和液体柱负压吸引力产生的凝集;一般认为粒子的强度与原料的粒子直径成反比,即粒子越小所获得的粒状结构强度越大,对一般的原料如果对粒子强度要求无特殊要求时,粉末粒度在 200 目以下是能够占到 50%—60%均可造粒,如果超过 200 目需要添加粘合剂。

推算公式如下:

$$\sigma_1 = (1-\varepsilon)k/\pi \cdot 22\alpha/d$$

$$\sigma_2 = 6(1-\varepsilon)\alpha/d$$

式中,k 为与粉末四周接触个数有关的系数;ε 为孔隙率;α 为表面张力;d 为粒子直径。

为了能够良好的造粒,粉粒之间的孔隙度要小,而且相互之间空隙需要水分来充满,一般认为空隙度至少在 8%左右。b. 造粒原料的粉末大小与颗粒成长速度和品质有很大影响。粉末越小凝聚力越大,粒子成长的速度就越快,但是其成长速度与含水率有特别密切的关系,当含水率超过 62%时颗粒的生长速度发生突变,但此时颗粒强度减弱,颗粒被自重压垮,但低含水率粒子成型小,根据经验,我们一般设计水分含量在 50%左右时效果较好。表 3-19 列出粗细粉末混合比例与造粒产品颗粒直径的关系,在有机肥颗粒生产过程中,根据不同的需求选择合适的搭配比例。

表 3-19 粗细粉末混合比例和造粒产品颗粒直径的关系

粗粉混合比%		0	10	20	30
成粒直径	最大	19	22	20	20
	最小	16	14	12	12
	平均	—	18	16.5	15.5

原料:炭粉末。

代表粒度：粉末 60—150 mesh；粗粉 9—32 mesh，中间添加粘土。

喷淋装饰的位置和原料供应对应的位置和造粒的关系。有人曾经做过实验，在盘式造粒机中喷淋装置的位置，原料供应的位置对成品粒子直径有一定的影响，如图 3-36 所示，如果喷淋装置设在 A 处不易达到最大的颗粒，B 处一部分原料较少，喷水容易使盘底湿润，效果不高，放到 C 处，喷水可以促进生核但得到的都是小颗粒，在 D 处能得到好的大颗粒，在 E 处基本形成不了颗粒，并且颗粒之间容易相互结合在一起形成大颗粒，恶化造料。

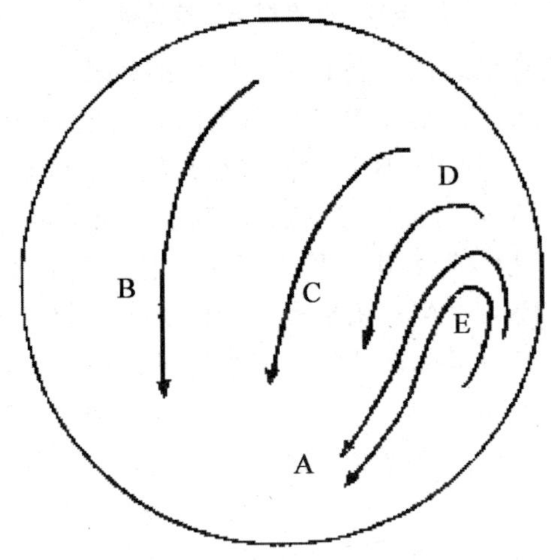

图 3-36 圆盘各处喷淋位置

原料的输入位置如果在 A 处，能够形成大粒子，但是很多原料易被抛出盘外，在 B，C 处是核的形成区，这是生产中加入原料常用区，在 D 处和 A 处相同，加料区域比较困难，在 E 处，因由大量原料粉末排除不适合加入原料。

1)造粒机

在实践中常用到的转动造粒机有两种：盘式造粒机和滚筒造粒机。其中滚筒造粒机有标准型滚筒造粒机、锥形滚动造粒机、双重筒形造粒机三种类型，下面分别介绍供参考使用。

①标准型滚动造粒机。如图 3-37 所示的标准型滚动造粒机。

这是常用的一种类型，又称为转筒造粒机，由一个水平或倾斜圆筒构成，在原料输入的侧方设置喷淋给水装置，在筒的内侧装有刮板，刮板形式分为固定刮板、螺旋刮料器和往复式刮料器组成，在外面可安装重锤防止原料附着在内壁而使得造粒效率降低，也有在内壁衬板上装重锤防止物料粘着，另外为了防止筒壁的摩擦和打滑往往在内壁覆盖一层其本身的物料，这种设备是有机肥生产过程中最为常见的一种类型。

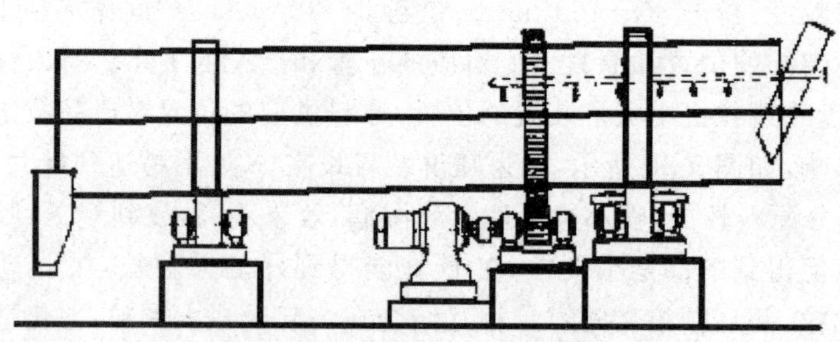

图 3-37 标准型滚动造粒机

②锥形滚动造粒机。该设备有一个锥形的回转器组成，回转筒轴中心线 O－O′和水平线 B－B′相比，整个锥形筒向着直径小的一头倾斜，另一方面，圆锥的母线 A－A′和 B－B′相比向直径大的一端倾斜，由于容器的回转作用，筒内的物料沿回转方向向壁斜面提升，因为重力的原因物料又沿着壁垂直下落，反复之后粉状原料由于回转慢慢成粒并向着圆锥形小的一端移动，另外，圆锥的母线 A－A′对水平线而言因为大的直径的一端相对较低，对已经形成的比较大的颗粒容易向排出端移动，这样形成的颗粒大小直径相对一致，还有人根据此原理，对整个设备进行改造，在母筒内安装多个小圆锥体进一步加强了造粒的效率。如图 3-38 所示。

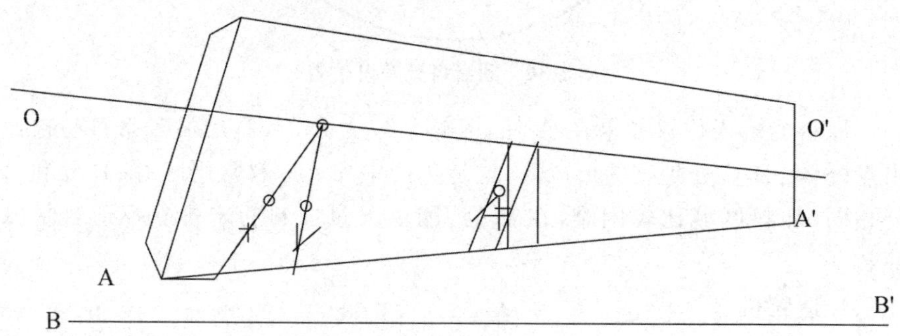

图 3-38 锥形滚动造粒机

③双重筒形造粒机。现在生产中回转造粒的过程中，往往出现回转筒内物料保持率低的问题，为了解决这个问题就需要提高筒内有效的利用容积，双重筒形造粒机的出现恰好解决了这个问题。该设备内筒造粒外筒整形和硬化，常见指标如下：

形状：L/D＝2－5；B，倾斜角度：2°—6°；C，滞留时间：2—10 min；D，回转速度：该设备临界回转速度是 Nc 准数 30％—60％；不同的物料 L/D 的变化范围比较大，主要还是根据原料的造粒性能，成品颗粒的粗细大小及需要的成品的颗粒强度适当选择的。图 3-39 是双重造粒设备图。

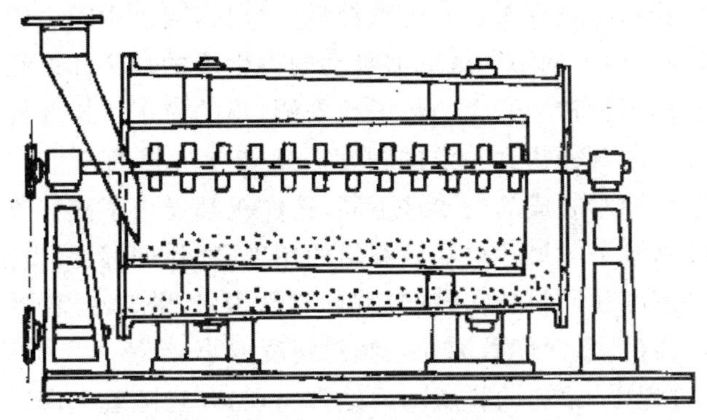

图 3-39　双重圆筒造粒设备图

④圆盘造粒设备，该设备是目前很多中小有机肥企业选择的一种设备，最早是由德国的科学家在 1950 年造成的，一般有水平和倾斜两种方式。设备如图 3-40 所示。

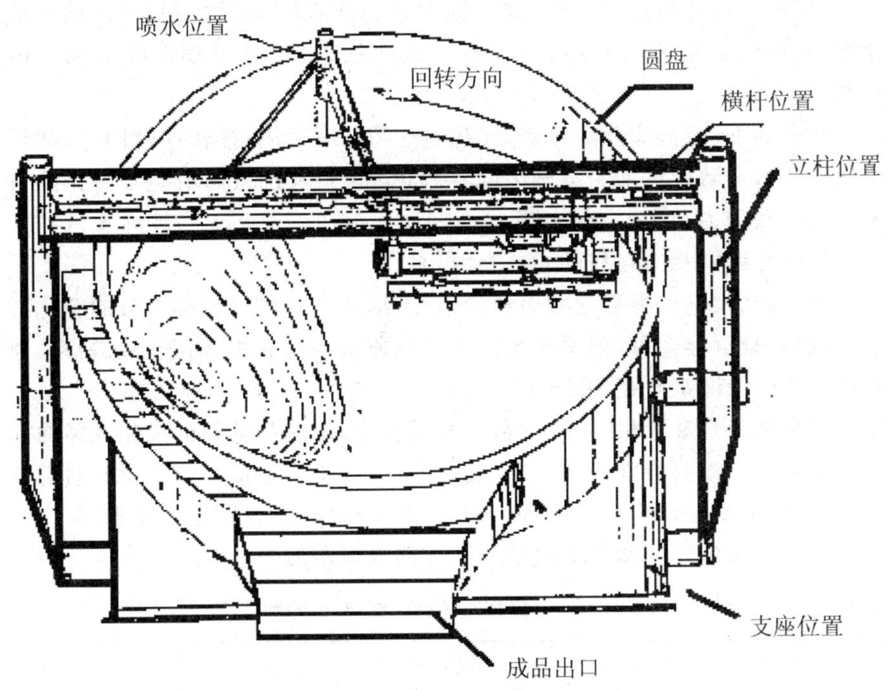

图 3-40　倾斜式圆盘造粒机

整个圆盘转动时，在加物料的同时也在盘的上面喷入水分，或者直接加入已经调好湿度的原料，这种设备能够连续不断的生产处较大的颗粒成品，当上方的原料由于摩擦力及重力的作用向上提升，下方的原料由于受到重力的作用逐渐下落，在转动的过程中逐渐生成粒子，在圆盘的底部边缘装有能够调节的挡圈，防止没有造好的颗粒溢流出去，圆盘中间由于不同直径的粒子所受到的摩擦力的不同就能够自动的将生成的粒子和逐渐长成的粒子自动分级，这样圆盘转动式大的粒子在外侧，小的粒子可推开排出端做大的圆弧运动，粒子的直径达到一定的程度后就能越过挡圈排出。在生产的过程中，由于原料和对制成品的要求不同，造粒机都设计了能够改变圆盘的倾斜度，并且成品粒子的尺寸也受到倾斜的角度、物料的湿度、喷水量、喷水的位置、回转的速度和原料加入量的影响，实践经验得知，当需要生产大的颗粒直径时需要将圆盘深度做深并且倾斜角度要小。

在生产过程中，原料的黏底现象经常出现，并且随着生产时间的延长会越来越多，因此要解决这个问题，需要在盘底加刮刀保持盘底的平滑。

总结一下圆盘造粒的优缺点：

优点如下：圆盘内造粒的整个过程可以直视，一边观察一边生产，能够做到及时发现及时解决，及时调整操作；因为整个圆盘内具有自动分级的作用，得到的颗粒比较均匀一致，这一倾向在生产大颗粒时特别有效；成品成球率比较高，商品价值好；整个设备占地面积小，仅是滚动造粒机的一般左右。

缺点如下：只能满足小生产，年超过 1 万 t 不适用；操作比较困难，如果不慎操作将导致生产能力急剧下降；一旦生成大颗粒后如不能及时排除将消耗人力和物力。

下面介绍圆盘造粒机的主要参数：

生产能力：这个参数受到原料的性质、形状和造粒过程中水分的变化影响，一般很难直接估算，但是在实践中可以通过经验获得，对于一般物料，他的生产能力为圆盘直径的 2－2.5 倍。

圆盘的型号和规格：在生产造粒的过程中，产能与造粒的成品直径的大小和盘子尺寸没有特殊的关系，一般情况下，规格小的造粒盘如果原料的持有量少，如果要连续生产大颗粒产品不要获得好的效率比较困难，表 3-20 列出一些厂家生产的圆盘造粒机的型号和各项参数。

表 3-20　圆盘造粒机的型号和参数

型号	YCQ－3.2	YCQ－2.8	YCQ－2.5	YCQ－2.2
盘径 mm	Φ3200	Φ2800	Φ2500	Φ2200
盘高 mm	450－650	400－600	400－600	380
盘边倾角度	40－55	40－55	40－55	40－60

续表

型号	YCQ—3.2	YCQ—2.8	YCQ—2.5	YCQ—2.2
转速(r/min)	12	13.5	15	16
生产能力(t/hr)	18—24	15—20	10—12	8
主机功率(千瓦)	11	11	7.5	7.5
刮刀功率(千瓦)	1.1×2	1.1×2	0.75×2	0.75×2

回转速度：圆盘造粒机的回转速度和滚筒造粒机基本相同，都可以采用临界速度乘以某一比值求得，一般情况下 n＝Nc.0.4－0.65，但是采用 n＝Nc.0.53 也常见。

倾斜角度：在圆盘造粒的过程中，盘式造粒机一般制造具有 30°—60°或者 45°—60°的倾斜度，实际上常用的倾斜度在 48°—52°之间，如果要生产大颗粒就用倾斜角小一些，生产小颗粒需要调整的大些，当圆盘的深度加深和回转速度增大时，降低倾斜角也可以造成成粒较大的粒子。上面提到的与回转速度没有关系，一般认为，在一定的范围内回转速度与粒子的成长速度成正比关系，但一旦超速将导致生长速度明显降低。

2)挤压造粒机

随着对有机肥产能需求的不断扩大，为提高产能，很多企业引入了挤压造粒的设备和工艺，与圆盘造粒相比较，不但能够连续生产，而且产品率高、产品形状也一致，逐步受到市场接纳。所谓的挤压造粒，就是在粉末中加入一定量的水分(如果原料本身含水量比较多就直接用)和粘合剂，采用适当的挤出机械—辗轮或者螺旋将物料从孔膜中挤出成形，本节以螺杆式挤压机为例说明其原理和工艺。首先看图 3-41。

挤压造粒物料从料斗进入，从孔板挤出，一般有 5 部分组成：

①输送部，在料斗和 A 点之间，这个时间段内物料和投入前一直，没有收到加压并且密度保持不变。

②压缩部，在 A 和 B 之间通过螺杆的转动，从前面漏斗进入的物料被压缩，同时物料中的空气逐渐被排除(又称为脱气)，A 和 B 两点的位置有物料通过孔膜时的阻力大小决定。

③加压部位，在图中 B 到 C 之间，物料在这个区间突然被加压，物料的密度增加，到螺杆的顶端时压力最大，物料处于被挤出的状态。

④均压部，这是从 C 点到 D 点的区域，通过前面加压部来的经过压缩的物料在孔膜的背面形成了均匀的物流，孔膜外侧四周的出料速度比孔膜中间的要快，当均压部较长时，出料的情况正好想法，四周小中间大，因此均

压部的长短要选择适当，保证孔膜能均匀出料。

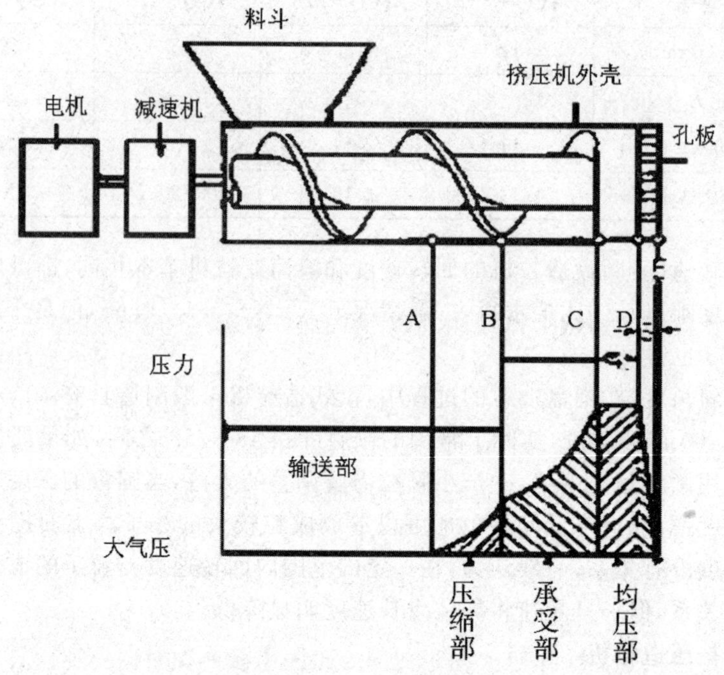

图 3-41　挤压造粒机

⑤挤出部位，图中所示的 D 点到 E 点位置，也就是孔膜的背面到前面，整个物料的压力也从最高点降低到常压，该过程压力下降的程度与孔膜的开孔率、孔的形状（方形或圆形）、孔板的厚度、物料通过的速度和物料的性质有关系，当孔膜的厚度一定是，开孔率越小整个空的阻力越大，挤出的物料密度大，当孔膜开孔率一定时并且挤出的物料也相同，这是孔膜厚度增加时阻力就变大，得到的颗粒强度也增加。

现在挤压造粒在很多有机肥施用，在逐步的实践过程中摸索出了很多的经验，对能够影响物料挤压造粒的很多因素进行了分析，先总结如下：

图 3-42 是影响挤压造粒的可能的各种因素，下面逐一介绍。

①原材料是第一要素，粒度、流动性、搅溶现象和加热变性四个方面都是影响的因子。一般情况下，对粒度要求不高，但是最合适的粒度范围在 200—300 目之间的微粉粒，粉末越小越好；流动式对碾轮式造粒机特别重要，可以保证粉末状物料在碾轮中一直充满；像膨润土、陶土和水等体系一样具有搅溶现象或者触变现象，需要有比较好的可塑性；在造料的过程中一般会出现短暂的高温现象，一般而言在加热的过程中不能因温度升高就出现分解的现象。

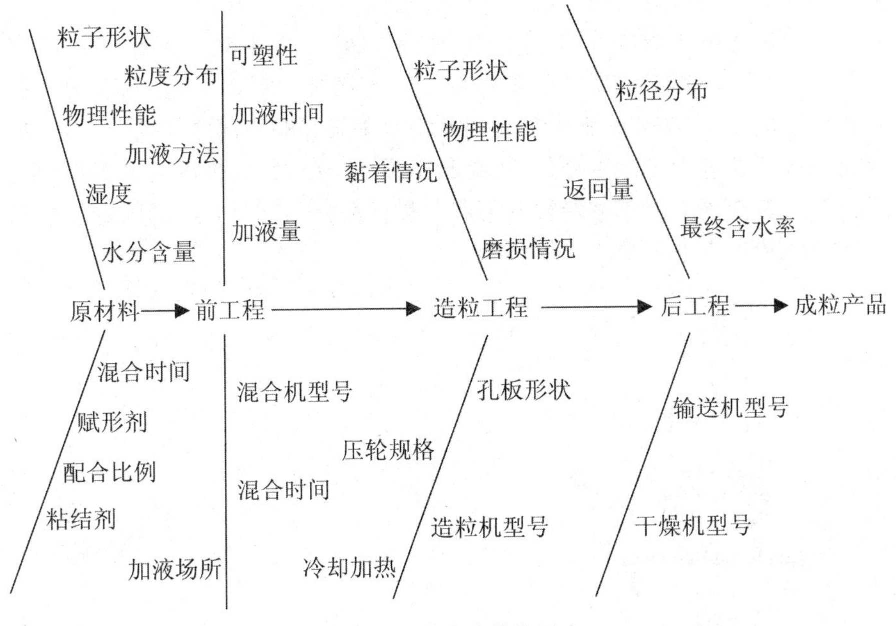

图 3-42　影响造粒的因素

②前处理工艺，在生产过程中，往往需要对粉末进行前处理（加水、粘合剂等），在经过混合和捏合处理从而增加物料造粒的可塑性。大部分物料都需要添加粘合剂，这些粘合剂在挤压造粒的工艺中被称为被膜形，使用的时候可以将它制成溶液或者悬浮液或者直接与物料进行混合。在造粒过程中，水与粘合剂需要混合均匀，从外形看用手抓并用手用力捏物料能够粘合在一起，并且对热敏感表现不明显是前处理时对于物料、粘合剂和水分之间的基本要求。

③造粒机的机械结构是影响造粒因素除原料外的最重要因子。对于压轮或者螺杆挤压造粒机，内部结构的压轮直径、孔径的大小、厚度和开孔率（孔膜有效总面积对孔膜总面积之比）这些均是影响造粒的因素。单凭理论很难获得具体的数据，根据多年的经验，现在小型试验机上操作，再在大型机械上进行造粒才能获得相对有用的数据。一般来说，如果孔径和开孔比一定是，孔膜的厚度对生产能力影响明显，厚度越小生产能力越大。上面提到在造粒的过程中，需要添加一定的水分，实际上水分的添加不仅仅对粘合力有作用，对造粒的形状和生产能力影响也很明显。在生产中，我们应该根据粒径的大小选在合适的水分含量。粘合剂的作用上面讲过，一般很少量的添加就可以起到作用，根据多年经验，在造粒过程中粘合剂添加量一般不要超过 10%。

现在的挤压造粒机的类型一般有三种：对辊式挤压造粒机、螺杆挤压造粒机和压仓式挤压造粒机，分别介绍如下：

①对辊式挤压造粒机（其结构如图 3-43 所示）是利用一对带有成形窝穴的轧辊在轧压作用下直接依靠物料之间的机械物理作用，将混合均匀的物料轧压成粒状，两个轧辊直径相同并呈水平旋转略有间隙作反向运动，从物料到成粒的过程可分为咬入、压缩和回弹三个阶段，如果单纯从工作原理看这类设备应该属于压缩造粒而不属于挤压造粒，表 3-21 是挤压造粒机的基本图示和生产中主要的技术参数。

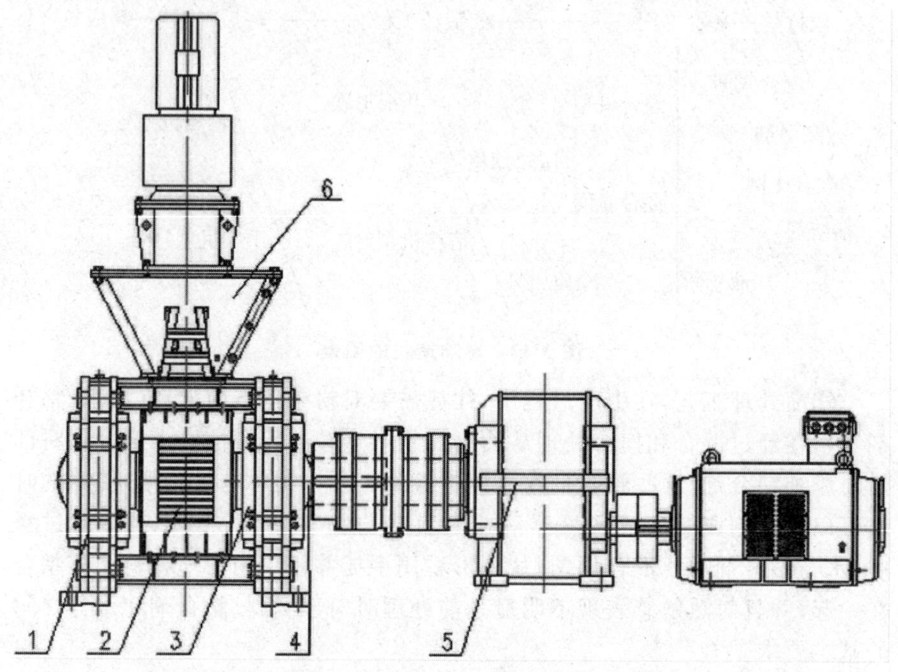

图 3-43　对辊式挤压造粒图

1—框架；2—挤压辊；3—轴承座；4—液压系统；5—主传动；6—给料系统

表 3-21　对辊式挤压造粒机的主要技术参数

型号	孔穴尺寸(mm)	空穴数(个)	粒重(g)	产量(t/hr)
25B	球 R7.9，深 3	1488	1	5
	球 R3.9，深 2	3528	0.3	4

②螺杆挤压造粒机在工作时需要造粒的物料在螺杆的回转下加压，在压缩的同时被强制向前推进，最后在螺杆的前部或者侧部安装的孔膜内挤压成型。现在常用的螺杆一般采用双头数，螺杆和螺距的直径根据物料压

缩性能的不同选择不同参数，在挤压的过程中因物料长粘附在螺杆上，因此螺杆表面需要镀铬或者做抛光处理加工，孔膜由于受到螺杆的强大推力厚度一般选在 3—20 mm 之间。

表 3-22　单杆挤压造粒机的主要技术参数

型号	螺杆直径（mm）	电机功率（KW）	产量（kg/hr）	长×宽×高（mm）	重量（kg）
DL－120	120	15	700－800	2000×530×1250	－750
DL－160	160	22	1 200－1 500	2 600×700×700	－1 180

③压仓式挤压造粒机，这个设备又称为碾轮式挤压造粒机，挤出压强高，在很多有机肥生产厂家使用，又分为环模式和平模式两种。

环模式挤压造粒机分类为两种，一是压轮从动绕轴转动，另外一个是环模固定压轮主动转动。这两种类型都是将混合均匀的物料从到压料仓内，在绕轴转动的压轮挤压下通过环模挤压成型，为了成造粒镗内物料分布均匀，有些设备内部安装了刮刀，对于容易挤压成长条形的物料可以根据需要及时切割。

平模挤压造粒机是将孔膜固定在水平座机上，在孔膜的上面旋转有呈现放射状的 2—5 个压轮，当中心轮旋转时，压轮由于摩擦力的带动发生自转，当混合均匀的物料均匀落于各压轮中间时，压轮将它们从孔膜中挤压出来，调整孔膜下方的刮刀距离就可以生产需要的长度产品。

图 3-44 分别是两种挤压造粒机的工作原理。

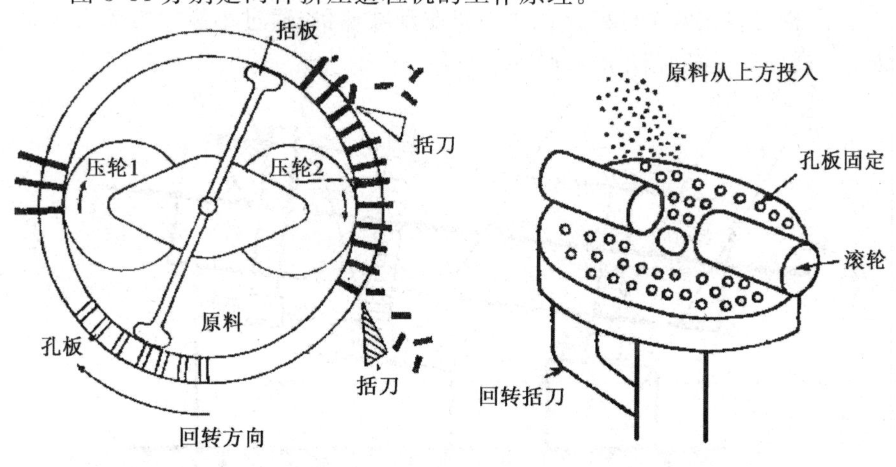

环模挤压造粒工作原理图　　平模挤压造粒工作原理图

图 3-44　挤压造粒工作原理图

表 3-23 和表 3-24 是厂家生产的挤压造粒机的参数，可以作为选型时的参考。

表 3-23　环模挤压造粒机主要参数

型号	电机功率/kW	产能(kg/hr)
F9KJ－25	25	－900
FKJ－32	32	－2 000

表 3-24　平模挤压造粒机的主要参数

型号	功率/kW	碾轮个数×直径/mm	孔板直径/mm	产量(t/hr)
JZ110	110	5×280	780	2.6－10
JZ45	45	4×260	660	1.5－4
JZ30	30	2×230	540	0.8－2

(3)烘干设备

在有机肥生产过程中，造粒完成后，因为前期物料中含有的水分及造粒过程中添加的水分，颗粒中水分含量往往超过国家有机肥标准(≤15%)，因此需要用烘干设备将其干燥，现在厂家大部分使用的干燥设备是转筒干燥机，下面重点介绍该设备性能。

转筒干燥剂是目前在颗粒有机肥生产中最常用的一个设备，对大宗物料能够处理，并且该设备简单，运转可靠，这种设备的直径一般在 1—2 m，常用的是 1.6 m 和 1.8 m 两种型号，长度在 10—15 m 左右，周身由钢结构组成，下方有两对不等高的拖轮支撑，整个烘干筒略倾斜，一般角度在 1°—5°，大齿轮安装在两个轮带之间由电机驱动减速机，通过小齿轮带动大齿轮转动。转筒干燥机如图 3-45 所示。

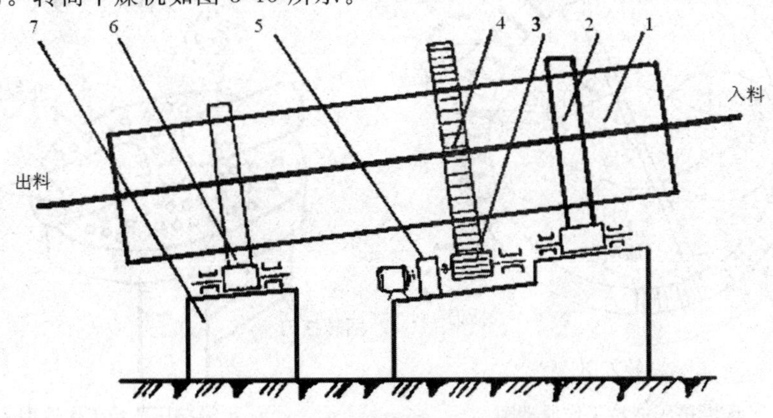

图 3-45　转筒烘干机示意图

1－筒体；2－轮带；3－转动小齿轮；4－大齿轮；5－减速机；6－托轮；7－基础台座

在运行过程中，需要干燥的颗粒状物质通过皮带运输机或者斗式提升机运送到转筒干燥机的入口处，在干燥剂的入口处装有加料管（有一定的斜度，方便物料顺利进入加料管），物料进入后，热的空气采用并流或者逆流的方式进入筒内，并随着筒的转动逐渐运行到较低的一段，在转动的过程中，物料直接或者间接受热。烘干过程中，最常出现的问题是黏壁现象出现，为防止大量的物料黏壁，应该在转筒上加装重锤，借助筒体转动时形成的动力带动重锤敲打筒体，现在按照物料干燥的加热方式可以将烘干筒分为三种类型：直接传热、间接传热和复合传热三种。

①直接传热的转筒干燥机。这种设备能够将干燥机内的干燥物料直接与干燥的介质接触，主要靠对流传热，在这个过程中，湿物料与干燥介质的流向有并流和逆流两种方式，并流干燥时物料移动方向与干燥介质方向相同，湿的物料与干燥介质在进口相遇，在此处干燥推动力最大，在出口段物料的水分含量较低，干燥推动力最小，因此这种方式适合：物料湿度要大，快速干燥不会出现裂纹和焦化，干燥后的物料不能耐高温，产物如果遇高温就发生分解和氧化，干燥后物料吸湿性小，不会从干燥介质中吸回水分而导致产品质量降低。但是该方法有一个缺点就是干燥速度比较慢，生产能力受限。逆流干燥时，物料移动方向与干燥介质流动方向相反，湿度高的物料与湿度大、温度低的干燥介质相接触，在整个干燥机内部干燥的动力分配比较均与，适合：物料湿度比较大时慢速干燥，干燥后物料能够耐高温并具有吸湿性，要求干燥的速度快并且干料的程度要大。这种方式的缺点是入口处温度较低而干燥介质湿度比较大，接触式由于介质中的水汽因为冷却而冷凝在物料上，使得物料的湿度增加，干燥时间能够延长。

②间接干燥烘干机。当需要干燥的物料不宜与烟道气或者热空气直接接触时采用的一种设备，主要的如烟需要经过金属壁传给被干燥的物质。

③复合式传热的转筒干燥机。在这种设备中，一部分热量由于干燥介质可以经过热壁传给物料，另一部分热量由干燥介质直接与物料进行接触，这是一种热传导与对流传热两种形式的结合干燥机。

下面介绍转筒干燥机的基本参数和工艺指标。

①转筒干燥机生产能力，这个生产能力在理论上是根据单位容积水分蒸发量进行的一个估算：

$$G=AV/[1\,000(W_1-W_2)/(100-W_1)]$$

其中，G—代表干物料每小时产量，t/h；V—干燥机容积，m^3；W_1—进入干燥机时物料的含水率，%；W_2—出干燥机后物料的含水率，%；A—干燥机的水分蒸发强度，kg/(m^3h)。

在滚筒干燥的过程中，蒸发强度与物料本身的性质、物料的粒度、初始的含水量及整个转筒干燥机的直径、筒内扬料板的型式、转筒的转速和干燥介质气流的速度、温度都有关系。

③转筒干燥机基本参数确定，在实际的生产中，需要根据预期产能选择合适的干燥机，这里需要考虑的因素主要有：转筒干燥机的直径、长度、转速、扬料板的块数、筒体的倾斜度和填充系数及热量衡算，求取干燥过程中水分蒸发量、空气消耗量、干燥机内各相热量分配等。一般情况下需要考虑筒体的直径(D)、长度(Z)、长径比(一般选在 Z/D＝4－10)、物料的停留时间及填充率 β、转筒的斜度和转速等。本书不介绍原理和推算，仅根据实际生产经验提供一定的参考。

关于筒体的直径 D，现在一般选在 D＝1.6 m 和 1.8 m 两种类型，也有个别的选择 D＝2.0 m 的情况。对于转筒的长度，根据上述 Z/D＝4－10 的规格，一般选在 8—14 m 左右比较常见，物料的停留时间比较复杂，因为还要考虑物料的性质，进口和出口干燥介质的温度及转筒的性质，但是在企业生产中，往往根据进口干燥介质的温度(400℃以上)，一般停留时间在 20—25 min，这个是设定转速在 8—12 r/min 的情况下进行的；填充率是筒体载荷及传动功率计算的重要依据之一，一般根据生产实践经验认为，最优的填充率为 8%—13%；对于转筒的斜度和转速，干燥机的斜度一般固定位 1°—5°角，常用的是 2°—3°角；干燥机的转速与直径的关系 n. D＝7.5—10，也就是采用 1—8 r/min，如果选用直径 1.6 或者 1.8 m 的，常用转速在 8—10 之间。国内常见的一些转筒干燥机数据如表 3-25 所示。

表 3-25　国内常见的一些转筒干燥机的数据

<table>
<tr><th colspan="2" rowspan="2">型号</th><th rowspan="2">规格
(m)</th><th rowspan="2">直径
(mm)</th><th rowspan="2">长度
(m)</th><th rowspan="2">转速
(r/min)</th><th colspan="2">电动机</th><th rowspan="2">外形尺寸
(长×宽
×高)(m)</th><th rowspan="2">重量
(t)</th></tr>
<tr><th>型号</th><th>功率
(kW)</th></tr>
<tr><td rowspan="3">ZT10</td><td>60</td><td>Φ1×6</td><td rowspan="3">1 000</td><td>6</td><td rowspan="3">6.73</td><td>Y1J2M1－6</td><td>4</td><td>6×1.876×2.069</td><td>6.5</td></tr>
<tr><td>80</td><td>Φ1×8</td><td>8</td><td rowspan="4">Y132M2－6</td><td rowspan="4">5.5</td><td>8×1.876×2.069</td><td>7.0</td></tr>
<tr><td>100</td><td>Φ1×10</td><td>10</td><td>8×1.876×2.069</td><td>7.5</td></tr>
<tr><td rowspan="4">ZT12</td><td>60</td><td>Φ1.2×6</td><td rowspan="4">1 200</td><td>6</td><td rowspan="4">5.8</td><td>6×2.159×2.475</td><td>7.969</td></tr>
<tr><td>80</td><td>Φ1.2×8</td><td>8</td><td>8×2.159×2.475</td><td>8.744</td></tr>
<tr><td>100</td><td>Φ1.2×10</td><td>10</td><td rowspan="2">Y160M－6</td><td rowspan="2">7.4</td><td>10×2.159×2.475</td><td>9.519</td></tr>
<tr><td>120</td><td>Φ1.2×12</td><td>12</td><td>12×2.159×2.475</td><td>10.294</td></tr>
</table>

续表

<table>
<tr><th colspan="2" rowspan="2">型号</th><th rowspan="2">规格
(m)</th><th rowspan="2">直径
(mm)</th><th rowspan="2">长度
(m)</th><th rowspan="2">转速
(r/min)</th><th colspan="2">电动机</th><th rowspan="2">外形尺寸
(长×宽
×高)(m)</th><th rowspan="2">重量
(t)</th></tr>
<tr><th>型号</th><th>功率
(kW)</th></tr>
<tr><td rowspan="4">ZT15</td><td>80</td><td>Φ1.5×8</td><td rowspan="4">1500</td><td>8</td><td rowspan="4">4.8</td><td rowspan="2">Y160L－6</td><td rowspan="2">11</td><td>8×2.655×2.895</td><td>14.734</td></tr>
<tr><td>100</td><td>Φ1.5×10</td><td>10</td><td>10×2.655×2.892</td><td>15.925</td></tr>
<tr><td>120</td><td>Φ1.5×12</td><td>12</td><td rowspan="3">Y180L－6</td><td rowspan="3">15</td><td>12×2.655×2.892</td><td>17.13</td></tr>
<tr><td>140</td><td>Φ1.5×14</td><td>14</td><td>14×2.655×2.892</td><td>18.328</td></tr>
<tr><td rowspan="5">ZT18</td><td>100</td><td>Φ1.8×10</td><td rowspan="5">1800</td><td>10</td><td rowspan="5">5</td><td>10×3.06×2.98</td><td>17.932</td></tr>
<tr><td>120</td><td>Φ1.8×12</td><td>12</td><td rowspan="2">Y200L1－6</td><td rowspan="2">18.5</td><td>12×3.06×2.98</td><td>19.389</td></tr>
<tr><td>140</td><td>Φ1.8×14</td><td>14</td><td>14×3.06×2.98</td><td>20.846</td></tr>
<tr><td rowspan="2">180</td><td rowspan="2">Φ1.8×18</td><td rowspan="2">18</td><td rowspan="3">Y200L2－6</td><td rowspan="3">22</td><td>18×3.06×2.98</td><td>22.303</td></tr>
<tr><td>12×3.62×3.57</td><td>30.313</td></tr>
<tr><td rowspan="4">ZT22</td><td>120</td><td>Φ2.2×12</td><td rowspan="4">2200</td><td>12</td><td rowspan="4">4.4</td><td>14×3.62×3.57</td><td>32.233</td></tr>
<tr><td>140</td><td>Φ2.2×14</td><td>14</td><td rowspan="3">Y225M－6</td><td rowspan="3">30</td><td>14×3.62×3.57</td><td>32.233</td></tr>
<tr><td>180</td><td>Φ2.2×18</td><td>18</td><td>18×3.62×3.57</td><td>34.153</td></tr>
<tr><td>200</td><td>Φ2.2×20</td><td>20</td><td>20×3.62×3.57</td><td>36.073</td></tr>
</table>

(4)输送设备

在所有的有机肥成产企业都有大量的带式输送机，主要用于水平运送和微倾斜运输，现在在装成品时也有倾斜度超过 45°的皮带输送机使用，皮带输送机的使用主要是因为造价低廉，效率较高并且在使用的过程中工作平稳，动力消耗小。现在常用的带式输送机有固定式和运行式两种类型，这两种输送机基本上有同样的部件组成，区别在于基座的构造不同，在固定式输送机中，机座固定在地面，运行式机座安装在界限式运行装置上，方便在地面运动，一般情况下固定式距离长度不受限制，但是运行式一般不要太长，大部分选择在 5—15 m 左右。

选择带式输送机的基本原则可以分为两步：一是初步设计，用以确定主要参数与总体布置方案，二是施工设计，具体选择部件和提供安装图纸，虽然工作量大但是比较简单。上述这两步原则需要做的前提工作是：物料的特性和参数、颗粒度与颗粒度的分析，自然堆积力、密度和温度等；工作环境(室内还是室外，有无腐蚀性)；最重要的工作需求度(每小时输送量)；线路和厂房限制因素；装卸点的数量和位置。

在上述设计过程中，主要的参数是带宽，带速，胶带的强度等因素，还需要一个关键点:需要选择高质量的托辊支撑,输送机的安装质量,安全的保障系数。

除了带式输送机外,现在在很多工厂还经常用到斗式提升机,现在斗式提升机可以为:按照输料机的方向分为直立的或倾斜的,按照料斗的型式和它们在引构件的排列分为浅斗和鳞斗,按照引构件有带式和链式,按照工作特征分为重型、中型和轻型。所有的斗式提升机在工作过程中,高度一般不要超过 30 m,最常用的是 12—20 m。

料斗提升机的主要部件主要有:料斗、底座、提升机的上部和外罩。

第4章 有机固体废弃物处理过程中污染物控制及处理

在前面章节中，我们讲述了有机固体废弃物处理的策略和方法，详细讲解了这些废弃物处理过程中物质的量和质的变化机理，为资源化利用提供了合适的途径。但是在充分利用这些有机固体废弃物的过程中，因为有机物质的降解作用，不可避免的产生了很多的二次污染物，比如各种臭气等，另外，在这些有机固体废弃物中本身含有的一些重金属类物质，在资源化利用的过程中也会发生转移或者富集，因此本章将对这两类物质的控制及处理技术作一阐述，并提供合理的处理工艺，为更有效的利用有机固体废弃物开拓新的思路。

4.1 有机固体废弃物处理过程中臭气处理

无论在处理城市污泥、畜禽粪便、城市垃圾有农业废弃物的过程中，将会向大气中排放各种有机、无机废弃气，严重影响了大气环境和居民的生活质量，其中恶臭污染物影响最为突出，我国在1993年也颁布了GB－14554－93《恶臭污染物排放标准》，制定了各种气体如氨气、三甲胺、硫化氢、甲硫醇、甲硫醚、二硫化碳等恶臭污染物的排放浓度限值。

4.1.1 恶臭物质一般特征

现代工业中，随着有机固体废弃物的逐渐增多，无论是否资源化利用，都会产生恶臭物质和一些有毒性的物质，这些物质的种类比较多，不同类型的物质分子结构中有不同的发臭基团，各种恶臭物质具有不同的臭味，比较常见的恶臭物质见表4-1。

表4-1 恶臭物质的分类及臭味性质

分类		主要恶臭物质	臭味性质
无机物	硫化物	硫化氢、二氧化硫、二氧化碳	臭鸡蛋刺激味
	氮化物	二氧化氮、氨气、硫化铵	尿素的刺激性臭味
	卤化合物	氯、氯化氢、溴气	刺激胃

续表

分类		主要恶臭物质	臭味性质
有机物	烃类	苯乙烯、苯、甲苯、二甲苯	电石臭
	硫醇类	甲硫醇、乙硫醇、丙硫醇	烂洋葱味
	硫醚类	二甲基硫醚、二甲硫、二乙硫	大蒜味
	胺类	二甲苯、三甲胺、乙二胺	烂鱼味
	醇和酚	甲醇、乙醇、苯酚、甲酚	刺激味
	卤代烃	甲基氯、三氯乙烷、氯乙烯	刺激味

恶臭物质往往让人和动物产生极不舒服的感觉，人们在极低浓度时就能感觉到，也就是常说的嗅觉阀值，表 4-2 是主要恶臭污染物的嗅觉阀值，在恶臭污染物的排放方面我国制定了严格的国家标准。

表 4-2 常见的恶臭物质嗅觉阀值

名称	分子式	嗅觉阀值/10^{-6}	沸点	臭味
硫化氢	H_2S	0.000 47	−61.8	臭蛋味
甲硫醇	CH_3SH	0.000 1	5.96	烂洋葱味
乙硫醚	$(C_2H_5)_2S$	0.005	92−93	蒜臭味
二硫化碳	CS_2	0.21	46.3	臭蛋味
氨	NH_3	0.1	−33.5	刺激味
三甲胺	$(CH_3)_3N$	0.000 1	3.2−3.8	鱼腥味
苯乙烯	$C_6H_5C_2H_3$	0.017	146	芳香味
二甲苯	$C_6H_4(CH_3)_2$	0.17	139.3	芳香味
苯酚	C_6H_5OH	0.047	182	刺激味

在整个有机固体废弃物处理的过程中，产生的大量恶臭气体不仅对生态环境造成了严重影响，而且对于人体健康也有极大的危害性，常常导致人中枢神经产生障碍、病变和一些慢性病，有时候还能导致急性疾病的产生和死亡，通过大量的恶臭污染数据已经证明，恶臭的产生是由发臭基团如硫基、羟基等刺激嗅觉细胞而导致人感到厌恶和不愉快，恶臭污染的来源众多，并且污染面极广，在现实生活中，恶臭气体因为其成分复杂并且是多种物质混合物，很难检测，其治理的粒度也比其他难度大。国外在 20 世纪 50 年代开始对恶臭气体的污染和治理工作进行了大量的研究并积累了相当多的理论知识和实践经验，我们国家直到 20 世纪 80 年代才展开对恶臭污染的调查、测试和对相关标准进行探索，直到 20 世纪 90 年代才开始对脱臭技术进行相关方面的研究工作。现在国家对恶臭污染物的排放制定了排放标

准，见表 4-3。

表 4-3　恶臭污染物排放标准

控制项目	排气筒高度/m	排放量/(kg/h)	厂界标准一级—三级(mg/m³)
H_2S	15—60	0.33—5.2	0.03—0.6
CH_3SH	15—60	0.04—0.69	0.004—0.035
乙硫醚	15—60	0.33—5.2	0.03—1.1
二甲二硫醚	15—60	0.43—7.0	0.03—0.71
CS_2	15—60	1.5—25	2.0—10
NH_3	15—60	4.9—75	1.0—5.0
$(CH_3)_3N$	15—60	0.54—8.7	0.05—0.8
$C_6H_5C_2H_3$	15—60	6.5—104	3.0—19

从上述可见，大量的恶臭气体出现需要对恶臭污染建立合适的评价体系，国家标准也是根据臭气的浓度制定的标准，恶臭作为气体形式的一种，其环境影响的预测可以参照与大气相同的方法进行，但是往往在评价时由于单物质的量较低，并且大部分都是混合型气体组成，需要大型高精密仪器进行分析，并且因为单质恶臭气体的分离和定量存在很大的困难，有研究采用了臭气排除强度（OER，Odor Emission Rate）进行预测，采用的计算公式为：

$$OER = Q \times C$$

其中，OER 为臭气排出强度；Q 为单位时间内气体排出量（m^3/min）；C 为臭气浓度。

目前常采用的预测方法可以大气扩散式对恶臭扩散进行评价，因为大气扩散有多种形式，大气环境中比较常用的是采用的常规高斯烟流的模式：

$$C = \frac{Q}{\pi \mu e Q y Q z} \exp\left(\frac{y^2}{2Q_y^2}\right) \exp\left(\frac{-H^2}{2Q_z^2}\right)$$

式中，C 为恶臭污染物地面浓度（mg/L）；μ 为有效源高处平均风速（m/s）；y 为横向距离（m）；H 为有效源高（m）；Q 为 TOER。

在评价时，不仅仅用单一的标准进行，一般都需要各种标准的对比进行，同时，对恶臭污染源的位置和当时的气象条件需要考虑，一般环境条件下我们的评价标准至少是周围普通居民没有嗅觉到臭感，此时的臭气浓度应该控制在 10 以下。

但是现在因为各种原因的存在，对恶臭污染的检测和评价都没有达到让人民满意的标准，单一的恶臭物质的测定方法和嗅觉定量检测方法都不能保证，可以说，对于该方面的工作当前需要建立相关的环境标准和测定检测评价的规范化方法，从而对环境中的恶臭物质的污染得到有效控制和治理。

恶臭气体的产生具有季节性，其种类随着季节的变化而变化，并与温度相关，在高温和湿度比较大的条件下，有机固体废弃物能够快速降解从而有大量的气体产生，尤其是芳香族恶臭气体受到季节的影响更大，其浓度随着温度的升高而增加；但是含氯恶臭气体因为其固有性质的特征受季节影响就比较小；一般情况下，夏季微量挥发性有机污染物的浓度比春冬季要高，主要还是厌氧微生物和部分好氧微生物的强烈作用，有机废物释放加快。

从源头物料出发，产生的能够向大气扩散的恶臭物质，对环境的影响使大气气体的组成发生变化，能引起人们对恶臭的嗅觉感觉，这个过程一般包括臭气发生过程、大气扩散过程和感觉意识过程三个部分构成，恶臭发生的过程主要影响因素为不同恶臭物质产生的工艺、产生的形态和产生的模式，不同的原料产生的恶臭物质差异较大。目前，对于恶臭污染评价需要针对上述三个过程，对可能造成的恶臭污染需要加以分析，并提出切实可行的措施，既要防止污染，又要在一定程度上降低污染的产生，为社会提供一个舒适的环境条件。

4.1.2 恶臭物质的检测方法

在前面曾经提到，目前对于恶臭物质的检测还没有非常成熟的方法，我们现在使用的国标方法还是1993年制定的标准，包括臭气浓度、三甲胺、硫化氢、甲硫醇、甲硫醚、二甲二硫、二硫化碳和苯乙烯中单一的恶臭物质的厂界标准和排放标准，如果有多重混合气体时，现场检测将变得比较困难，下面仅对当期测定恶臭物质的一些方法进行介绍。

1. 恶臭测定方法常用仪器

下面介绍的所用的仪器都是用于测定单一的物质，这些单一物质主要包括有机酸、酮类物质、醛类物质、脂类物质以 H_2S，甲苯和苯乙烯，常用的方法采用 GC/MS，HPLC，离子色谱和分光光度法等精密性仪器，常用的测定方法列于表4-4。

表 4-4 常用测定方法

序号	控制项目	测定方法	标准序号
1	氨	次氯酸钠-水杨酸分光光度计法	GB/T 14679
2	三甲苯	二乙胺分光光度法	GB/T 14676
3	硫化氢	气相色谱法	GB/T 14678

续表

序号	控制项目	测定方法	标准序号
4	甲硫醇	气相色谱法	GB/T 14678
5	甲硫醚	气相色谱法	GB/T 14678
6	二甲二硫苯	气相色谱法	GB/T 14678
7	二硫化碳	气相色谱法	GB/T 14680
8	苯乙烯	气相色谱法	GB/T 14677

2. 常用检测方法

最为常用的检测方法是嗅觉法，恶臭物质因为一般都是有很多物质组成的复合体，垃圾厂中产生的恶臭就有氨气、硫化氢和甲硫醇等十几种恶臭气体，根据上面的测定方法基本上完不成任务，因此这时通过人的嗅觉器官对恶臭气体的反应来进行恶臭的评价和测定工作，现在常见的是六阶段臭气强度测定方法和三点比较式抽袋方法，下面分别介绍：

在臭味测定时引入调香师常用的嗅觉感知的方法，也就是我们现在常说的六阶段臭气强度测定方法，从 0—5 用 6 个阶段的臭气强度法表示，测定的方法为每 3 人一组，参照表 4-5 的方法，以 10 s 间隔连续测定 5 min 后获得结果，这种方法对测定人员要求比较高，一般以 0.5 为判定单位误差。

表 4-5　臭气强度分类

臭气强度	分级内容	臭气强度	分解内容
0	没有臭味	3	可轻松认知值
1	可感知域值	3.5	可轻松认知值
2	可认可域值	4	较强气味
2.5	可轻松认知值	5	强烈气味

臭气浓度指的是恶臭气体用无臭的空气进行稀释，稀释度达到无臭时所需要的稀释倍数。将上述方法进行改进后获得了三点比较式抽袋法，这种方法用无臭的塑料袋将恶臭气体装入其中一个袋子中，用 6 人一组的臭气员进行鉴定，逐渐稀释直到不能分辨为止，去掉最敏感和最迟钝的各一个人后，其他人计算平均值，该方法不需要直接判断臭气强度而是间接判定臭气的强弱。

最近几年，随着一些仪器的快速发展，嗅觉感受器出现，它的原理就是模仿人的嗅觉器官制定出可测定不同恶臭气体的感受器，感受器由有机色素膜感受器、有机半导体感受器、金属酸化物半导体感受器、光化学反应感受器和合成脂质膜水晶震动子感受器组成。这种仪器的出现能够实现快速连续测定，并且对单一或者复合的臭气也能达到这一目的。表 4-6 将上述四种方法列表对比。

表 4-6　不同测定方法比较

测定方法	测定原理	测定对象	主要问题	特点
三点比较式	人嗅觉	复合臭气	嗅觉疲劳	判定臭气有无
臭气强度式	人嗅觉	单一或者复合	嗅觉疲劳	直接判定臭气强度，不要特殊装置
仪器测定	化学分析	单一	测定费用高，时间长	用 GC/MS，HPLC 等精密仪器，价格昂贵
感受器测定	电阻、共振周波数变化	单一或者复合	其他气体干扰	快速连续测定

4.1.3　恶臭物质的处理方法

现在国内对于恶臭物质的控制处理技术主要采用物理方法、化学方法和生物方法，并且往往采用联合处理的技术，如图 4-1 所示。

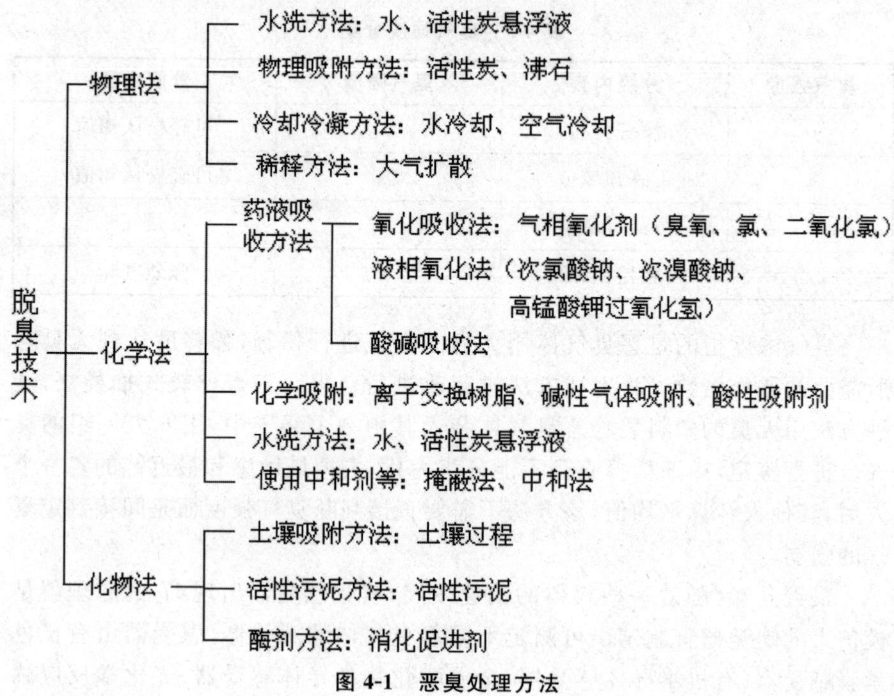

图 4-1　恶臭处理方法

如果根据微生物在固体上面附着的固相性方法和微生物在液体上分散的液相性方法，其中固相型有：土壤脱臭、堆肥脱臭、纤维状泥炭脱臭和生物膜脱臭；液相型有：气体分散类型和液体分散类型两种。物理的方法操作相对简单，见效快，但是仅仅适用于浓度比较低并且小范围的恶臭污染，但是成本比较高，可能存在二次污染现象；化学处理具有高效、范围广的特点，但是该种方法设施投资高，运行费用贵并且持续时间短；生物法工艺简单，操作方便也没有二次污染，但是该方法所需要的微生物菌种培养困难，并且见效比较慢，表 4-7 说明各个方法的特点。

表 4-7 不同处理方法对比

方法		原理	特点
物理方法	掩蔽中和法	按照比例混合两种有气味的气体，减轻恶臭	成本价格高，脱臭效果难
	稀释扩散法	采用烟囱扩散臭气或以无臭的空气进行稀释至开排放的浓度	需要建立高的烟囱，能耗高
	冷凝法	将恶臭物质冷凝为液体出去	成本高，需要经过预处理浓度高的臭气
	水冷却法	操作简单，投资和运行成本低	不溶于水的恶臭气体净化效果不好，易产生废液
	吸附法	采用活性炭、硅胶和活性白土吸附	脱臭效率比较高，但是吸附量小，存在二次污染
化学方法	化学洗涤法	添加次氯酸钠、氯气等，将恶臭氧化成臭味较轻或溶解度较高的化合物，用酸碱吸收净化	适用范围广，但废液是二次污染需要处理
	O_3 氧化法	利用臭氧强氧化，将臭气氧化至无臭	对氨无效，运行费用高
	光催化法	TiO_2 类催化剂光照，产生高活性物质——可杀菌除臭的 O 和—OH	投资少，高效稳定，但预处理要求高，催化剂要求比较高
	热力燃烧法	在超过 760℃高温下将恶臭净化	可回收热量，但费用昂贵，适合小气量高浓度
	催化燃烧法	将燃气与恶臭混合在 300—500℃通过催化剂层	效率高，时间短，但催化剂易中毒

续表

方法		原理	特点
生物法	生物过滤	利用微生物将恶臭物质降解为 CO_2 和 H_2O	—
	生物吸收	利用活性污泥有效吸附恶臭物质	—
	土壤堆肥	将污泥、垃圾混合，通过好氧发酵抑制恶臭产生	装置紧凑，脱臭效率高
	矿化垃圾	将臭气通过矿化垃圾构建生物滤床	取材容易，成本低，效果好

下面介绍几种比较常见的臭气处理的方法。

1. 水洗方法

通过水洗吸收和排放气体中容易溶于水的物质比如氨类物质，低级胺和低级的脂肪酸类等的一种方法；

2. 活性炭吸附的方法

这是工业中使用的最多的一种方法。活性炭种类比较多，具有强吸附能力，在使用活性炭吸附时，首先确定有机废气的性质，应该选择吸附能力强，尤其是在低浓度区的吸附性能好且吸附速度快阻力损失小的，并且能够减少吸附层厚度的类型，因为活性炭需要再生，因此应该减少在再生过程中的损耗，活性炭要选择来源容易，价格低廉等作为主要的依据。选用活性炭吸附方法，吸附装置内部可以采用不同方式进行接触传质，吸附床采用固定床，移动床和流动床。实践证明，移动床和流动床效果较好，这两种方式在使用过程中，都需要控制吸附温度在 40℃及以下，气体或者蒸汽被固体表面吸附时要放热，此热量称为吸附热，这个值与气体的性质有关。因为活性炭的比表面积大，具有吸附整个废气中多种组分的能力，并且对恶臭气体的浓度适应的范围广，再生性强，现在有些活性炭具有某些化学性质的活性炭（IVP 和 Centaur），不仅仅具有吸附作用，同时还具有催化功能，可将恶臭物质氧化为低臭物质或者无臭物质而释放，具体反应如下：

$$H_2S+3O_2 = 2SO_2+2H_2O$$

$$H_2S+2O_2 = H_2SO_4$$

$$2SO_2+4H_2S = 3S_2+4H_2O$$

$$22MOH+5SO_2+6H_2S+3O_2 = 6M_2S+3M_2SO_3+2M_2SO_4+17H_2O$$

$$4RSH+O_2 = 2R_2S_2+2H_2O$$

上式中：M 代表 Na 或者 K，R 示烷基。

3. 酸碱吸附方法

是用酸（硫酸、盐酸、部分采用醋酸）、碱（氢氧化钠或者石灰）等化学试剂去除排放气体中溶于水的成分，主要是利用酸碱催化原理，氢氧化钠能够对硫化氢和低脂肪酸等有好的吸收效果，酸类物质对氨和胺等有比较明显的吸收效果。这种方法需要用到吸收装置，常用的装置有喷淋塔、填充塔、各类洗涤器、气泡塔和筛板塔，考虑到吸收的效率，设备本身的阻力和操作的难易程度，有的时候在使用的过程中常常采用多级联合吸收的方式。

4. 离子交换法

有些效益好的企业，现在对臭气处理采用离子交换法（化学吸附法），其原理是利用离子交换树脂所具有的正负极性，吸附臭气中的正负离子从而达到除臭的目的，这种方法可以同时处理多种臭气。

5. 催化氧化法

催化氧化法又称为废气催化燃烧或者接触氧化，该技术在低温下通过催化反应器中催化剂的作用，将废气中可燃性组分氧化分解的一种废气处理方法，如果组分中含有挥发性的有机烃类物质（VOC）时，利用该方法可以将其完全燃烧从而转化为 CO_2 和 H_2O，反应式为：

$$C_mH_n+(m+n/4)O_2 = mCO_2+(n/2)H_2O+\Delta H$$

在这个过程中，如果 VOC 能够被加热到燃点以上时，即使整个反应没有催化剂也不影响反应的正常进行，这个时候需要的燃烧温度超过 800℃，既消耗能量也有氮氧化物产生，如果使用催化剂，燃烧温度可控制在 250—400℃就能完成。这个过程需要的催化剂从组分上分为贵重金属（铂和钯）和一般金属（钴、铬、铜、镍）两大类，前者活性高催化好，后者相反。如果从形状看，现在有以氧化铝为载体的粒状催化剂以及有硅-铝-锰氧化物为载体的蜂窝状催化剂，另外有部分是以其他的重金属氧化物为载体的海绵状或者条状的催化剂。

6. 物理化学处理废气

在污染物的冲力过程中，工艺的选择单元有旋风分离、过滤、静电扑集、洗涤、吸收、吸附、冷凝、燃烧、催化燃烧和催化还原，表 4-8 列出了常用的处理单元。

表 4-8 废气处理单元及使用范围

废气种类	常用的处理方法
粒子污染物	旋风分离、过滤、静电捕集、湿式洗涤
硫氧化物	吸收和吸附
硫化氢	吸收、吸附、催化氧化、催化还原及其他组合
CO 废气	燃烧或者催化燃烧
合物废物	以吸收工艺为主

根据实践经验，旋风分离、过滤、静电捕集和湿式洗涤常用于粒子污染物的控制，如果废物中含硫氧化物主要采用单元式吸附和吸收，如果含有硫化氢采用的单元需要吸收、吸附、催化氧化和还原等组合工艺，如果有 CO 废气常采用燃烧和催化燃烧，如果有氮氧化物废气常采用吸收吸附和催化还原的工艺，如果处理卤素及其他化合物，采用吸收工艺。

总之，有机固体废弃物中的有机物在分解的过程中，含有多种不同物理性质的化合物废气，整个处理过程需要采用不同的单元，如表 4-8 所述。

7. 生物除臭方法

目前常用的生物除臭剂主要是利用酶制品除臭剂，植物除臭剂和微生物除臭剂等药剂可以去除有机固体废弃物中的臭气。

酶制剂除臭剂主要的原理是利用氧化还原酶氧化恶臭的气体从而达到除臭的目的，现在常用的是过氧化物酶、酪氨酸酶和芳香胺类氧化成自有基或者醌类的物质。现在实践中采用从将辣根粉碎后，加入部分氧化钙的物质，能够有效地去除苯酚和挥发性脂肪酸类物质，如果在这个过程中再添加 H_2O_2 就能有效去除挥发性脂肪酸、酚类化合物和吲哚类化合物多种恶臭气体，整个除臭效果可以维持 48 h。

植物除臭剂主要是利用微乳化技术将植物提取液进行乳化后获得的水溶性的产品。现在利用天然植物提取液进行除臭的工作就是以天然植物提取液作为去除异味的工作液，然后再以先进的喷洒技术和喷雾技术迅速的分解恶臭分子。现在的苦丁茶、绿茶等提取液对硫醇的去除效果比较好，实践中利用苦丁茶提取液加上苹果的丙酮粉末后脱硫醇的效果更好。

微生物除臭剂去除垃圾恶臭是应用微生物在生长代谢过程中降解恶臭气体的原理开发出来的，是一种新的尝试和发展方向。现在常用的微生物有很多，比如巨大芽孢杆菌、热带假丝酵母、灰色链霉菌等等都具有良好的除臭效果，能够将氨气、硫化氢和具有较高除臭率的恶臭。现在市场中的一种 BM 微生物菌剂，是由大量乳酸菌、酵母菌、醋酸杆菌和光合菌做成的复合菌群，能高效去除阀值较低的恶臭组分，对阀值较高的气体物质有一定的抑制效果。生物除臭剂具有无毒和无二次污染的特点，现在很多垃圾填埋场和污水处理厂都大量使用生物除臭剂，但是因为其价格较高同时受到温度、湿度、pH 值和营养元素的影响，除去臭味物质的种类受到一定的限制。

现在对于生物脱臭的原理主要分为三个过程：①发酵物质被载体（固定化微生物）吸附的过程；②发臭物质向微生物表面扩散，被微生物吸附的过程；③利用为生物的代谢作用将发臭物质氧化分解成无臭味的物质。在这个过程中，不含氮的物质被分解为二氧化碳和水，含硫的恶臭物质分解为 S，SO_3^{2-}，SO_4^{2-}，含氮的恶臭物质被氧化分解为 NH_4^+/NO_2^- 和 NO_3^-。具体的机理如图 4-2 所示。

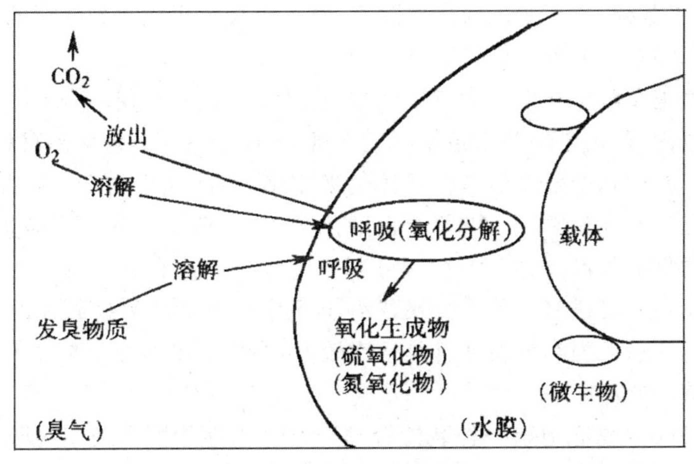

图 4-2　天然除臭原理图

生物法处理废气本质上是一种活性污泥处理的工艺。主要有生物滤池、生物滴滤塔和生物洗涤器三种形式，在实践中，人们根据这三套系统的液相运转情况（连续运转或静止）和微生物在液相中的状态（自由分散或者固定在载体或者填充物上）进行区分它们，现在工厂里常见的是生物滤池和生物滴滤塔两种。

（1）生物滤池是内部充填活性物料，恶臭气体经过湿润后从底部进入生物滤池，恶臭物质与调料上附着的生物膜（内有微生物）进行接触，被生物膜吸收后最终降解为水和二氧化碳物质或者其他的成分，经过处理后的气体从生物滤池的上不排出。整个生物滤池的进气方法可以采用升流式或者下降式，前者易造成深层物料干化，但可以防止未经填料净化的可溶性有机物排出。该方法目前研究最多并且工业最为成熟，这种方法的脱臭效率受到滤料中水分含量、pH 值、温度、布气的均匀性等影响，可以细分为土壤脱臭、堆肥脱臭和泥炭脱臭。现在有人工方法将微生物固定在填充料中并将该物料置于塔内，依靠固定微生物的作用脱除恶臭污染物已经成为现在研究和使用的重点内容。

①土壤脱臭的方法是人们最早用的一种技术，这个方法简单易行，就是将恶臭气体从下方向上方通过土壤层，利用土壤中存在的胶体物质及种类繁多的细菌、放线菌、霉菌和原生动物的吸附降解作用达到除臭的目的，常用的土壤脱臭固定床配方如下：

黏土±12%；有机质沃土±15.3%；细沙土±53.9%；粗砂±2.9%，土壤层的厚度采用0.5 m—1 m，水分保持在40%—70%，环境的pH保持在7—8之间，气流的速度一般在2 mm/s—17 mm/s合适，实践中，还常常在土壤中加入少量的鸡粪和珍珠岩等改性剂，能够提高对恶臭气体中的甲基硫醇、二甲基硫、二甲基二硫的去除率，整个土壤如果检测到酸化的发生，可以通过添加石灰的方法进行调整。

②堆肥发酵法在上述章节中讲过，也就是我们一直说的好氧发酵技术，在这个过程中，由于细菌繁殖密度比土壤高，能够达到一定的除臭效果。但是在发酵的过程中散发的恶臭气体仍然很多，因此从生物学上还需要做大量的研究。现在从装置上进行改良的比较多，一般采用密封式装置结构以加强对脱臭的控制能力。

③泥炭脱臭法是一种以泥炭代替土壤作为脱臭微生物载体的技术，因为我国有大量的泥炭原料并且价格比较低，在床层的高度达到1 m时通气性比土壤还要高。

④塔式生物滤池以一种装置合理、有效、占地面积少的生物脱臭方法，整个臭气从塔的下部进入，臭气成分通过填充层利用填充料表面生长的微生物的分解作用达到除臭的目的。在这个过程中，微生物能否正常的生长和繁殖至关重要，因此在使用的过程中需要提供微生物生长的水分和营养物质，并冲走生物代谢的生成物防止反馈抑制，并且需要在塔顶的顶部进行连续或者间歇喷淋水。因为臭气的成分不同，塔式生物滤池大致可分为吸收性和吸附性两种。所谓吸收性指的是喷淋水量硅胶多，在载体表面能够形成一层液膜，臭气乘风通过时首先溶解在液膜之内，然后再被载体表面附着的生物分解；吸附型喷淋水量少，所需要的水量制药能湿润载体表面生物膜即可，臭气成分通过时首先被吸附在载体表面生物膜上，然后再被微生物分解。

为了让塔式生物滤池高效脱臭，必须要使塔内填料的表面能够吸附大量的微生物，这是整个过程的关键，因此选择填料至关重要，一般可以从下面几个角度考虑：对臭气成分去除效率要高，材质要好(一般选择强度大、密度小)、价格低廉，持水性能好。根据实践过程中积累的大量经验，选择了多孔陶瓷、硝酸盐材料、海绵、活性炭、纤维、纤维状多孔塑料和高分子材料。在整个塔内，物料填充高度和操作时间能够明显影响到去除率，现在在欧洲和美国用该型设备去除恶臭已经比较广泛并且工艺比较成熟。

(2)Bioscrubber 现在称为生物洗涤塔，有几个装有填料的洗涤器和一个具有活性污泥的生物反应器构成，在洗涤器中喷头喷水的方向与恶臭气体的流动方向相反，将废气中污染物与调料表面接触后被水吸收后转为液相，这个过程中首先吸附的是浓度低并且水溶性好的气体，通过微生物的氧化作用直至去除。这个工艺的优点在于液相是流动的(液相中带有微生物)并且可以在两个回路中分别循环，有利于控制反应条件便于添加营养液和缓冲剂。缺点是设备需要的比价多，并且需要外加营养物造成成本价格比较高。如图 4-3 所示。

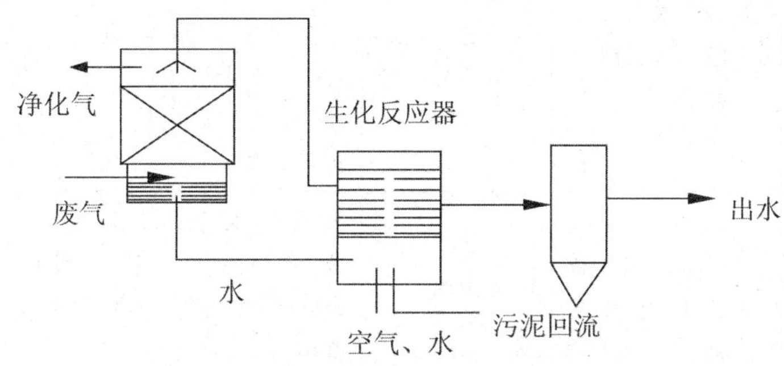

图 4-3　生物洗涤塔处理恶臭的示意图

(3)Biotrickling fliter 被认为是介于生物滤池和生物洗涤塔之间的一种处理技术，废气中的污染物吸收和生物降解在一个装置内就可完成，整个滴滤器内填充填料，循环水不断喷洒在填料上，填料表面因被微生物膜所覆盖，整个废气在通过滴滤器的过程中污染物被微生物降解，因为该型设备只有一个反应器，所以比较简单，生物相静止而液相流动，但因为整个装置内比表面积比较低，因此不适合处理水溶性比较差的挥发性有机污染物，如图 4-4 所示。

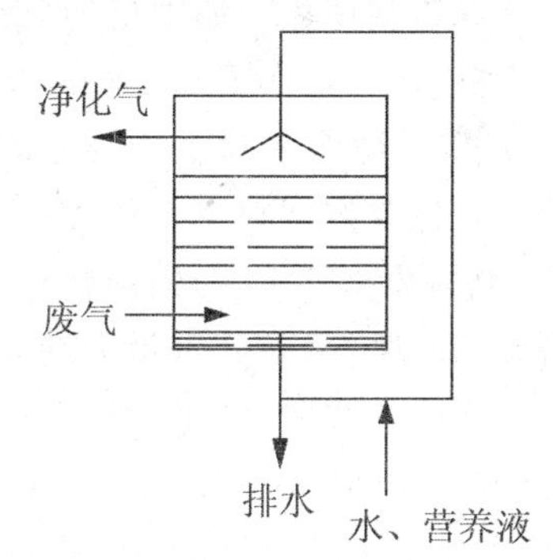

图 4-4　生物滴滤池处理恶臭示意图

生物滴滤器的优点是设备少，操作简单，填料不易堵塞，并且恶臭的去除效率高，但是如生物洗涤塔一样，需要外加营养物质，不适合处理水溶性差的化合物，整个比表面积小，适合处理含卤化合物、硫化氢和氨等会产酸产碱的污染物。

上述三种处理技术的比较见表4-9。

表4-9 不同处理技术比较

技术	特点	优点	缺点	应用范围
生物滤池	单反应器，微生物和液相固定	气/液表面积比值高，设备简单，运行费用低	反应条件不容易控制，进气的浓度发生变化适应慢，占地面积大	处理化肥厂、污水处理厂及农业、农业生产恶臭物质浓度在 0.5 g/m³—1.0 g/m³
生物洗涤器	两个反应器，微生物悬浮在液体中，液相流动	设备紧凑，低压力损失，反应条件易控制	传质表面积低，需要大量提供供氧维持高降解率，需要处理剩余污泥，投资和运行费用高	适合冲力工业产生的恶臭污染物介于 1—5 g/m³ 废气
生物滴滤器	单反应器，微生物固定在载体上，液相流动	设备简单	传质表面积低，需处理剩余污泥，运行费用高	处理化肥厂、污水处理厂及农业产生的污染物低于 0.5 g/m³ 废气

上面介绍了各种对于生物恶臭处理的方法，下面介绍国内外在利用生物法处理恶臭气体的研究方面所做的工作。

国内外生物除臭的研究进展。B. A. Sheridan 等人将养猪场释放出来的恶臭气体利用生物滤池的方法进行了处理，对 N-丁酸进行了跟踪研究，在 0.13 g/m³—3.1 g/m³ 浓度条件下可以 100％达到去除的效果，Aaron B. Neal 曾用曝气池和生物滤池的方法进行比较处理 VOC 实验，发现当温度升高后将导致调料变干和出现裂缝，导致生物去除率幅度明显降低(每升高 2℃将降低 20％)，在国内曾有研究者利用生物过滤法净化炼油污水处理设施排放的废气，在处理量大约 3 m³/h 能装短纤维泥炭填料的生物过滤器中进行连续的实验，结果发现对硫化氢，有机硫化物和苯系物的脱除率可分别达到 90％和 85％。Bordna 采用一种新的方法开发出一种新型生物洗涤器处理废气，采用贝壳和石灰石做填料用来处理恶臭气体特别有效，C. Alonso 采用生物滴滤器处理挥发性有机废气并建立了基础数学模型，这是在假定生物膜、气和水三相系统的基础上，采用不均匀生物种群和一种限定底物条件下进行的；国内的姜安玺利用黄单胞菌 He_4 和排硫杆菌 Au_{16} 固定微生物滴滤技术去除乙硫醇臭气具有很好地效果，最终的降解产物为 SO_4^{2-}，图 4-5 是生物滴滤技术处理乙硫醇臭气装置的示意图。

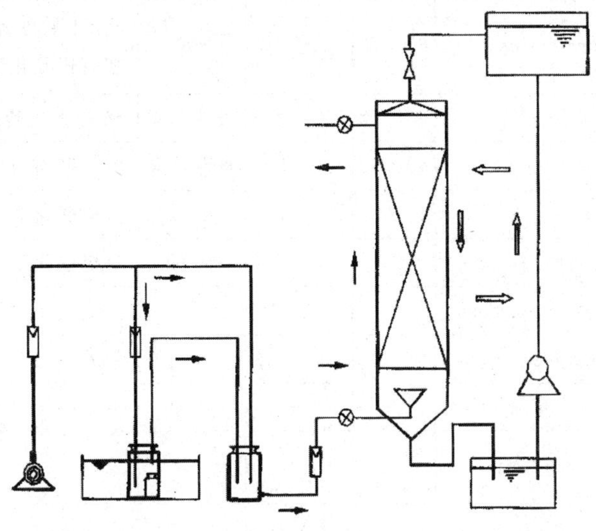

图 4-5　生物滴滤技术处理乙硫醇臭气装置示意图

上面介绍了几种微生物在脱臭处理过程中的应用，在自然界中可用于降解恶臭气体的微生物种类非常多，现在根据同化作用是否利用有机物质分为自养型和异养型两种，氧化硫杆菌能直接利用无机硫化物产生能量从而去除气体中的硫化氢，异养型微生物通过在氧化有机物过程中获得的能量同时去除恶臭气体，下面将目前实验室和工厂化使用的微生物列于表 4-10。

表 4-10　常用除臭微生物

污染物	常用微生物	温度/℃	pH 值	营养类型	备注
含硫气体	氧化亚铁硫杆菌	20—30	2—3	自养	Fe^{2+}、S^0 和无机硫化物
	排硫硫杆菌	28	6.6—7.2	自养	硫代硫酸盐
	硫化氧杆菌	20—35	1.0—3.0	自养	S^0 和无机硫化物
	脱氮硫杆菌	—	3.0	自养	S^0 和硫化物
	生丝微菌属	25—30	中性	有机化能	处理 H_2S，MT，DMDS
	绿菌霉	25—30	6.0—7.0	厌氧	含有 H_2S 的泥
	黄单胞菌属	25—27	中性	异氧	处理 H_2S，MT

续表

污染物	常用微生物	温度/℃	pH 值	营养类型	备注
含硫气体	S. acidocaldarius	60—70	1.5—3.5	异氧	S^0 和无机硫化物、Fe^{2+} 和有机硫化物
	Acidicanus	60—70	1.5—2.5	兼性自氧	S^0 和无机硫化物
	Brierieyt	40—90	1.0—5.8	兼性自氧	Fe^{2+} 和有机硫化物化物
	Pseudomonas	25—35	7.0—7.2	异氧	有机硫化物
	芽孢杆菌属	28	6.8—7.2	异氧	有机硫化物
含氮气体	Arthrobacter oxydans	—	—	—	NH_3
	Pseudomonas putida	—	—	—	甲苯
	Rhodococcus sp	—	—	—	甲苯
有机挥发性气体(VOC)	醋酸钙不动杆菌	—	—	—	苯酚
	假单胞菌	—	—	—	二氯甲烷
	分支杆菌属	—	—	—	二氯甲烷

上面介绍了针对不同物质能够除去其臭气的微生物,这些微生物的获得大部分都是需要经过长期的驯化和筛选获得的菌群,在实践中,很少采用单一微生物进行处理恶臭气体,一般都采用复合菌群的形式出现,并且还有采用合理的工艺才能达到一定的效果,比如日本的福冈县某机构就采用土壤、发酵鸡粪和活性污泥培养出微生物,可以将鸡舍排出的恶臭气体在3.5 s 内将氨气减少到 15 mg/L 的水平,能够极大的降低养鸡场鸡瘟得病率。

从上述可以得出:微生物除臭菌剂的开发是一个比较重要的方向。微生物除臭试剂是指依据微生物生长过程中产生的特殊物质能够去除臭味的原理开发微生物除臭剂,通过特殊的固定技术,包括固体和液体,将筛选获得的能够去除臭气的微生物进行固定化处理,恶臭气体从上部或者下部通过固定化的处理后能够达到去除恶臭的效果。

对油脂废水的除臭技术,最早见诸报道的是日本筛选的能够清除臭气的枯草芽孢杆菌(bacillus subtilis),能够对臭气具有非常强的降解能力和抑制臭气的效果。东京大学通过固定化技术,开发出了利用泥炭作为载体的亚硝化单细胞菌属,将这些微生物固定到作为除臭的特殊反应塔中,通过测定能够有效地去除硫化氢和氨气等恶臭成分,尤其对于低浓度的臭气,通过一定时间的处理可以获得无臭的效果。在大型的牛奶厂中，大量的牛粪产生造成了当地区域性的环境污染，尤其是臭气和废水的污染，我国科学家胡尚勤利用筛选获得的酵母和霉菌做成微生物除臭菌剂，在25℃左右与牛粪充分混合三天后就能达到基本无臭味的水平，为牛奶厂消除污染找到了比较可行的一种方法。

8. 微生物固定化技术

微生物的固定化技术指的是通过物理或者化学的方法，将游离的活体微生物定位于限定的空间区域内，使微生物与载体一起成为水不溶性的状态，但仍保持其生物活性的一项新技术。微生物的固定化技术在处理臭气技术上与传统的生物处理方法相比较，前者能够有效的保持微生物的活性和在一定表面积上固定更多的高效微生物菌种，生物浓度高、反应速度快和操作稳定，尤其是处理完臭气后能够简单方便的实现固液分离，该项技术还有一个更有利的作用，即固定化细胞技术对于有毒物质的承受能力和降解能力明显提高。微生物的固定化技术目前已经成为一种新型的生物工程技术，该项技术在废水处理，尤其是含有大量的有毒物质和一些非常难以降解的特种废水处理领域目前已经取得了令人瞩目的效果，但作为处理废气的一项新的工艺，在此领域的研究仍处于起步的阶段，目前通过微生物固定化技术处理废气的探索大部分都处于在实验室研究的阶段，大规模推广或者小试取得显著效果的报道还没有出现，可以说利用微生物固定化技术处理臭气的研究方向是未来重点领域。

固定化细胞技术，从技术上说，只要存在流动性(液体、气体)的空间上能够实现细胞自由流动都可以采用该项策略用以处理污水体或者恶臭气体，目前相对成熟的方法主要有下面三种：吸附法、交联法和包埋法。

吸附法是利用特殊的载体，比如活性炭、硅藻土等，通过静电吸引或者使用细胞的亲和性，使用特殊的载体将细胞直接吸附到水不溶性的载体上面。这个工艺比较简单，对细胞的活性没有影响，但缺点也很明显，很多微生物在载体上由于无特殊的骨架相连导致结合力比较弱，常常出现细胞泄漏的问题，经过一段时间后微生物的作用逐渐减弱甚至消失。

交联法是利用一种或者多种交联剂如戊二醛、甲苯二异氰酸酯是常使用的，通过交联剂的作用直接与细胞彼此交联构成网状的结构。该技术突出的优点是交联剂与微生物的结合强度大，微生物在交联剂内稳定性非常好，并且能够经受住pH和温度较大的剧烈变化，但该技术的缺点也非常明显，整个交联过程中化学反应激烈，容易导致细胞死亡或者严重影响细胞活性，因此在交联的过程中需要对交联剂的浓度和交联的时间进行合理的调节才能获得相对较佳的效果，目前常采用的方法是聚集-交联的方法。

包埋的方法利用载体将微生物细胞包裹在凝胶的网格结构中或者半透明的聚合膜内，常使用的载体是海藻酸钠、聚乙烯醇(PVA)，这是一种方法简单并且在整个过程中对细胞的活性影响比较小，缺点是利用包埋法处理的细胞的数量有限，易导致效率相对低下。

表 4-11 给出了吸附法、交联法和包埋法三种细胞固定化方法特征比较。

表 4-11　细胞固定化特征比较

项目	吸附性	交联性	包埋法
操作难易度	很简单	比较难	居中
微生物的活性	最高	较低	居中
与载体的结合性	可再生	不可再生	不可再生
空间阻力	很小	较大	非常大
稳定性	恨低	非常高	非常高
防止微生物的侵袭能力	有	无	有

载体在固定化细胞技术是最为关键的，现在为了使得固定化细胞的效果更好，常常选用几种载体一起，细胞载体的种类很多，但是有机载体的表面可以提供更多的反应基团，一般情况下天然高分子凝胶对生物一般都没有毒性，并且传质性比较好，但是一般存在强度不高并且在厌氧条件下能够被生物分解，在目前应用的载体中琼脂的强度最差，卡拉胶效果略好但价格高，海藻酸钠凝胶是最近几年常用的载体，因为其价格低廉并且固定的条件比较温和，缺点是海藻酸钠抗盐性比较差，在高浓度的磷酸盐溶液和钾、钠、钙等离子存在下凝胶容易破碎和溶解。聚丙烯酰胺凝胶由于其单体的毒性常导致包埋细胞容易死亡，PVA 是一种凝胶强度比较大并且价格比较低廉的载体，整个载体细胞的毒性比较小但是固定条件复杂，表 4-12 是不同载体的性能比较。

表 4-12　细胞固定化常用载体性能

固定化载体	难易度	机械度	对微生物毒性	耐微生物分解性	扩散系数 ($10^{-6}cm^2/s$)	价格
琼脂	难	极差	无毒	差	—	便宜
卡拉胶	易	较好	无毒	一般	3.73	贵
海藻酸钠	易	较好	无毒	较好	6.8	较贵
PVA	较难	好	无毒	好	3.42	便宜
ACAM	难	好	有毒	好	5.44	贵

固定化细胞处理废气案例：

美国的 PunjaiT. Selvaraj 曾经用卡拉胶包埋法和聚合多孔 BIO-SEP 颗粒吸附法进行处理 SO_2 气体的研究，在 40℃下降 75 克湿的气体加入到 300mL 含有 4%卡拉胶和 0.5%聚乙烯亚胺溶液中，进行搅拌均匀后通过注射 0.3 mol/L，温度为 10℃—15℃的 KCl 溶液中，形成粒径在 2－3 mm 的珠粒经过 2 h 后制的固定化细胞，结果显示，在整个过程中细胞耐盐度最大浓度为 2 000 mg/L(1.7 mmol/h · L)，如果大于该浓度细胞变软分解死亡。间歇式曝气池驯化培养活性污泥并用海藻酸钠包埋的方法获得固定化细胞颗粒，利用多孔板固定床反应器处理含氮的臭气，能够达到 92%的去除率，固定化生物颗粒的硝化能力很强，固定化湿颗粒对氮的硝化速度最高可达 2.93 g/(kg · d)，远远高于土壤和生物膜 NH_3 气的脱臭法。邵立明利用固定化细胞处理含有 H_2S 气体的实验，采用液相曝气的方式对污水厂二沉池污泥进行氧化 S^{2-} 活性驯化后再用载体海藻酸钠包埋法制成固定的细胞颗粒，然后将此细胞颗粒填充到生物滤塔中净化处理含有 H_2S 的气体，当含有硫化氢的气体从上而下流经该塔时，尾气经过饱和的氢氧化钠溶液洗涤后排放，该装置能够在 pH1.8—4.0 条件下正常运转，循环液喷淋率 $>0.17\ m^3/(m^3 \cdot d)$，整个气体的去除率大于 96%，生物滴滤塔最大有效处理的体积负荷为 6 000－6 500 $g/(m^3 \cdot d)$，超过该负荷运行将会造成气流阻力上升和去除率下降可通过发冲洗后运行恢复，停气 12 h 后再启动时去除效率恢复时间一般小于 26 h。

4.1.4　恶臭气处理需要做的工作

虽然现在恶臭气体在生物处理方面取得了一定的进展，并且处理效率高、无二次污染、设备简单并且费用低廉、管理维护方便等优点，但是也有一些不足之处：

①对于低浓度复杂的混合型恶臭气体的去除率方面在生物学角度还有待研究。

②能够筛选到对于特定的有机物质降解的细菌的种类和合适的接种方法的研究。

③对于整个废气的生物处理技术的动力学及生物学的原理进行研究。

④与其他恶臭气体处理方法应该结合应用研究，以提高恶臭物质的去除效果。

⑤对于设备的改进需要进行高效新型的研究。

4.2 有机固体废弃物处理过程中重金属处理

有机固体废弃物资源化处理后作为有机肥进入土壤循环作为植物吸收利用的营养源。在这个过程中,因有机固体废弃物中含有很多重金属物质,经过不断的浓缩后进入了土壤。一定浓度范围内的重金属作为微量元素能够促进植物的生长并提高抗病能力,但过度后将导致植物死亡或者转运到果实中再度累加,经循环后进入动物和人体内,出现不可想象的危害。现在,重金属污染已经成为了全球性的环境问题,并且重金属对土壤的污染导致的潜在危害引起了全世界科学家的关注,土壤中重金属对环境产生的潜在影响并能被生物吸收利用的,现在被认为是土壤中具有生物有效性并且理化性质活泼的部分重金属,这部分仅占土壤中重金属总量的很少部分,如需要评价土壤中重金属生物有效性和环境效应需要对土壤中重金属总量和生物有效态含量结合起来进行研究才是必要的。重金属的生物有效性一般是指环境中重金属元素在生物体内的吸收、积累或毒性程度。随着处理后的内含重金属物质的有机固体废弃物进入土壤,这些重金属不能全部被植物吸收,仅有少部分能被植物吸收,我们把这部分含量称为有效态含量,重金属在土壤中的有效态含量除了与土壤中重金属浓度有一定的关系外,还与土壤的理化性质、化学成分和重金属本身的形态有密切的关系,现在有研究认为,土壤中重金属元素的迁移性和生物有效性不是取决于总量而是与有效态的含量有关。重金属在土壤中的重金属分为交换态(水溶态)、碳酸盐结合态(专性结合态)、铁锰氧化物结合态、有机物-硫化物结合态(有机结合态)、残留态(硅酸盐态)这五个形式存在,具备迁移性的可溶性态和可交换态具有生物有效性,植物能够吸收利用并在植物体内完成运输和重新分配,与植物体内的特定物质反应引起相应的生理生态反应,这个过程与植物本身有关,尤其表现出器官选择性、生长适应性和种属特异性。

在土壤中,植物吸收土壤中重金属一般分为四个阶段:① 重金属离子进入土壤溶液;②重金属离子或者可溶性金属络合物向根表迁移;③金属离子护着可溶性金属络合物被根系吸收;④金属离子或者金属络合物从根系向地上部运输。其中在前两个阶段,主要受到土壤中微生物和植物因素的作用,③④两个阶段主要与植物本身的种类和金属的特性有关,这些因素都会影响重金属的生物有效性,土壤中的微生物对土壤重金属的生物有效性主要体现在两个方面:第一,微生物能够通过吸附、吸收、络合和沉淀的途径富集重金属达到降低土壤中重金属的浓度;第二,微生物能通过氧化-还原、烷基化/脱烷基化反应和分泌有机酸及螯合物等提高土壤重金属的溶解度和移动性。土壤微生物对土壤的肥力和整个作物的生长都有重要的作用，前面曾讲过，微生物不但能够直接影响土壤中的腐殖质的形成，而且能够将土壤中有机质矿化释放出无机养分。在土壤中微生物的生长能够产生生长激素和维生素类的物质，直接影响土壤的生态环境；微生物与土壤重金属之间的相互作用受到黏土矿物、无机阴离子、竞争性阳离子和有机质土壤理化性质的影响，重金属如果发生水化、有机质络合或者吸附在黏土矿物表面都会减少微生物与重金属之间的相互作用，另外，微生物还可以通过影响土壤有机质的性质和数量改变重金属-有机复合物的移动性。

提到的有机固体废弃物(污泥、畜禽粪便、生活垃圾、农业固体废物)内都含对植物生长有利的有机营养成分，当然不可避免的含有重金属和源病菌之类的有害物质，经过前期堆肥化处理后能够杀死病原菌和大部分的虫卵，但是在这个过程中，重金属经过了低浓度-高浓度的累加变化过程，如果处理不当就将导致重金属的转移，从有机固体废弃物中转入土壤中，因此需要研究重金属的生物有效性，关于该课题的研究，因为不仅仅涉及到植物-土壤的关系，还有植物的吸收能力、重金属存在的形态。以污泥堆肥为例：堆肥后的污泥投放到土壤后，重金属在土壤中有效态含量主要由所添加的堆肥中重金属的种类和含量决定，重金属的生物有效性与重金属的性质有关，Zn和Cu的生物有效性较高，其次是铬、镍、铅等最低，Zn的生物有效性随其在土壤中的有效态金属含量增加而显著升高。在堆肥的过程中，重金属的形态会发生变化，下面了解一下形态变化的趋势。

(1)可交换态的变化

在堆肥发酵处理有机固体废弃物的过程中，重金属的可交换态会随着堆肥进程发生变化，随着温度的升高，在中温期有一个初步上升的过程，在高温期将大幅升高，但在腐熟期因重金属种类不同而出现不同的变化，Cu在附属器可交换态继续升高，可交换态的Cu就由高温期的9.3%上升到10.5%，但在此期间Zn、铅和Cd含量则与高温期基本相同或略有下降，但是不管在腐熟期间重金属的可交换态升高或者下降，在堆肥结束后温度下降到室温时其内含的重金属量可交换态都会大幅度下降，以铜为例，腐熟期可交换态Cu的含量为10.5%，到堆肥结束后其含量下降达6.6%，降幅最大的是Zn含量，可以从腐熟期的15.7%下降到4.8%，下降率可达到70.6%。从此可见，可交换态的重金属在堆肥过程中虽然复杂但也有一定的规律，一般遵循先活化再钝化。铜、锌、铅、镉在整个过程中的中温期和高温期可交换态的含量升高，主要是由于有机物受微生物分解部分有机结合态的重金属在这个过程中被交换出来，在腐熟期除了Cu的含量有升高外，锌、铅、镉的含量比保持不变或者略有下降主要原因可能与堆肥的pH的下降有关联，残渣铜受到活化释放导致增加，而锌、铅、镉可能是其他形态的重金属结合更紧密而保持相对的稳定。堆肥前后，整个重金属可交换态的含量都有下降，可以推断堆肥的过程是一个钝化重金属有效性的作用，实践证明，如果在堆肥过程中选在重金属有效态含量较高的时期加入土煤灰和磷矿粉等钝化剂将起到较强的钝化作用，针对铜可在腐熟期，针对锌、铅、镉这三个金属离子可在高温期加入。

(2)其他形态重金属的变化

堆肥过程中，金属碳酸盐形态，铁锰氧化态含量的变化比较小，主要变化是可交换态，有机结合态和残渣态这三个形式，原因在于：可交换态变化的增加主要是微生物分解有机物，释放有机结合态重金属离子；可交换态，碳酸盐结合态，铁锰氧化钛和残渣态之间存在一定的动态平衡，在 pH 降低期间，平衡向生成有效态的方向移动，pH 增加向残渣态移动。在动态变化的过程中，碳酸盐结合态和铁锰氧化态变化不大的主要原因是无论 pH 升高或者降低，这两种形态的减少都会有另外一种形态补充。

上面曾提到微生物对重金属形态变化的影响，近年来随着重金属对土壤的污染越来越严重，导致土壤受到极大破坏，因为采用生物学方法进行修复土壤引起来很多学者关心，在这个过程中，微生物与重金属相互作用的研究已经成为微生物学中重要的研究领域。现在利用细菌降低土壤中重金属毒性方面的研究进行了很多尝试性工作并取得了很大进展，有研究认为细菌能够产生特殊的重金属还原酶，并对 Cd，Co，Ni，Mn，Zn，Pb 和 Cu 等具有非常好的亲和力，比如 Citrobacter sp 产生的酶能够将 U，Pb 和 Cd 形成难溶性磷酸盐，Barton 利用 Cr(VI)，锌和铅污染土壤中分离出来的菌种 Pseudomonas mseophilica 和 P，Maltophilia 对细菌去除废物中的 Se，Pb 毒性进行了研究，结果显示都能将硒酸盐和亚硒酸盐的二价铅转化为不具有毒性并且结构稳定的胶态硒和胶态铅。有研究认为，微生物能够通过主动运输在细胞内富集重金属，另一方面可以通过外多聚体螯合进入体内，与细菌细胞壁的多元阴离子交换进入体内，也能通过对重金属元素的价态变化或者通过刺激植物根系的生长发育影响植物对重金属的吸收，微生物也能产生有机酸、提供质子及与重金属络合的有机阴离子从而形成水溶性有机金属络合物，除了细菌外，有些真菌也能产生低分子量的络合剂及细胞外螯合剂能增加土壤中的 Pu 和 In。在土壤修复过程中，常加入柠檬酸作为络合剂，更好的方式调配合适的易于产柠檬酸的微生物的生长环境，直接在土壤中产生柠檬酸物质，因此利用生物技术的方法对有机固体废弃物中重金属污染进行处理是一个比较好的研究策略。

4.2.1　重金属处理的方法

重金属具有生物富集性，环境中微量的重金属对人类造成的危害不可低估，有报道：水生生物体内重金属浓度可以达到周围环境中重金属浓度的几百到上万倍，随着食物链的不断转移最终在生物体内积累，当超过一定的阀值后毒性即可体现。利用微生物修复被重金属污染的土壤具有独特的作用，我们可以根据这个原理处理有机固体废弃物中的重金属。首先看一下微生物在土壤中降解土壤中重金属毒性的基本原理。微生物可以吸附积累重金属，改变微环境，能够提高植物对重金属的吸收、挥发和固定效率，常用的如动胶菌、蓝细菌、硫酸还原菌及某些藻类物质，能够产生细胞聚合物与重金属离子形成络合物。这也就是我们现在说的生物吸附法，这个方法就是通过生物体及其衍生物对有机固体废弃物中的中离子吸附作用，达到去除重金属的方法，能够吸附重金属的生物材料我们现在称为生物吸附剂，主要就是细菌、真菌和藻类物质。

现在对于有机固体废弃物中的重金属离子的处理一般有：化学法、生物吸附法和生物淋滤的方法。

1. 生物吸附法

现在常用细菌、真菌和藻类及农业废物处理。

细菌是自然界分布最为广泛的并且个体数量最多的有机体，其表面含有重金属离子积累的场所，细胞壁主要由甘露聚糖、葡萄糖、蛋白质和甲壳质组成，这些组成中可以与重金属离子结合的主要官能团包括磷酰基、羟基、羧基、硫酸酯基、氨基和酰胺基等，其中 H，O，S 等原子可以提供孤对电子与金属离子配位络合。金属离子能够与细胞表面上的阴离子相互作用而被固定住，当其结合到细胞壁上时可以防止这些金属渗透到细胞内部而减少毒害作用，其本身必需的金属离子可以通过细胞膜进入细胞内部，现在常用的细菌是芽孢杆菌，如枯草芽孢杆菌、地衣芽孢杆菌、多粘芽孢杆菌都具有非常好的潜在能力，这些微生物在其细胞壁表面存在很厚的网状的肽聚糖结构，因此具有强大的吸附能力。

真菌类物质比如酵母、霉菌对重金属有很高的吸附能力，霉菌和酵母菌能够吸附和积累重金属，既可以以代谢为目的主动吸附，也可以通过细胞表面组成成分的负电性而引起的被动吸附和结合，有人用酱油曲霉对 Pb^{2+} 和 Cd^{2+} 的吸附率分别为 69.76％和 72.28％，采用米曲霉则分别为 60.64％和 81.34％，可以说酿酒酵母菌目前是最有实用潜力的重金属吸附剂，可以吸附多种有毒重金属。

藻类物质是一种自养光合生物，包括淡水藻和海藻两大类，对许多的重金属具有良好的生物富集性，主要机理在于藻类的细胞壁是由多糖、蛋白质和脂类物质构成的，不同的细胞壁成分具有不同的金属吸附位点，并且藻类物质的表面多具有皱褶从而形成比较大的比表面积，可以提供大量的与金属离子结合的比如羧基、羟基、酰胺基、氨基和醛基等官能团，这些官能团不仅能够发生吸附作用，并且所用的时间非常短，不需要任何代谢过程的产物和能量，一般海藻对铅、铜和铬的吸附量分别为 10－1.6 mmol/g、1.0－1.2 mmol/g 和 0.8－1.2 mmol/g，一般对于水体中的总金属吸附速度在 10 min 内可达到 90%。其中褐藻利用离子交换的机理吸附重金属是其主要的机制，主要利用的是褐藻表面的羧基基团，其次是硫酸酯基和氨基在生物吸附中发挥作用。

利用农业废弃物吸附重金属的方法现在在实践中已经应用，因为有机固体废弃物因为数量大、可再生并且再生周期短，能够降解等诸多优点，利用农业废弃物吸收金属离子，一方面可以由于其孔隙度较大的特点容易与金属离子发生物理吸附，另一方面，其含有一些活性物质如羧基和羟基，能够发生离子交换、螯合等方式吸附金属离子，但总体因活性物质较少，吸附效果不是很理想。

现在对有机固体废弃物中的重金属离子的处理很多采用生物吸附的方法，这种机理的研究虽然没有完全清楚，但是通常认为非活性细胞或者死细胞主要通过物理化学机制去除污染物，主要受到细胞表面组分和性质的影响，可能涉及到的机理有离子交换、络合、静电相互作用和微沉淀的过程，生物吸附剂的解吸是指加入某种物质，使其代替已经于吸附剂结合的重金属离子，使得重金属离子能够从吸附剂表面转移到溶液中去从而成为溶解性离子，解吸对于吸附剂的再生有重要意义，如果某种生物吸附剂的解吸效果比较好并且能够重复利用，说明该吸附剂是一种优良的吸附剂，具备很大的实际应用能力。实践中发现，盐酸和硝酸对吸附有铅离子的黄孢原毛平革菌有较好的解吸效果，可达到 90%以上，以 EDTA 对吸附有铅离子的黄孢原毛平革菌的解析率高达 95%。生物吸附现在有很多优点，投资小，效率高，无二次污染，还可回收重金属，具有较好的技术优势和经济效益，但目前技术手段不成熟，仅限于实验室。

除此之外，胞外沉淀、胞内隔绝（重金属进入细胞内并积累，组织其对细胞器的毒害作用）、主动运输（有染色体和质粒编码主动输出系统，将重金属从细胞浆内排出，可以分为由 ATP 水解供能的输出途径和由质子梯度供能的输出途径）及生物转化（甲基化作用，主要作用于硒和汞；还原作用和氧化作用，主要作用于银、砷、金、镉、汞、钼、硒），重金属一旦进入微生物细胞，就可以通过上述作用将重金属转化成价态稳定、毒性较小或者无毒的化合物，从而减轻对生物体的毒害作用，其中抗性基因编码解毒酶能够催化高毒性金属转化为低毒物质。

可以说，微生物对重金属的抗性多是由染色体外的质粒或者转座子上的抗性基因决定的，抗性基因编码金属解毒酶催化高毒性金属离子转化为低毒形态，其中微生物对汞的转化研究基本清楚，革兰氏阴性菌和革兰氏阳性菌中都发现了 Hg^{2+} 抗性菌株，这些菌株含有一套 Hg^{2+} 抗性操纵子，能够编码重金属解毒酶、编码调节蛋白、周质结合蛋白和细胞膜转移蛋白，这些基因不但对重金属解毒，而且还具有自我调节等一系列功能。

2. 化学法主要指的是物理化学和电化学

化学法中酸化法去除重金属是比较重要的一种方法，就是将硫酸、盐酸和硝酸等酸性化学物质直接投放到有机固体废弃物中，降低废弃物中的 pH 从而将部分重金属转化为离子形式溶出，或者直接用 EDTA、柠檬酸等络合剂通过氯化作用、离子交换作用、酸化作用螯合剂和表面活性剂的络合作用将重金属分离出来达到去除重金属总量的目的。这种作用的方法具有除去的效果好并且时间短，但是处理过程中使用过量的酸并且不同的有机固体废弃物的种类不同，所需要的酸的总量差异比较大，并且处理后需要再添加大量的水和石灰冲洗易造成二次污染的发生，可以说这个方法对于小型的废弃物可以处理，但是如果大规模处理不适用。

有研究者提出了采用电化学的方法处理有机固体废弃物中的重金属，将废弃物囤积在固定的容器之内，将电极插到固体废物中，通过微弱的电流形成直流电场后，废弃物内部的矿物质颗粒、重金属及其化合物、有机物等在直流电场的作用下发生一系列复杂的反应后，通过电迁移、对流和自由扩散的方式进行后富集到电极的两端，从而达到降低有机固体废弃物中重金属的目的，这个方法首先将不同形态的金属污染物转变成可溶状态进入液相系统后，再在电场作用下通过离子迁移和电渗定性迁出。这种方法对金属去除效果好，所需要的能耗也低，但是仅对可交换态或者溶解态的金属有效果，对于不溶性的重金属需要首先改变其存在的状态后再使用该法。现在采用的离子交换树脂的方法能够将重金属与树脂上的可交换离子进行交换，因为离子交换树脂是由树脂本体和活性基团两部分组成的，利用这个方法可以将有机固体废弃物中部分重金属进行交换，但该方法效率较低并且用于活化树脂的工序比较复杂，在水体中利用性相对较好，可以有效除去镉、铜和镍类物质。

固定化现在也是一种比较好的方法，利用物理化学的方法将有机固体废弃物和固化剂搀和在一起，通过固化剂的吸附和固化作用将重金属转变为低溶性的稳定状态而不容易被浸出，从而达到目的，现在常用的固化剂有水泥、石灰和工业矿渣等，这个方法仅能在一定程度上起作用，不能从根本上解决问题。

科学家为了解决从有机固体废弃物中去除重金属，发明了生物淋滤的方法，利用氧化亚铁硫杆菌和氧化硫硫杆菌等嗜酸性硫杆菌产生的氧化、还原、络合、吸附和溶解的作用，将固相中某些不溶性的重金属分离浸提出来的一种方法。这个技术是从提取矿石或者贫矿中金属的溶出或者回收技术来的，这种方法的作用机理是硫杆菌通过曝气供氧和添加硫酸亚铁及硫粉颗粒后，降低了有机固体废弃物的 pH 值后，整个环境中的金属离子处于吸附和化合态的便得以转移到液相中，再通过离心的作用就可以除去重金属离子。这个方法在试验中的效果较好，有人利用接种氧化亚铁硫杆菌进行污泥生物淋滤可有效地溶出污水和污泥中的重金属，经过 4－10 天的过程就可将镉、铜和锌的去除率达到 80％，100％和 100％的效果。这种技术消耗酸量比较少，运行的成本也比较低，实用性强，具有非常大的潜力。关键的不利问题是所使用的细菌增值速度比较慢，处理的效果不是很稳定，如果解决稳定性问题将是非常好的处理方法。

除了化学方法之外，物理方法也是一种有效去除重金属的有效途径。下面介绍几个常用方法。

石灰固定法。这个方法是将生石灰混合粉煤灰，能够有效的将重金属进行固定，尤其能够固定铅和镉，制药调节好合适的 pH 值就能将环境中的重金属进行稳定固化。

螯合药剂法。药剂稳定化是利用化学药剂通过化学反应使有毒有害物质转变为低溶性、低迁移率和低毒性物质的过程，这类技术目前处于发展阶段，目前发展比较快的是螯合性有机重金属稳定剂，对包括有机固体废弃物焚烧在内的多种重金属污染物的稳定化处理效果已经得到了证实，经过重金属整合剂处理的飞灰具有很强的抗酸、抗碱冲击的能力，经过磷酸盐处理后飞灰重金属的浸出率很小，尤其是对于铅离子，在 pH4－13 的范围内铅的浸出量都很小，经过铁酸盐处理后的飞灰在 pH5－12 的范围内也有非常好的抗浸出能力，也有研究者提出利用飞灰热处理回收重金属，在飞灰热处理过程中，重金属的挥发不可避免，因此通过加入不同的添加剂如氯化钙或者氯气增加金属的挥发，利用重金属氯化物蒸发温度的不同回收重金属化合物作为冶金材料。

4.2.2 重金属对微生物的毒性作用

有机固体废弃物发酵过程中，内部物料存在大量的有益微生物，另外为了促进发酵的快速进行，工厂化生产过程中常添加腐熟剂促进发酵，其内含有大量的微生物。在前面曾经讲过，如果在发酵腐熟的高温期或者腐熟期添加钝化剂能够将有机固体废弃物中的重金属发生钝化，将重金属的有效态转化为其他形式的重金属从而降低重金属的毒性。虽然我们现在对微生物在好氧发酵过程有了一定的了解，但是对堆肥过程中有机固体废弃物中的重金属对微生物的毒理效应却认知很少，下面我们以堆肥中常用的枯草芽孢杆菌(Bacillus sp)为研究对象，对铜、锌、铅和镉单一金属对枯草芽孢杆菌的毒性效应进行考察。图 4-6 是枯草芽孢杆菌生长曲线图。

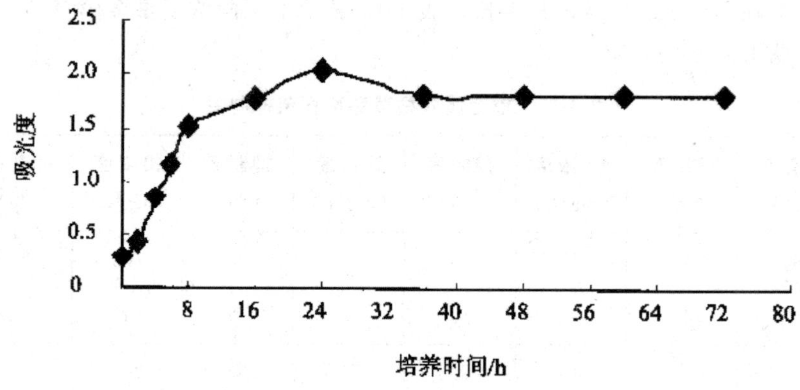

图 4-6　枯草芽孢杆菌生长曲线图

我们现在已经知道，在细菌、真菌和藻类细胞上有许多结构成分能够结合重金属，可以作为重金属的有效生物吸附剂，在上面我们提到的吸附法除去重金属就是基于这样的机理，这些结构能够阻止重金属进入细胞，微生物也可以通过产生硫化物从溶液中去除重金属，可以说细菌和真菌(酵母)积累和运输重金属的能力远超过其生物吸附所吸收的重金属的量，并且能够将其储存在细胞的某些器官中，将重金属活性失去，因此对微生物对重金属的吸收和吸附机理的了解，对研究和利用堆肥过程中重金属形态变化有重要的意义。

现在常用的一个指标似乎 EC50 值，可以作为急性毒性实验的指示，EC50 值是细菌细胞生长抑制率为 50%时受试物的浓度。如果能够获知重金属对堆肥过程中典型微生物的 EC50 值对知道堆肥工艺的进行有重要的的实用意义。可以说，在整个环境中，重金属对微生物的生长胁迫作用经常出现，当重金属的浓度一旦突破到一定程度后将抑制微生物的生长，这种结果的出现将导致堆肥进程，因此获知重金属对微生物的 EC50 值将对整个堆肥工艺有重大的指导意义，也是处理有机固体废弃物含有过量重金属时资源化利用的重要依据。

一般的枯草芽孢杆菌在培养的初期生长速度一般较慢，经过 2 h 培养后由滞后期呈现指数增长，在 8 小时后吸光度能够迅速的从 0.28 增加到 1.5，在培养 24 小时候达到最大吸光度 2.1，然后稍有回落，培养 2 d 后能够基本稳定，因此，我们选择在稳定点时检测 EC50 值作为研究的对象。由实验可获知，如果重金属的浓度都在同一等级水平下，镉＞铜＞锌＞铅对枯草芽孢杆菌的抑制率以此降低，同时研究也表明，低浓度时除镉之外能够对枯草芽孢杆菌具有促进生长的作用，浓度一旦升高将出现抑制作用。比如铅浓度如果超过 1 000 mg/L 时微生物完全停止生长，镉对枯草芽孢杆菌的抑制浓度在 100 mg/L 阻止其生长。表 4-13 显示了不同浓度重金属对枯草芽孢杆菌抑制率的影响。

表 4-13　重金属对枯草芽孢杆菌抑制率

Cu 浓度（mg/L）	抑制率（%）	Zn 浓度（mg/L）	抑制率（%）	镉浓度（mg/L）	抑制率（%）	铅浓度（mg/L）	抑制率（%）
30	40	20	1.8	5	9	100	－48
40	43	30	15	8	18	140	－22
50	46	45	20	13	36	200	30
65	55	68	52	20	48	270	38
85	60	100	52	33	66	380	43
110	75	150	73	52	73	540	64
145	77	230	82	84	79	750	83

铜、锌、铅、镉四种重金属对枯草芽孢杆菌 EC50－48 h 的数据分别为 50 mg/L，88 mg/L，360 mg/L 和 24 mg/L。上面的数据是单一的污染实验，实际上，在有机固体废弃物中可能同时存在多种重金属，大部分的研究证明复合重金属的污染较单一重金属污染明显要高，往往出现重金属污染的复合协同效应，比如仍然以枯草芽孢杆菌为例，单一污染时，铜的浓度为 5 mg/L 时抑制率为－0.2%，锌浓度为 10 mg/L 时抑制作用为－10.3%，铅的浓度为 100 mg/L 抑制率为－8.8%，镉浓度为 4.5 mg/L 抑制率为 10%，一旦复合污染，在同等浓度下抑制率为 38%。也就是说，在单一污染产生刺激作用浓度下，复合污染产生明显的协同效应，其结果使得重金属复合污染的毒性阀值浓度降低幅度加大，毒性明显增强。

4.2.3　堆肥过程中微生物对重金属的吸收

大量的实验表明，以枯草芽孢杆菌为典型微生物对重金属的吸收情况可表明微生物与重金属吸收率和浓度之间的关系，可以为单一的污染及复合污染时微生物对重金属吸收状况提供参考，并且可以利用低浓度重金属在微生物培养时对微生物进行驯化。表 4-14 是通过大量实验获得的枯草芽孢杆菌对不同浓度重金属溶液的吸收率，为研究微生物驯化后对不同浓度重金属溶液吸收提供参考。

表 4-14　不同浓度重金属对枯草芽孢杆菌抑制率

重金属	溶液浓度 mg/L	吸收量/mg	吸收率/%
铜	20	0.18	30
	40	0.61	50
	80	1.6	67
锌	20	0.24	40
	40	0.69	57
	80	1.77	74
铅	100	0.68	23
	200	2.1	36
	500	6.5	43
镉	10	0.09	31
	20	0.1	17
	40	0.08	6.9

一般情况下，随着重金属浓度的升高微生物对其吸收率随之升高，但是浓度上升和吸收率上升不呈现线性关系，因为在这个过程中，重金属对微生物的毒性越来越大，虽然微生物本身的渗透压不断升高，但是参与吸收重金属的微生物的量却可能受到抑制而降低，微生物吸收重金属的量是由重金属渗透压的增加对重金属进入菌体的作用程度和重金属浓度的增加对微生物生长抑制的综合作用决定的，前者由于菌体本身吸收重金属，后者减少参与吸收重金属的微生物的数量，因此随着铜、锌和铅重金属的浓度增加，菌体对重金属吸收率升高，主要的原因还是重金属渗透压的增加对重金属进入菌体的作用大于重金属浓度的增加对微生物生长的抑制作用对菌体吸收

重金属的影响要大。与之不同的是，随着镉浓度的增加，直接限制了枯草芽孢杆菌的生长，参与吸收重金属的微生物数量非常少，导致吸收率比较低，在镉浓度为 40 mg/L 时从原来的 31％的吸收率直接降低到 6.9％。大量研究认为，微生物对重金属的吸收取决于微生物本身的特性以及所处环境中重金属的理化性质，重金属浓度升高能够导致微生物的渗透压升高，在一定程度上促进微生物能够吸收更多的重金属，但是当重金属浓度升高到一定程度时，重金属将对微生物的生长产生强烈的抑制作用，此时吸收率将极度下降，因此，微生物吸收重金属的量由重金属浓度的增加引起的渗透压增加产生的对重金属进入菌体的促进作用程度和重金属浓度增加对微生物生长抑制作用的综合作用所决定。

4.2.4 堆肥对重金属的吸附-解吸机理

将有机固体废弃物进行堆肥化处理后的产品对土地有机质的提升和其他改良都有很好地发展前景，对因内存的重金属对土壤有可能造成的二次污染隐患，尤其一旦进入食物链后将严重威胁人体健康，因此需要探知其中重金属存在的状态。在整个堆肥过程中能够造成污染的主要重金属状态是可交换态，因此了解污泥堆肥产品中的可交换态在环境中的迁移和转化，搞清堆肥产品对不同浓度重金属可交换态的吸附量，进行解析实验，对合理利用和处理堆肥中的重金属有重要的意义。

1. 等温拟合

现在针对重金属在有机固体废弃物堆肥产品中的吸附等温线可通过 Freundlich 方程拟合，本方程原是描述固-气吸附规律的经验公式，现已能从理论上推导而将它应用于固体自溶液中的吸附。很多学者认为，Freundlich 方程中的 1/n 值可作为土壤对重金属吸附作用的强度指标，1/n 值越大，表示土壤对重金属离子的吸附作用越大。表 4-15 列出几个重金属在以污泥堆肥中的吸附等温线拟合参数。

表 4-15 吸附等温线拟合参数

内容	Freundlich 方程 $S=KC^m$		
	r	K	n
Cu	0.972 0	634.1	0.985 1
Zn	0.958 0	81.90	0.905 1
Pb	0.970 1	3 943	1.516 0
Cd	0.916 1	622	1.128 0

2. 吸附量与解析率关系

在整个有机固体废弃物堆肥中，重金属的解吸率随着吸附的重金属的量升高而升高，但是总体而言解吸率比较低，在很多重金属里面，锌的解吸率最高可达到 12.1%，而镉的解吸率最低位 0.2%。吸附量与解析率关系如表 4-16 所示。

表 4-16　吸附量与解析率关系

	不同吸附量之下的解吸率							
铜浓度(mg/L)	5	10	20	40	80	120	240	400
吸附量(mg/kg)	63	193	389	770	1 544	2 330	4 656	7 672
解吸率(%)	0.8	1.3	1.5	1.9	2.1	2.7	2.7	3.4
锌浓度(mg/L)	5	10	25	50	100	300	600	1 000
吸附量(mg/kg)	68	157	416	770	1 710	4 430	7 450	14 190
解吸率(%)	0.9	1.3	1.6	2.1	3.6	6.6	10.9	12
铅浓度(mg/L)	5	10	25	50	100	300	600	1 000
吸附量(mg/kg)	98	196	366	678	1 657	5 033	10 500	17 311
解吸率(%)	0.8	1.3	1.7	2.3	3.8	5.1	7.5	10
镉浓度(mg/L)	0.5	1	2	5	10	25	50	100
吸附量(mg/kg)	8.9	18.8	39	97	196	488	970	1 920
解吸率(%)	0.2	0.2	0.2	0.4	0.7	1.3	1.4	2.4

通过大量实验获得的数据表明，在堆肥过程中，镉在堆肥产品中结容量小而铜和铅解析强度大，锌不容易解吸，说明锌离子与堆肥产品具有良好的结合能力，一旦被吸附则容易再释放。

可以说，通过上述的物理、化学和生物措施，结合堆肥中出现的能够添加外源物质钝化重金属的特性及对重金属的吸附和解吸的原理及措施，在实践中，我们可以考虑针对特定的材料进行单一或者复合的处理技术。

现在大部分工作集中在重金属污染的再处理过程，大部分针对的是对土壤的修复处理，并提出了很多策略性的思路和想法，但是如果从源头控制污染将起到事倍功半的效果，针对有机固体废弃物中的大量重金属问题，需要在进入土壤前处理其中的重金属，或钝化或吸收解吸，将内在的重金属量控制在一定的低范围，对于后期土壤的改良和改造都具有积极的效果，这方面的工作还需要投入大量的科研和资金的支持。

第 5 章　有机固体废弃物处理新工艺

当今全球都面临共同的挑战性问题:能源短缺和环境污染。现在全世界所需要的能源 80%依赖于诸如石油、天然气和煤炭,众所周知现在这些能源在地球上的储备越来越少,并且在大量使用的过程中对环境造成了巨大的破坏作用,面对日益紧张的状况,寻求新的清洁可再生能源物质代替化石燃料已经成为当前世界的研究热点,作为废弃物制作乙醇的工艺虽然不是很成熟,但是经过大量的科学研究已经逐渐进入生产,除此之外,现在对利用农业秸秆废弃物秸秆获得氢气的研究、从废弃物中获得新的物质如蛋白、木糖、氨基酸、抗生素、核苷和酶制剂等,以及从畜禽粪便中获得有机磷等等的研究现在已吸引大量的科学家进入该行业,相信在不久的将来,利用有机固体废弃物获得上述物质并规模化利用这些物质指日可待。

5.1　有机固体废弃物发酵制氢

氢气作为一种清洁无污染的绿色能源备受大家关注,氢气具有特别的优点:燃烧后只有水无其他污染物质存在;燃烧热值高,每千克氢燃烧后释放的热量为 142.35 kJ 热量,是汽油的 2.75 倍,酒精的 3.9 倍,焦炭的 4.5 倍,并且氢气还是一种工业生产中重要的化工原料。现在获得氢气的方法基本上有两种:物化法和生物法。物化法主要是水电解法,水煤气转化法和甲烷裂化法,但这些产氢气的方法最大的一个缺点是需要消耗大量的能源,因此现在利用生物法产氢因无需消耗大量能量并且具有经济和环境友好等优点,很多科学家已从多个途径进行了研究。图 5-1 是生物发酵产氢的示意图。

5.1.1　原料物质

微生物能够产氢,其物质来源主要乙酸和丙酸。乙酸是厌氧发酵中的主要代谢中间产物,一部分来源于发酵的过程,另一部分来源于产氢、产乙酸细菌对脂肪酸的降解,脂肪酶将脂肪水解后得到脂肪酸能被产氢和产乙酸菌所利用,其中碳链数是偶数的脂肪酸被降解为乙酸和氢气,而奇数碳链脂肪酸被分解为乙酸、丙酸和氢气,这类细菌一般要与利用氢的产甲烷菌或

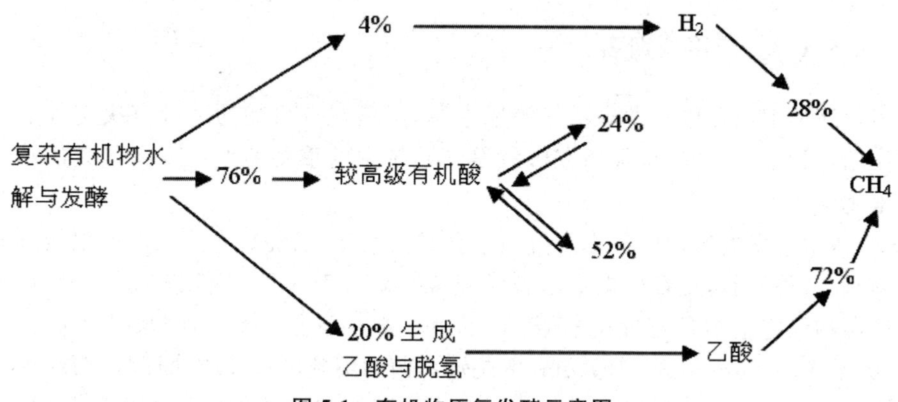

图 5-1　有机物厌氧发酵示意图

脱硫弧菌共栖存在，在厌氧消化的过程中只能与氢利用细菌共栖才能生存的细菌浓度高达 4.5×10^6 个/mL。但是产甲烷菌通常只能利用乙酸，只有极少数的才能利用丙酸，而在发酵和奇数碳链脂肪酸的降解过程中产生丙酸和丁酸，这些有机酸不能被降解从而导致厌氧发酵液中的 pH 持续降低导致酸败，选择合适的厌氧发酵消化的微生物群中还有能够将丙酸和丁酸降解成乙酸和氢的微生物是关键，现在把这些微生物称为 OHPA 菌，常用的沃氏互赢单胞菌(Syntrophobacter wolinii)就能将丙酸分解为乙酸和氢气。由 OHPA 菌代谢产生的乙酸和氢的总量大约能够找到产甲烷菌底物的一半左右，因此 OHPA 菌在厌氧发酵系统中占据重要的地位，这也是能够产氢的基础。在实践中发现，OHPA 菌对 pH 的变化非常敏感，因此必须保证厌氧发酵液中 pH 在中性范围内，发酵周需要 2—6 天，生长速率较产甲烷菌要慢，因此需要防止酸败的发生。发酵细菌和 OHPA 菌的生长和代谢的过程需要消耗大量的 ATP，厌氧发酵过程总能在生物脱氢的过程中获得 ATP，脱氢的过程需要依赖细菌内的氢手气 NAD^+，但是该物质的数量是有限的，因而依赖于 $NADH_2$ 成为新的途径，$NADH_2$ 的氧化途径有两条：一是在氢酶的作用下 $NADH_2$ 直接脱氢形成 H_2 溢出，但是这个途径在厌氧发酵过程中并不常见，二是以部分代谢中间产物作为氢的受体，在 $NADH_2$ 氧化的同时使中间代谢产物本身转化为还原态发酵产物，由于这些发酵产物基本上都是有机酸，因此又会对 pH 的控制和微生物生长产生不利影响，因此要解决这些问题，关键是系统内必须存在产甲烷菌，通过产甲烷菌的代谢就能从底物上脱除下来的氢用于甲烷的合成而溢出系统，保证整个发酵环境的 pH 的稳定。

通过上述可知，要获得氢气首先要满足整个系统中有产甲烷的细菌存在，下面介绍产甲烷细菌。

5.1.2 产甲烷细菌

该类细菌在厌氧发酵系统的最末端，但是对有机物的降解有决定性的作用，因此对于产甲烷细菌在厌氧发酵系统中的重要的地位现在研究的越来越深入。

(1)产甲烷细菌的形态和分类。到目前为止，已经分离鉴别的产甲烷细菌有 70 种左右，现在根据形态和代谢特征划分为 3 目、7 科、19 属，产甲烷杆菌的细胞呈细长弯曲的杆状、链状和丝状，两端钝圆，细胞尺寸大约为(0.4—0.8) μm×(3—15) μm，甲烷短杆菌的细胞呈短杆或球杆状，两端锥形，细胞大小为(0.7—0.8) μm×1.7 μm，甲烷球菌的细胞为不规则球星，直接在 1.0—2.0 μm 之间，甲烷螺旋细胞呈现对称弯杆状，常结合在一起成为长度达到几十到几百微米的波浪丝状，甲烷八叠球菌的菌状呈球状，而且常常有很多菌体不规则的聚集到一起，形成几百微米的球体，甲烷丝菌细胞呈杆状，两端扁平，成形成很长的丝状体。产甲烷细菌的分类如表 5-1 所示。

(2)产甲烷菌的生理特征。目前从产甲烷菌的营养角度来看，它们可以利用的碳源和能源非常有限，常见的底物为：H_2/CO_2，甲酸，甲醇，甲胺和乙酸，个别的能够利用 CO 作为碳源，但是整个生长性很差，还有个别的能够利用异丙醇和 CO_2，也有一些能够以甲硫醇或者二甲基硫化物作为底物合成甲烷。大部分产甲烷菌能够利用氢，但也有例外，现在发现的嗜乙酸型索氏甲烷丝菌、甲烷八叠球菌 TM-1 菌株和嗜乙酸甲烷八叠球菌都不能利用氢，专性甲基营养型的蒂氏甲烷叶状菌、嗜甲基甲烷拟球菌和甲烷嗜盐菌只能利用甲醇、甲胺和二甲基硫化物等还有甲基的底物，也是不能利用氢的，如果系统中硫酸盐的浓度过高，即使本来能利用氢的产甲烷菌也会丧失消耗氢的能力。这虽然对产甲烷不利，但正是产氢所需要的。产甲烷菌有一个共同的特点，都能利用氨作为氮源，虽然利用有机氮的能力比较弱，但是离不开氨。低浓度的硫酸盐能够刺激某些甲烷菌的生长，但不能利用硫酸盐作为硫源，只能利用硫化物，少数能够利用半胱氨酸和蛋氨酸等含有硫铵基酸中的硫作为硫源。某些金属离子能够促进甲烷菌的生长和代谢，如 Ni，Co 和 Fe，因为 Ni 离子室氢酶和辅酶 F_{420} 的重要成分，Co 离子在咕琳合成中是必需的，Fe 离子的需求量比较大。另外很多产甲烷菌需要生物素的刺激作用。

表 5-1　产甲烷细菌的分类

甲烷杆菌目	甲烷杆菌科	甲烷杆菌属	Methanobacterium
		甲烷短杆菌属	Methanobrevibacter
	高温甲烷杆菌科	甲烷球状菌属	Methanosohaera
		高温甲烷菌属	Methanothermus
甲烷求均属	甲烷球菌科	甲烷球菌属	Methanococcus
甲烷微菌目	甲烷微菌科	甲烷微菌属	Methanomicrobium
		甲烷螺菌属	Methanospirllum
		产甲烷菌属	Methanogenium
		甲烷叶状菌属	Methanolacinia
		甲烷袋形菌属	Methanoculleus
	甲烷八叠球菌科	甲烷八叠球菌属	Methanosarcina
		甲烷叶菌属	Methanolobus
		甲烷丝菌属	Methanothrix
		甲烷拟球菌数	Methanococcoides
		甲烷毛状菌属	Methanosaeta
		甲烷嗜盐菌属	Methanohalophilus
	甲烷片菌属	甲烷片菌属	Methanoplanus
		甲烷盐菌属	Methanohalobium
	甲烷微粒菌科	甲烷微粒菌属	Methanocorpusculum

5.1.3　产氢过程

根据上述描述，产甲烷的过程也就是产氢的过程，如何调整整个的发酵机制，使得更向目的产物氢气转变，需要很多的机理，但是本质上来说，在整个代谢过程中，如要获得大量的 H_2，需要阻断 H_2 和 CO_2 合成甲烷的途径，将脱氢酶和还原酶途径切断就能获得更多的 H_2 和较少的 CH_4。

在这个过程中，微生物通过厌氧发酵产生氢气，这个过程包括四个过程：水解阶段、发酵酸化阶段、产氢产乙酸阶段和产甲烷阶段。

(1)水解阶段是复杂的大分子有机物首先在细菌胞外酶的作用下分解为小分子有机物质，从而有能力穿透细胞膜为细菌直接利用。如淀粉被淀粉酶分解为麦芽糖和葡萄糖，蛋白质被分解为短肽和氨基酸。目前参与该过程的微生物有细菌、原生动物和真菌，大部分都是专性厌氧菌，个别为兼性厌氧菌，根据功能分为纤维素分解菌、碳水化合物分解菌和蛋白质及脂肪分解菌。

(2)发酵酸化阶段。被分解为小分子的有机物质，在发酵细菌的作用下，在细胞内被转化为更简单的化合物并分泌到细胞外，这一阶段的主要产物有挥发性有机酸(VFA)、醇类、乳酸、二氧化碳、氢气、氨及硫化氢等物质，酸化过程是由大量的、数目众多的发酵细菌完成的，其中最主要的是梭状芽孢杆菌(Clostridium)和拟杆菌(Bacteriodes)。

目前，适用于水解发酵的细菌主要有：梭菌科(Clostridiaceae)、链球菌科(Streptococcaceae)和芽孢乳杆菌科(Sporolactobacillaceae)、毛螺菌科(Lachnospiraceae)等。现在已经知道，产酸发酵的末端产物的组成和环境条件、底物种类及微生物菌群组成结构关系极大，有机物产酸发酵一般存在三种类型：乙醇型、丁酸型和丙酸型发酵。对于这三种不同类型的发酵，它们优势菌群各不相同，甚至同一种发酵类型底物不同时优势菌群也不一样，比如乙醇和乙酸的浓度都比较高时，整个厌氧发酵体系内的优势菌群是梭状芽孢杆菌属，如果产物中乙酸浓度比较低乙醇含量比较高时优势菌群为拟杆菌属，可以说，产酸型厌氧发酵系统处于一个动态的变化过程，各代谢产物的比例随优势种群的变化而不断变化。

(3)产氢和产乙酸阶段，该步骤主要有产氢产乙酸菌和同型产乙酸菌(HPA)共同完成，是将上一步产生的小分子物质转化为二氧化碳、氢气和乙酸，并能产生能源合成自身细胞的一大类厌氧性菌。在 HPA 的作用下，能够利用并且只能利用挥发性脂肪酸和醇类等小分子的碳源产生氢气和乙酸，因这个过程中会产生大量的氢气从而提高厌氧发酵系统中的氢分压，通常会有一些消耗氢的细菌共生才能维持整个体系的生长。

现在已经知道，丁酸降解菌是属于 Syntrophomonadaceae 科和 Syntrophobacterale 目，还有一类丁酸降解菌分属互赢单胞菌属(Syntrophomonas)、互赢生胞菌属(Syntrophospora)和互赢嗜热菌属(Syntrophothermus)，在纯培养的条件下不能利用其他底物或者电子受体，它们的降解途径是经典的 β 氧化途径，首先丁酸被辅酶 A 转移酶激活，与乙酰辅酶 A 生成丁酰酶 A，再通过巴豆酰基酶 A 和 3-羟基丁酰酶 A 转化为乙酰乙酰辅酶 A，这个物质分解成两个乙酰辅酶 A，其中一个乙酰辅酶 A 利用底物水平磷酸化形成一个 ATP 和一个乙酸分子，另外一个乙酰辅酶 A 继续与丁酸形成丁酰酶 A。

如图 5-2 所示，为典型丁酸降解菌 Syntrophomonas wolfei 丁酸降解途径。该过程中产生的大量氢气需要各种不同的辅酶作用才可以产生。

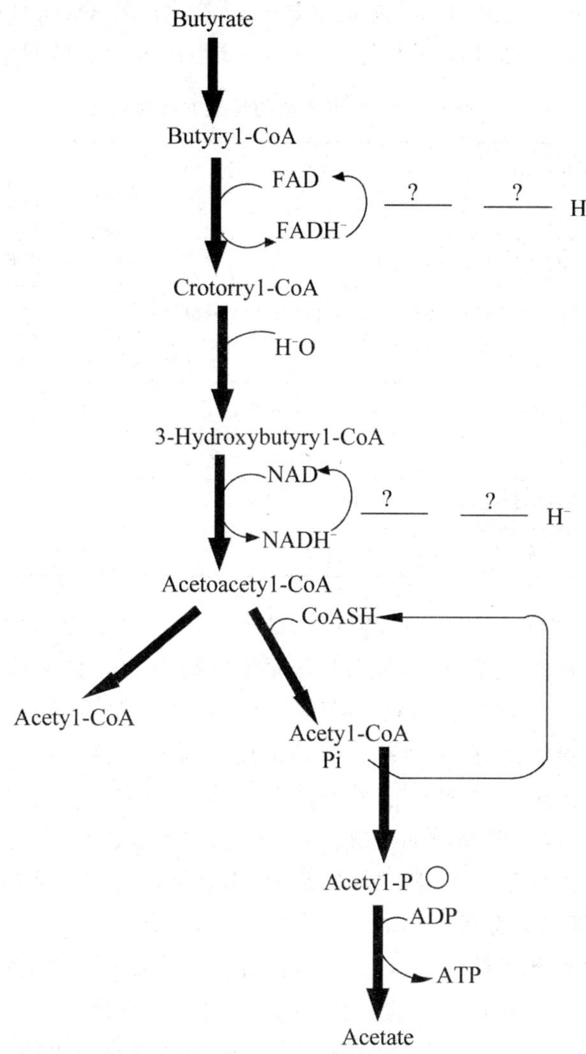

图 5-2　典型丁酸降解菌 Syntrophomonas wolfei 丁酸降解途径

另外一条途径是丙酸降解途径，利用丙酸降解菌把丙酸氧化为乙酸和二氧化碳，通过甲基丙二酰途径将 1 分子丙酸和 1 分子 ATP 通过底物水平磷酸化转化为乙酰辅酶 A 和二氧化碳。

微生物生长所需要的能量是以 ATP 形式存在在细胞中，几乎所有能够产乙酸的反应在标准状态下的吉布斯自由能均为正值，从这个方面看，产氢反应由于热力学限制非常难反应，需要另一种热力学上容易发生的反应（嗜氢产甲烷反应）来拉动它们进行，丁酸厌氧氧化为乙酸和氢气的过程是耗能的，只能在比较低的氢分压下才能与产甲烷菌的互赢才能发生，在产甲烷菌存在的情况下不经可溶性的脂肪酸可以氧化产乙酸，而且如巴豆酸等不溶性的脂肪酸也可以降解产生乙酸，表 5-2 是产氢产乙酸的反应方程式。

表 5-2　产氢产乙酸的反应方程式

反应方程式	$\Delta G'_0$
$CH_3CHOHCOO^-$（乳酸）$+2H_2O \rightarrow CH_3COO^- + HCO_3^- + H^+ + 2H_2$	$\Delta G'_0 = -4.2$ KJ/mol
$CH_3CHOH + H_2O \rightarrow CH_3COO^- + H^+ + 2H_2$	$\Delta G'_0 = +9.6$ KJ/mol
$CH_3CH_2CH_2COO^-$（丁酸）$+2H_2O \rightarrow 2CH_3COO^- + H^+ + 2H_2$	$\Delta G'_0 = +48.1$ KJ/mol
$CH_3CH_2COO^-$（丙酸）$+3H_2O \rightarrow CH_3COO^- + HCO_3^- + H^+ + 3H_2$	$\Delta G'_0 = +76.1$ KJ/mol
$4CH_3OH + CO_2 \rightarrow 3CH_3COO^- + 2H_2O$	$\Delta G'_0 = -2.9$ KJ/mol
$2HCO_3^- + H^+ + 4H_2 \rightarrow CH_3COO^- + 4H_2O$	$\Delta G'_0 = -70.3$ KJ/mol

(4)产甲烷阶段。这个阶段需要大量产甲烷菌，该菌是以甲烷作为无氧呼吸的最终产物的一类微生物，都属于原核生物中的广古菌门(Euryarchaeota)，产甲烷菌是专性的严格厌氧菌，一旦接触氧气后生长马上受到抑制，甚至死亡。产甲烷菌有一个特点，生长速度极慢，人工培养需要经过 10 天左右才能生长出菌落，如果在自然条件下需要更长的时间，并且适用的底物范围非常小，仅以简单物质如二氧化碳、氢气、甲酸和乙酸，并且该菌需要在其他共赢微生物生长后才可以繁殖，因此，需要针对这些微生物进行特殊的驯化工作，并且该菌合成甲烷的途径非常复杂，需要多种独特的酶制剂及细胞内的复合酶才有可能产生，该菌在自然界中分布比较广泛，甚至极端条件下(温度、碱度和 pH)也有可能存在，如人类的消化系统、海底沉淀物、水稻根系土壤、湖泊底泥、反刍动物的瘤胃及厌氧发酵器中都可能存在，但是由于条件不同出现的代谢物差异较大。具体的分类情况在前表已经列出。现在已经有多株产甲烷菌的基因组已经完成测序工作，从测序结果看他们大小约 1.5×10^6—6×10^6 bp，整个 G+C 含量大约在 27%—65%之间，单个产甲烷古菌的基因总数大约为 1 500—5 000 个左右。利用上述的微生物的作用，在该阶段能够利用乙酸、氢气、碳酸、甲酸及甲醇转化为甲烷，二氧化碳及合成新的细胞物质。在厌氧发酵过程中，该阶段主要利用乙酸的甲烷菌是索式甲烷丝菌和巴氏甲烷八叠球菌，大部分的甲烷是由乙酸歧化菌产生的(72%)，另一类产甲烷的微生物是利用氢气和二氧化碳形成甲烷(28%)，它们是由嗜氢甲烷菌起作用的。

从上面表述可知，厌氧发酵产氢产乙酸是相连的，如果产甲烷阶段比较顺利，则生成的氢气就会被嗜氢甲烷菌全部利用来生产甲烷，此时氢气几乎没有，只有当厌氧发酵产甲烷的过程被某些因素阻滞，比如出现较大的负荷冲击或者有毒物质影响，就出现少量的氢气积累现象，为获得更多的氢气就必须阻滞或者切断甲烷阶段的顺利进行。

5.1.4　产氢机制

在厌氧发酵过程中，产氢和产乙酸阶段中起到主导作用的是一类厌氧发酵产氢细菌，由于细菌体内缺乏完整的呼吸链电子传递体系，发酵过程中通过脱氢的作用能够产生的过剩的电子必须要通过合适的途径释放出去，在这个过程中物质的氧化和还原过程要保持平衡，这样才能保证代谢过程的顺利进行。在整个自然界中能够产生氢气的发酵性细菌的种类很多，一般通过发酵途径直接产生分子氢来平衡氧化还原过程中的剩余电子。

$$2H^+ + 2e^- \rightarrow H_2$$

现在发酵产氢的过程主要有三条途径：

(1)丙酮酸脱羧作用产氢，丙酮酸首先在丙酮酸脱氢酶复合体的作用下脱羧，将电子转移到还原态的铁氧还蛋白(Fd_{red})上，然后在氢化酶的作用下重新被氧化成氧化态的铁氧还蛋白(Fd_{ox})产生氢气。丙酮酸脱羧产生 H_2 的过程如图 5-3 所示。

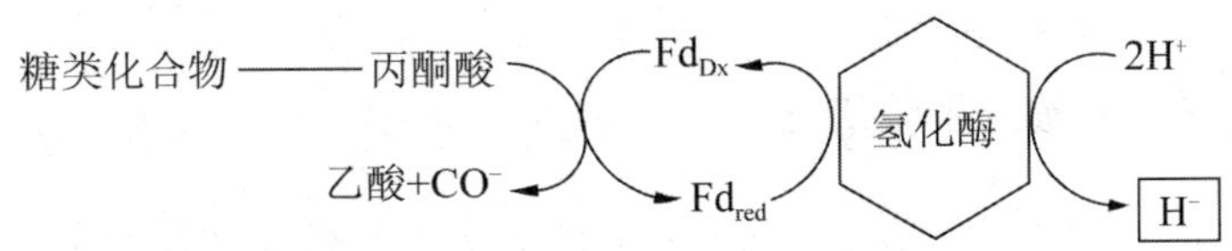

图 5-3　丙酮酸脱羧产生 H_2 的过程

(2)甲酸裂解途径，通过上述丙酮酸脱羧后形成的甲酸及厌氧条件下 CO_2 和 H^+ 生成甲酸，通过铁氧还蛋白和氢化酶作用能够分解为 CO_2 和 H_2，如图 5-4 所示。

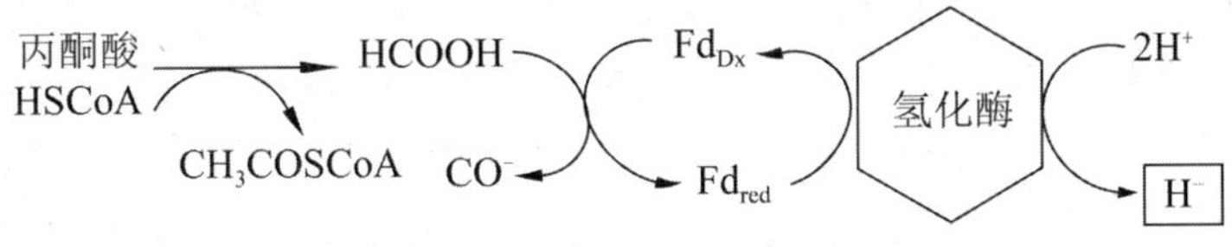

图 5-4　甲酸裂解产生氢气

(3)通过辅酶Ⅰ(NADH 或者 NAD^+)的氧化还原平衡调节作用产氢气，具体反应式为：

$$NADH + H^{+} \rightarrow NAD^{+} + H_2 \quad \Delta G = -21.84\ KJ/mol$$

上面提到氢化酶(Hydrogenase)是与产氢密切相关的一类酶，该酶最早是1979年Adams等人在大肠杆菌体内发现的一种膜结合氢化酶(Membrane-bound Hydrogenase)，该酶由两个相对分子质量为113 000的亚基构成，该酶最佳的pH为6.5，吸收氢的最佳pH为8.5，因此Tanisho等人通过计算产氢发酵过程中剩余NADH的量与产氢量之间对应关系后提出了细菌利用多糖发酵产氢的两种主要途径为甲酸裂解途径和NADH途径。现在Tanisho团队研究了产氢菌(Enterobacter aerogenes)发酵产氢pH和产氢速率与细胞生长速率关系，提出了NADH产氢机理的假设，他们认为在细胞膜上结合产氢酶具有两个活性位点，分别在膜的两侧，在细胞质的位点与NADH相互作用，而位于细胞胞外周质一侧的位点与质子相互作用产生氢气。图5-5为辅酶作用机理。

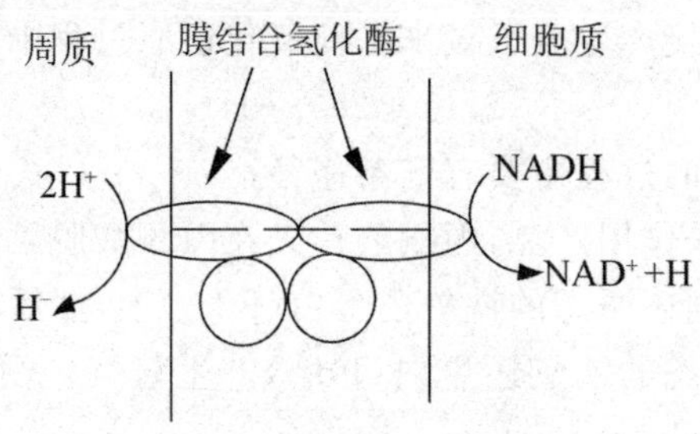

图5-5　辅酶作用机理

5.1.5　产氢产甲烷工艺

产氢产乙酸工艺过程(图5-6)中，首先要对有机固体废弃物进行预处理，这个过程是将无机物质溶解出来，同时又能抑制耗氢菌的作用，预处理后的有机固体废弃物进入第一阶段的厌氧发酵产氢反应器产生氢气，与此同时大部分有机物质被各种微生物降解并转化为各种小分子的有机酸，然后将这些含有大量有机酸的物质转移到第二阶段的发酵产甲烷反应器中，继续将这些有机酸进行厌氧发酵并转化为二氧化碳和甲烷，从而使有机物得到完全降解并获得稳定化处理，同时获得氢气和甲烷等能源气体。这个过程中产生的氢气经过分离纯化后可以用于燃料电池的原料，甲烷气可用于电力发电系统的燃气供应后者使用氢气和甲烷的混合气体作为燃料气，可大幅度的减少完全燃烧甲烷带来的空气污染。

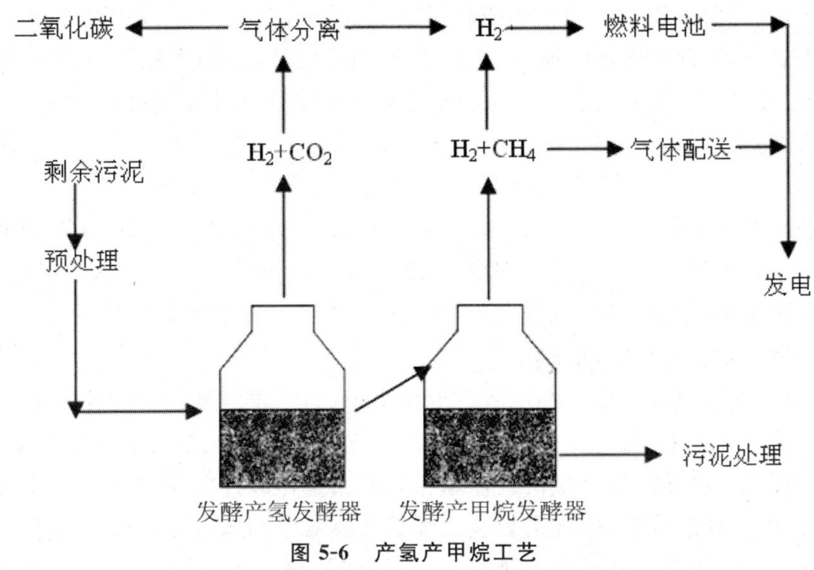

图 5-6　产氢产甲烷工艺

5.1.6　影响产氢的因素

(1)发酵环境的 pH。在发酵体系内,pH 值的大小和变化将会影响微生物细胞的生命代谢过程,因为 pH 影响到细胞体内各种酶的活力和稳定性并改变细胞膜的通透性,在细菌发酵过程中产氢发酵受降解过程中大量有机酸严重影响到产氢进程,因此发酵过程中需要调节初始的 pH 值大约在 6－7 之间,在发酵过程中需要添加纯化的产氢酶(Clostridium bifermentans),这个过程虽然能够获得一定的产氢效果但是并不是很稳定,产生的氢气在短时间内被消耗掉,改善发酵产氢工艺首先调节环境的 pH 值,调节碱性条件的发酵产氢(pH＝8－11)能够获得更大的产氢率,实践发现当初始的 pH 值在 11 时能够获得更大的产氢率并且氢气的消耗率很小,这个过程没有甲烷的产生。如果超过一定的氢压,氢气浓度达到最大时开始急剧下降,这个过程中耗氢菌大量的繁殖并利用气相中的氢气作为细胞代谢中的还原剂,从而使得产生的氢气被消耗掉,经过碱预处理后的发酵产氢过程中的这个现象能够被有效抑制从而导致产氢率得到大幅度的提高。

(2)T 影响。在厌氧发酵过程中,温度能够严重的影响到微生物体内的酶的活性,一般来说随着温度微生物体内酶的活性随之增大,从而使得微生物的代谢速率加快,一般来说,用于产氢的厌氧发酵分为两种方式:中温发酵(35℃—40℃)和高温发酵(55℃—60℃),但是现在大部分使用的都是中温发酵方式,采用高温发酵产氢的研究很少有报道。

(3)氧化还原电位。氧化还原电位一般简写为 E_h,单位一般为伏或者毫伏，就是用来衡量物质吸收或者释放电子的能力，在产氢发酵体系中能够构成氧化-还原电偶物质很多，通过氧化-还原电位，我们可以了解各种微生物生长所需要的不同的氧化-还原电位，一般情况下，根据经验判断好氧微生物需要的 E_h 在＋300 mV—＋400 mV 之间，E_h 在＋100 mV 以上好氧微生物可以生长，兼性厌氧微生物也可以进行有氧呼吸，如果小于＋100 mV 则进行无氧呼吸，专性的厌氧菌一般的 E_h 在－200 mV—－250 mV 之间，尤其专性厌氧产甲烷的菌所需要的 E_h 在－300 mV—－600 mV 之间。在整个体系中，氧化-还原电位主要受到发酵液中 pH 值和氢分压的影响，一般认为 pH 越大 ORP 值越小。

(4)环境中氢分压。在厌氧发酵体系中，如果发酵液产生的氢气不能及时有效的排除来，将对整个发酵体系产生比较严重地反馈抑制，因为 H_2 浓度的升高不仅会改变产氢的代谢途径导致大量还原性物质的出现如：乳酸、乙醇、丙酮和丁醇等，因此需要及时降低反应器中的氢分压。现在用于降低氢分压的方法首先从设备上进行设计，另外就是采用惰性气体（如氩气）对整个体系中产生的氢气进行搅拌效果明显。如果采用发酵前添加氮源并同时充氩气的方法获得的氢效率将提高 2—3 倍。

5.1.7 有机固体废弃物发酵产氢面临的问题

利用有机固体废弃物进行厌氧发酵产氢气的研究属于新兴的研究方向，涉及的内容非常多，包括微生物的种类，底物的差异，发酵过程中环境体系的变化，并且产氢率比较低且不稳定，所产氢气在很短时间内就被消耗掉，可以说，这个行业目前处于探索和摸索阶段，出现诸多的问题，需要逐步进行深入研究。

5.2 有机固体废弃物发酵制乙醇

木质纤维素主要是由纤维素、半纤维素和木质素通过共价键或者非共价键紧密结合而成的一类大分子有机物质，纤维素之间主要是通过 α-1，4 糖苷键有葡萄糖结合而形成的链状高分子的聚合物，聚合度一般在 7 000—10 000 之间；半纤维素是非匀质多糖，主链周围常带有侧链，该物质是由木糖通过 α-1，4 糖苷键连接而成的；而木质素结构更为复杂，它是由三种苯丙烷单元（愈创木基丙烷、紫丁香基丙烷和对羟苯基丙烷）通过醚键和碳-碳键相连接组成的复杂的无定型网状高聚物。这三种物质在不同的植物中组成差异比较大，根据以往的数据分析，一般比例为：纤维素 30%—50%，半纤维素20%—35%，木质素30%—30%，灰分大约为0%—15%。我们现在所说的农业废弃物如秸秆等，其中的纤维素、半纤维素和木质素的总量大约能够占到总重的70%—90%，现在发展的利用纤维素等制取乙醇技术就是对农业固体废弃物的能源再利用。工业生产中要获得可使用的乙醇首先解决的一个问题就是需要将纤维素、半纤维素和木质素降解为糖类物质才能在酶的作用下生产乙醇。

5.2.1　纤维素生产乙醇工艺

现在大部分工厂利用农业废弃物如秸秆等，生产生物乙醇大部分采用的工艺为四个步骤：预处理、水解、发酵和纯化。

1. 预处理技术

预处理就是将收集到的秸秆进行分解的第一步。因为这些物质一般结构都比较致密，预处理就是将这些物质疏松成纤维素和半纤维素的晶体结构，并使这些污物能够与纤维素酶进行接触。因为木质纤维素是不溶于水的物质，根本不能使纤维素酶和半纤维素酶与之接触，这是现在生物行业利用纤维素的重大障碍，只有经过有效处理后的木质纤维素，才能将高级结构破坏，获得能够接触酶的可行性，这是能否利用木质纤维素的前提。

现在的预处理技术主要包括物理法、化学法、物理化学法和生物法四大类。其中的物理法有机械破碎、热分解；化学法有酸碱处理、氨渗透技术、臭氧分解技术、湿式氧化、有机溶解方法等；物理化学技术有蒸汽爆破、氨纤维爆破、超临界CO_2法、离子液体法；生物法主要是利用各种微生物如白腐菌、褐腐菌、软腐菌等微生物降解秸秆中的木质素和半纤维素。不同预处理条件及效果比较如表5-3所示。

表5-3　不同预处理条件及效果比较

预处理方法	原料	条件	效果
稀酸法	秸秆粉碎到80目后经105℃烘干3小时	采用1%硫酸溶液，100℃油浴加热回流6 h	纤维素含量有39.8%提高到58.6%，半纤维含量有19%降到6.9%
	木屑	0%—0.5%乙酸乙醇溶液，160℃—220℃，10 MPa蒸煮一定时间后降温球磨	纤维素酶解效率100%

续表

预处理方法	原料	条件	效果
浓硫酸法	玉米秸秆	常压,50℃旋转水浴,浓硫酸83%—85.9%	酶反应24h后纤维素转化率达到97%
蒸汽爆破法	小麦秸秆,含水率6%	0.9%硫酸预浸泡饱和(45℃,18 h)180℃,10 min	最高乙醇产量140 L/t小麦秸秆,糖回收率300 g/kg小麦秸秆
AFEX	玉米青储饲料,含水率60%	90℃,5 min	葡萄糖转化率94%,即604 mg/g
碱性 H_2O_2	大麦秸秆	2.5%,H_2O_2 100 g/L;pH11.5;35℃,24 h	总糖量理论值94%,即604 mg/g
有机溶剂法	加利福尼亚松	丙酮水(体积比1:1),195℃,5 min,pH2.0	理论值99.5%
生物预处理法	玉米纤维,含水率6.8%	褐腐真菌悬浮培养两周;褐腐真菌固态发酵2—3天缓冲厌氧发酵后混入酵母菌	11%玉米纤维转化为环宇昂唐,乙醇产量4.0 g乙醇/100 g玉米纤维

上述方法各有优缺点,针对当地条件和相对成熟的工艺,常用的预处理方法有下面几种:

(1)高压热水处理法。这个方法是在高温和高压下进行的,在此环境条件下,水的介电常数随着温度升高而升高,因此可穿透生物质的细胞壁与纤维素进行水合,促进了离子型化合物成为游离态导致半纤维素水解,这个过程不需要添加酸和碱类物质,在水解前后也不需要中和处理,成本价格比较低,高压热水处理可以使得半纤维素最大程度的成为低聚糖并且可以控制单糖的生成。

(2)氨纤维爆破法。将秸秆等废弃物置于高压状态下的液氨中,常用温度范围为50℃—100℃,持续压力一段时间后液氨和木质素发生反应使聚合物降解,木质素-糖类键断裂,然后突然减压液氨迅速气化使得物料爆破,这个工艺具备下列优点:氨处理后可以完全回收,少量残余的氨可以作为氮源在后续培养过程中使用;整个过程清洁无须清洗并且稳定性好,可以直接进行酶水解和发酵;纤维素和半纤维素在这个过程中损失很少,仅有少量的降解发生;作为后续产物,酶水解前不用进行中和处理。缺点是整个保压过程中消耗的能量比较大。

(3)离子液预处理的方法。通过调节常温下很多溶解木质纤维素的离子物质改变纤维素的状态，由原来结构致密变的结构松散从而有利于纤维素酶发挥作用，针对不同来源的纤维素物质采用不同的离子液能够获得最佳的溶解效果，现在是开发疏水性离子液溶解纤维素，实现纤维素酶的连续化生产，同时离子液能够再回收和再利用，利用离子液对秸秆等进行预处理可以避免高温和化学处理过程中产生的发酵抑制物，节省大量的能源，并且可以获得超过80%的糖化液，这种技术方法是目前最为高效的纤维素糖化效率。

2.水解和发酵工艺

农业废弃物的水解指的是在一定的温度和催化剂的作用下，原料中的纤维素和半纤维素与水反应生成戊糖和已糖，然后再微生物的作用下进一步发酵，将糖类物质转化为燃料乙醇物质，整个水解工艺分为酸水解和酶水解，其中酶水解条件相对温和，一般温度在45—50℃，pH 控制在 4.8 左右的条件下能够顺利的生成单一糖类产物，这个过程中不需要添加化学试剂，污染小易提纯等优点，并且酶水解的转化率被认为最具有商业前景，其中纤维素酶(Cellulase)是应用最为广泛的一类酶，它是降解纤维素成为葡萄糖分析所要的酶的总称，它是一种复合酶，具有水解的专一性，该酶主要有三类酶组成：1，4-β-D-葡聚糖葡聚糖水解酶，能够内切葡聚糖水解葡糖糖苷键；1，4-β-D-葡聚糖纤维二糖水解酶，能够将纤维二糖进行水解，通过外切水解不溶性结晶纤维素葡萄糖链末端；β-1，4-葡萄糖苷酶，能够水解纤维二糖和可溶性纤维寡糖。这些酶的来源主要是木霉属(Trichoderma sp.)、曲霉属(Aspergullus sp.)、青霉属(Penicilluum sp.)、根霉属(Rhizopus sp.)、腐质霉(Humicola sp.)和漆斑霉属(Myrothecium sp.)等丝状真菌，但是在生产中使用的主要还是以木霉和青霉为主，其中 T. reesei 是一种产酸型纤维素酶的主要菌种，黑曲霉生产的纤维素酶主要用于食品工业，诺维信。公司在 2011 年第一次实现规模化用纤维素乙醇生产的纤维素酶据称能够使纤维素乙醇生产成本降低到 2 美元/加仑。通过水解纤维素获得的糖类物质除了葡萄糖外，还有木糖、半乳糖、树胶醛糖等可溶性的低聚糖，另外这个过程也能产生一些酸和醛类小分子物质。对纤维素酶水解影响的主要因素有：底物的浓度、纤维素酶的用量和水解条件。底物浓度如果过高将抑制酶的水解，浓度过低则水解效率低，纤维素酶的用量决定了水解的成本和经济可行性，因此需要选用合适的酶浓度和酶系组成，现在常用的纤维素酶的组成及水解效果如表 5-4 所示。

表 5-4 常用纤维素酶及水解条件

酶名称	原材料	原材料预处理方法	水解条件			酶量	效果
			pH	温度/℃	时间/h		
Penicillium sp ECU0913 纤维素酶	玉米秸秆	粉碎、清洗、风干和蒸汽爆破	5.0	45	72	50 PFU/g 干底物	纤维素和半纤维素水解效率分别为 77.2% 和 47.5%
Spezyme CP 纤维素酶、Novozyme 188 β-葡萄糖苷酶	酒糟及可溶物(DDGS)	AFEX	4.8	50	72	16.5 PFU/g 葡萄糖，56 pNPGU/g 葡萄糖	100%纤维素转化
Spezyme CP 纤维素酶、Novozyme 188 β-葡萄糖苷酶	玉米秸秆	石灰处理	4.8	55	72	15 PFU/g 纤维素，40 CBU/g 纤维素	葡萄糖和木糖产率分别为 93.2% 和 79.5%
Celluclast1.5 L 纤维素酶	麦糟	稀酸稀碱处理后烘干	4.8	45	96	45 PFU/g 纤维素酶	葡萄糖产率为 93.1%，纤维素转化率为 99.4%
杰能科纤维素酶、木聚糖酶	玉米秸秆	稀酸预处理	4.8	48	46	3%纤维素酶和 3% 木聚糖酶	玉米秸秆总糖化率 55.6%
和氏璧纤维素酶	玉米芯	无需预处理	4.8	50	48	50 FPIU/g 底物	葡萄糖得率 30.78%

利用纤维素酶水解纤维素获得乙醇的过程中，使用的纤维素酶比较复杂，并且要配合各种条件才能将纤维素和半纤维素等多糖组分分解为单糖（葡萄糖和木糖）等才能被酵母发酵利用获得乙醇，现在的一个现实是纤维素酶的活力都比较低，单位原料所需要的酶的用量比较大，酶解效率低下，因此通过该方法获得的糖经济成本价格比较高，现在各个科研单位都在开发高酶活力的纤维素酶从而节约成本，上述提到的诺维信公司开发的酶具有良好的效果，但是目前还没有达到良好的经济效益，还需要从微生物的筛选、驯化、基因工程等手段进行开发工作。

3. 发酵工艺

现在利用秸秆废弃物中含有的纤维素物料发酵生产乙醇的方法主要有

同步糖化发酵法(Simultaneous saccharification and fermentation,SSF)、固定化细胞发酵法、综合生物工艺法(Consolidated bioprocessing,CBP)、间接发酵法和混合发酵法等等。下面将常用的方法做一介绍。

同步发酵法(SSF)是微生物发酵和纤维素酶水解有机和有效结合的一种方法,采用同步糖化发酵过程中,通常采用酶水解的方法进行水解,整个运行过程由于发酵对酶水解产生的纤维二糖和葡萄糖能够及时利用,减少了发酵过程中糖的反馈抑制作用,该方法具有乙醇产量高和酶用量少的优点,并且水解和发酵在一个反应器中进行,降低了外部微生物污染的可能性,并且这个方法具有投资少和运行费用低的特点。Thomsen 等以小麦秸秆两段法进行预处理(80℃和 190℃—205℃两个阶段)后采用同步伐发酵,预水解的 pH4.8,温度 50℃,采用的是 Cellubrix L 纤维素酶活 10 FPU/g,时间限定在 24 小时,再流加 10FPU/g 纤维素酶,控制温度为 32℃反应 6 d,乙醇的产率可以达到 64%—75%。但是这个方法也有明显的缺点,因为最佳水解条件和最佳发酵条件不协调,一般情况下纤维素酶的最佳作用条件在 45℃—50℃,pH 为 4—5 之间,但是利用 S. cerevisiae 最佳的发酵已糖的条件是 35℃左右,pH 为 4—5,对戊糖的最佳发酵条件是 30℃—70℃,pH 为 5—7。面对这样的矛盾问题,很多科学家做了大量的工作,现在采用耐热型酵母菌(Kluyveromyces marxianus)是解决该矛盾的一个途径,因为选用的耐热性酵母可在 42℃—43℃正常培养,并且利用的底物非常广泛,可以采用的底物如葡萄糖、木糖、甘露糖等都生长或者发酵产乙醇,整批发酵试验采用控制温度 50℃,葡萄糖浓度为 200 g/L 时整个反应器中乙醇的浓度最大可以达到(82±0.5) g/L,并且采用上述耐高温酵母菌进行反应时如果控制温度在 48℃、底物的 β-葡聚糖初始浓度为 10 g/L 时在 12 h 内乙醇的浓度可以达到 4.24 g/L,产率达到理论值的 92.2%,这是采用耐高温菌的优势所在,但是在高温的作用下该菌对葡萄糖的耐力比较堵,但是这种选择也有一定的局限性即温度越高酵母菌对乙醇越敏感并且会对酶水解产生抑制作用。

另外一种常用的发酵方法是固定化微生物水解发酵法(Consolidated Bioprocessing,CBP):这个方法是将能够同时产生纤维素酶、纤维素水解和糖类发酵同步进行的微生物固定化,有时也称微生物直接转化法(Direct Microbial Conversion,DMC),本质就是将包括产生糖化酶、生成碳水化合物、已糖发酵和戊糖发酵的四个生物转化过程统一到一个工程中来,现在研究的微生物主要是 C. thermocellum 或者要对其进行遗传修饰如 E. coli、Klebsiella oxytoca 和 S. cerevisiae 等。这种方法具有显著提高乙醇的产率,缩短反应的时间,将这个反应设备小型化获得单位体积内反应细胞浓度和酶的水解效率最大化的优点，现在用于固定化微生物的载体主要有海藻酸钠、陶瓷颗粒、多孔玻璃等等，但是这个系统是固定的，如果在有流动的液体反应器内载体容易破碎。现在面临的问题就是将酵母细胞固定在上述载体上进行连续发酵的过程中容易出现各种问题而没有得到大面积的推广应用。现在对于新型的并且能够稳定运行的载体成为目前迫切需要解决的重要问题，Shindo 等人采用天然沸石作载体固定化 Saccharomyces cerevisiae 酵母后进行发酵试验，结果显示沸石对酵母的固定量和发酵获得的乙醇量分别是玻璃的 2 倍和 1.2 倍，并且在连续 21 天发酵的过程中表现非常稳定，没有出现破碎的现象。宋向阳等人采用海藻酸锰凝胶代替海藻酸钠钙固定毕赤酵母进行发酵试验，底物为混合糖 60 g/L（木糖和葡萄糖的比为 1∶1），在 35℃、150 r/min、pH5.0 下振荡培养发酵，结果显示海藻酸锰凝胶白磷酸盐能力是海藻酸钙凝胶的 3 倍，42 天发酵结构表明海藻酸钙固定毕赤酵母发酵稳定的时间在 24 天作用，总糖利用率达到 95.8%，乙醇的理论产率达到 92.3%。

现在比较常用的还有一个工艺即 CBP 法。这个方法本质就是用一个微生物或者一群微生物将水解和发酵通过一步方法完成，即纤维素酶和半纤维素的生产、预处理后原料酶水解、六碳糖（葡萄糖、甘露糖和半乳糖）和五碳糖（木糖和阿拉伯糖）的发酵等过程实现一步转化，这个工艺能够大幅度简化生产过程，缩短生产周期，减少设备的投资成本并降低纤维素乙醇的生产成本，该工艺的核心技术就是培养一种既能吃木质素又能生产乙醇的超级菌或者超级菌群，美国马萨诸塞大学的 Leschine 等从土壤中筛选出一种新型的微生物-植物发酵梭菌，现在又称为 Q 细菌能够充分分解甘蔗渣等植物原料并且乙醇产率高、副产物少等优点。

在发酵过程中使用最多的工业微生物是酿酒酵母，但是该微生物利用戊糖的弱点降低了整个产业获取乙醇的效率，现在开展的工作就是利用基因工程手段在酿酒酵母中构建一条有木糖-木糖醇-木糖酮-磷酸化木糖酮-乙醇的整个代谢途径，在这个过程中需要关注关键性基因表达的酶如木糖醇脱氢酶（xylitol dehydrogenase，XDH）、木糖还原酶（xylose reducetase，XR）、木酮糖激酶（xylulokinase），如果能够打通 NADPH-NADP$^+$-NADPH 的辅酶因子循环途径，构建基因工程酵母可能能获得较好的效果，目前日本京都大学和产综研合作开发了这样的基因工程酵母 MA-R5，他们以木质纤维素水解液作为底物经过 48 h 发酵时候获得的乙醇产率为 93.3%。

在上面我们分析了利用植物废弃物生产乙醇的方法和基本的工艺条件，现在面临的一个问题是乙醇的获得率比较低，除了上述提到的方面之外，另外一个重要的问题是水解和发酵过程控制问题。可以说，现在生产工业乙醇利用的糖大部分是已糖，可利用的戊糖比较少，下面我们重点介绍利用秸秆废弃物生产戊糖的工艺，为酵母发酵利用戊糖提供底物。

5.2.2 秸秆等废弃物生产戊糖-木糖技术

木糖是一种戊醛糖，现在在各个行业都有应用，如医药、化工、食品、制革和染料行业，由于其代谢利用率低的问题已经引起国内外的重视。在工业乙醇行业如何提高其代谢率成为了现在突破的关键，现在对木糖的性质、制备及纯化方法进行介绍。

1.低聚木糖性质

低聚木糖一般有 2—7 个木糖聚合而成，主要分为木聚二糖和木聚三塘，是一种半纤维素降解而形成的低度聚合物，性质比较稳定并且能够长期保存，并且具备肠内乳酸菌选择增殖的活性，少量添加具备保健功能。结构式如下：

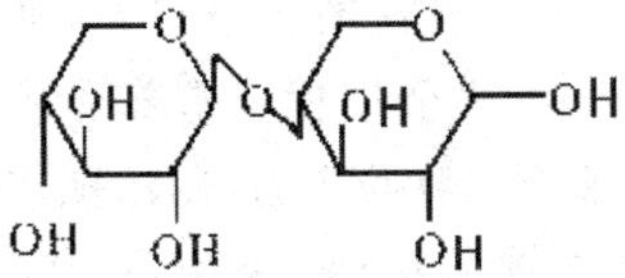

木二糖

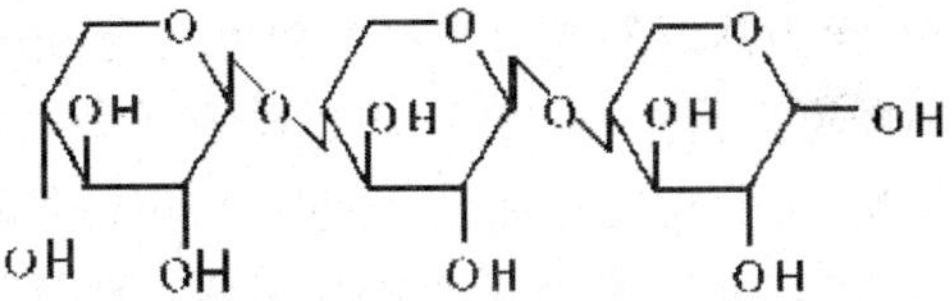

木三糖

现在的低聚木糖主要成分是木二糖，含量 75%的低聚木糖浆相对密度为 1.36(25℃)，黏度比较低，另外低聚木糖对水分活性降低作用于葡萄糖大体相等，但比蔗糖和麦芽糖低，具备良好的冷凝特性。甜度大约为砂糖的 50%，具备比较好的稳定性，在 pH 为 2.5—8 范围内在煮沸条件下表现稳定，在 pH 为 2.5—8 的范围内，在不同温度下(5℃、20℃、37℃)室温放置 3 个月保持稳定。除了具有低甜味和难消化外，耐热和保存性比较好，与氨基酸在加热条件下共存，比果糖更容易着色。

2.生产原料和制备方法

现在常用的是采用通过水解玉米芯中的多缩戊糖生产木糖，也常采用水稻的谷壳生产木糖，现在常用的方法主要有：1)直接高温蒸煮提取的方法，将原料在高温蒸煮条件下，将乙酰基脱去形成乙酸，导致整个反应体系的 pH 下降自身发生水解，但是该方法提取液中还原糖和总糖比较低，不利用低聚木糖的生产并且副产物随着温度变化明显增多；2)利用碱提取，这个方法是对原材料利用稀碱溶液提取木聚糖；3)酸法提取，这个方法现在已经比较成熟的运用到工业化生产中，但这是个方法也存在比较大的缺点即提取液中木糖含量比较低，提取过程易产生副反应甚至致癌物质从而影响到终端产品安全性，现在改进的工艺是在高温蒸煮的过程中进行酸预处理，然后湿法蒸煮比较可行。

经过上述方法获得的木糖因为过程中产生了有机酸、色素和无机酸等物质，需要对其进行中和和脱色处理，现在常用中和多余酸的物质是氢氧化钙，能够将溶液的 pH 由 1.0—1.5 提高到 2.8—3.0，这时溶液中仍然有残余酸，但是不能继续添加碱性物质，否则易将有机酸中和掉。这时需要将氢氧化钙和水混合后配成相对密度为 1.1—1.15 的悬浊液在搅拌的条件下缓缓加入水解液中并且保持一定的温度，当整个溶液的 pH 达到 3.0—3.5 时停止加碱液并保温一定时间，然后加入活性炭进行过夜脱色（保持搅拌）处理，再加热到 75℃保温并搅拌，在此温度下进行过滤除去生成的硫酸钙和加入的活性炭，并用水冲洗滤渣，合并滤液和洗涤液，获得淡黄色的透明的溶液。

整个溶液中大部分是水分，因此要获得浓度较高的木糖需要进行浓缩处理，因为高温易导致水解液颜色变身，浓缩操作一般在减压下进行，通过浓缩既可以将水分去除又可以将有机酸一起蒸出，这个过程会有部分硫酸钙析出，因此需要选择合适的时机进行过滤处理。一般操作为：用温水浴加热，在旋转蒸发器中进行减压处理，馏出液含有有机酸，整个液体 pH 为 3.5—4，水解液体积减小到一定值时将溶液取出加热过滤析出硫酸钙沉淀后继续浓缩，最后获得黏稠的淡黄色透明糖浆。采用甲醇结晶的方法将获得木糖结晶，具体为向浓缩后的糖浆中加入一定浓度的甲醇，在 40℃左右的温水中搅拌溶解，过滤去除不溶物，如果颜色深加入活性炭脱色处理，并采用适当减压浓缩，冷却后获得白色的木糖结晶，然后在 100℃条件下进行烘干就获得产品。这个过程中因为母液中仍然有一定含量的木糖，可进入下一批次处理。

3. 乙醇生产

获得木糖后（晶体或者溶液），要生产乙醇还要很多工作要做，首先需要获得能够利用五碳糖的微生物，如现在常用的一些细菌，还有部分酵母菌和丝状真菌。木糖转化过程产生大量的副产物，尤其是木糖异构化过程，首先需要将木糖转化为木酮糖，这个过程依赖于木糖还原酶的作用先将木糖转换为木糖醇，然后再木糖脱氢酶的作用下获得木酮糖，木酮糖在木糖酮激酶的作用下磷酸化后进入磷酸戊糖循环途径，也就是我们常说的 ppp 途径，反应方程式为：

$$3C_5H_{10}O_5 \rightarrow 5C_2H_5OH + 5CO_2$$

理论计算，通过木糖发酵获得乙醇为 0.46 g/g，葡萄糖酒精发酵的理论得率为 0.51 g/g。

在大多数细菌如大肠杆菌和枯草芽孢杆菌中，木糖首先在木糖异构酶作用下转化为木酮糖，然后在木酮糖激酶作用下磷酸化成 5-磷酸木酮糖，从而进入磷酸戊糖途径，但是这个过程与 ED 途径相偶联，通过 ED 途径产生乙醇，这个过程因为细菌代谢产生的过多的副产物如乳酸，并且细菌的耐乙醇能力比较低，因此细菌产乙醇转化比较困难。在过去的很多年中，科学家进行了大量的研究并获得了一批能够生产乙醇的微生物，包括具有直接发酵木糖成酒精能力的细菌、真菌和酵母菌及工程菌株。其中细菌中现在研究的比较多的是具有运动性能的发酵单胞菌，酒精的理论产率可达到 97%并且酒精的耐受力比较强(7%)，但是较酵母的还是要低并且可利用的底物物质的范围比较窄，只能利用水解而成的葡萄糖和果糖，并且这个过程受到环境 pH 影响较大，一旦 pH 过高将导致杂菌的污染。真菌中发酵木糖生产乙醇的菌现在获得的比较少，相关的研究内容见诸报道的也不多，仅有的几个局限在尖镰孢菌(Fusarium oxysporum)及粗糙脉孢菌(Neurospora crassa)，这两个菌生长和发酵都比较慢且易受到芳香类物质及木质素的抑制，优点是具备能够产纤维素酶和半纤维素酶的能力，并且具有发酵戊糖和己糖产乙醇的能力，工艺简单并能大幅度降低生产成本。现在应用的最为广泛的是酵母菌，该菌酒精转化率高，获得酒精能力强并且耐受酒精能力大，整个过程的副产物比较少的优点，同时整个发酵过程中不产生毒性物质，因此剩余残渣能够被直接做饲料使用，利用酵母发酵的过程中不易被细菌和病毒污染；利用酵母发酵的缺点是整个过程可利用的底物比较窄，菌体生成量大，现在发现的能够生产乙醇的酵母主要有：嗜鞣管囊酵母(Pachysolen tannophilus)、休哈塔假丝酵母(Candida shehatae)、树干比赤酵母(Pichia stipitis)、季也蒙毕赤酵母(Pichiaguilliennondii)、酒香酵母(Bret tanomyces anomalus)、产假朊假丝酵母(Candida Utilis)6 个种属。表 5-5 列出能够产乙醇的主要微生物和其特点。

表 5-5　产乙醇微生物主要特点

微生物名称	主要特点
酿酒酵母	目前生产工业化酒精最常用微生物，还可发酵生成丁醇。对乙醇和发酵抑制物及水解副产品具有良好的耐受性，耐低 pH，不能利用五碳糖

续表

微生物名称	主要特点
Scheffermyces stipitis (S. stipitis)	S. stipitis 是目前分离获得天然微生物中发酵木糖能力较强的酵母,S. stipitis 不但能够利用葡萄糖和木糖,而且能够利用木质纤维素降解产生的寡糖产乙醇,具有生长对营养条件低,对污染物耐受性好,对发酵原料不挑剔的优点,缺点是与酿酒酵母比糖代谢速率低,对乙醇耐受力低一些
克鲁维酵母 Kluyveromycess S.	主要包括乳酸克鲁维酵母 K. lactis 和马克斯克鲁维酵母 K. marxianus 两种酵母,后者在 52℃可生长,在>40℃下能够发酵葡萄糖,降低制冷的成本,同时减少染菌的机会,简称 SSF 工艺,但对木糖利用率一般
多形汉逊酵母 Hansenula polymorpha	该菌特点与马克斯克鲁维酵母相似,最适生长温度为 37℃,最高 48℃,能够利用木糖,但是发酵木糖能力不高
运动发酵单胞菌 Z. mobilis	乙醇耐受性高,可达 120g/L,乙醇产量是酿酒酵母的 2.5 被,在 30℃培养时乙醇得率可接近乙醇的最大理论值,但是只能利用 Glu,果糖和蔗糖,不能发酵五碳糖
嗜热细菌	在 SSF 工艺中,纤维素酶最佳作用温度>50℃,酵母发酵的最佳温度<35℃,应用包括 Clostridium、Thermoanaerobacter 和 Thermoanaerobacterium 等嗜热菌生产乙醇可以实现纤维素降解和单糖生物转化的同步化,能够简化工艺流程
大肠杆菌	该菌能够发酵多种糖类物质,除乙醇外还可以生产异丙醇、正丁醇和正丙醇等高级醇,生长条件简单,工业上生产重组蛋白质已有应用,缺点是葡萄糖抑制现象,对 pH 敏感并且中性条件易感染杂菌,低温度和盐浓度变化敏感
谷氨酸棒杆菌 Corynebacterium	工业上用于生产氨基酸常用菌种,除葡萄糖外还能利用各种发酵副产品如乙酸、乳酸或者琥珀酸盐等有机酸生产乙醇,葡萄糖总转化效率较高,能达到 79%左右,但是该菌不能利用五碳糖进行发酵

可以认为,不同的微生物能够获得不同的木聚糖酶,这些酶含有内切木聚糖酶、末端木聚糖酶和木糖苷酶等。不同来源的木聚糖酶的酶系组成不同,如要生产质量分数低且高纯度的低聚木聚糖(木二糖和木三糖)就必须选用内切木聚糖酶酶活高而木糖苷酶酶活力低的木聚糖酶才可以;另外不同来源的木聚糖底物适应不同的木聚糖酶,因此在选用微生物的同时需要

兼顾底物的利用率，现在报道的能够产木聚糖酶的微生物多种，但是应用的过程中需要控制一个原则：多产木聚糖酶或者兼顾纤维素酶，不产木糖苷酶。这样所获得底物基本以木二糖和木三糖为主要内含物。

下面以玉米芯为底物，球毛壳霉菌为初始微生物生产木糖为例做一介绍。

(1)玉米芯为原料，碱法制备木聚糖后，用球毛壳霉菌固定发酵生产，需要选用无杂质、无灰尘、无霉变、水分含量低的玉米芯进行预处理后去除灰分、胶质和果胶物.

(2)球毛壳霉菌培养。制备木聚糖培养基有斜面培养和产酶基础培养基两种，梁歪还有产酶培养液，需要木聚糖、牛肉胨和酵母培养物及无机盐组成，在一定条件下降接种物液体扩大培养，对酶液发酵制取，具体为：称取适量玉米芯，加 NaOH 溶液，水浴中保温离心过滤后用水洗滤至 pH 为7.0，将木聚糖酶液加入蒸馏水后转入反应器，水浴过程中搅拌，用 NaOH 和 HCl 调节反应液 pH 为 5.6—5.8，这个过程定期取样，反应结束后进行抽滤，滤液用沸水煮沸后冷却到室温，应用波层层析测定酶解过程生成的产物。

图 5-7 为酶催化生产木糖工艺流程图。

5.2.3 影响发酵的条件

(1)温度 T

一般酵母发酵时需要控制温度在 28℃—30℃。因为温度不仅仅能够直接影响到溶液在培养基中的氧气和二氧化碳的量及培养基中氧的转化速率，而且对酵母生长、乙醇和木糖醇的产率及酵母耐受酒精的能力都有非常大的影响，如果大规模生产时需要低温较好，这样耗能少并且容易控制减少培养基的污染，现在常用的几个酵母如：休哈塔假丝酵母和树干毕赤酵母的生长速率和发酵速率需要调控温度在 30℃，提高温度将导致乙醇产率下降木糖醇产率升高；嗜鞣管囊酵母控制温度在 30℃—37℃，在这个温度范围内升高温度木糖醇产率降低而乙醇产率不受影响，因此适当调高温度较佳。

(2)pH

虽然酵母适应环境的条件比较广(pH 为 2—8)，最佳的 pH 在 4.8—5.0 之间，在生产中为了抑制杂菌生长，P. tannophilus 的适宜 pH 为 2.5—5.0，红发夫酵母的适宜 pH 为 5.0。

(3)溶氧量

在利用酵母发酵生产木糖过程中本身并不好氧，但微生物生长繁殖的过程中消耗一定的氧，因此发酵过程中需要保证整个发酵体系具有一定的

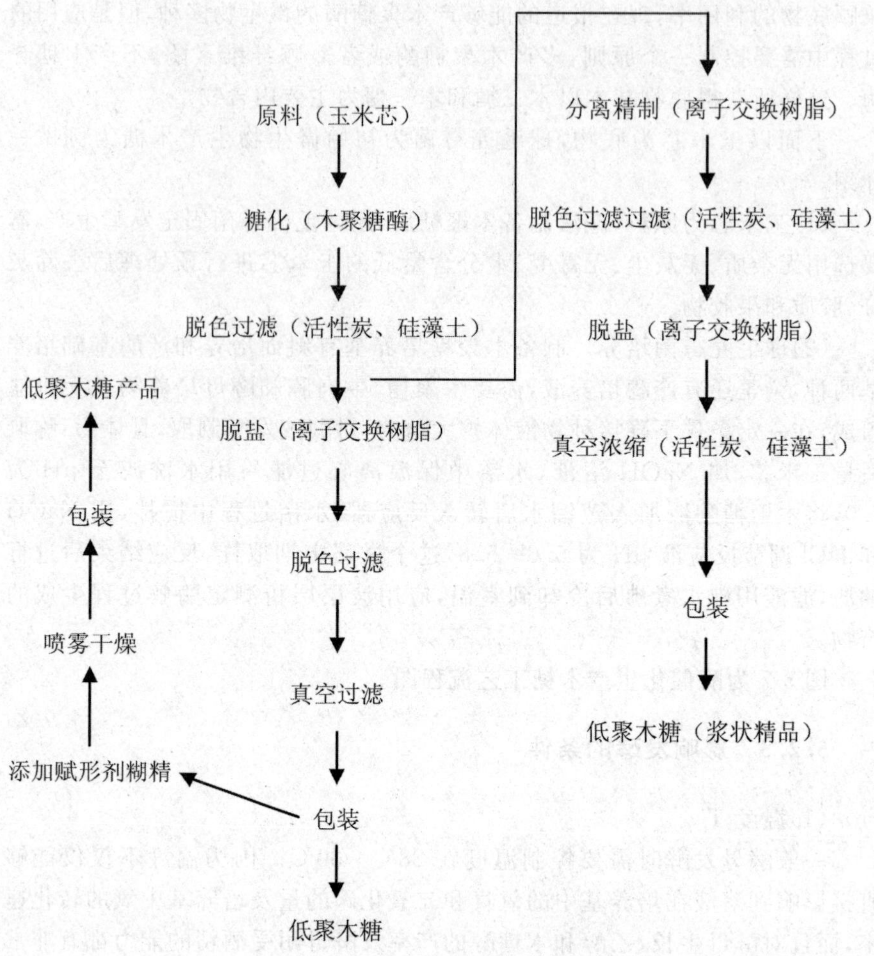

图 5-7　酶催化生产木糖工艺流程图

溶氧浓度，现在与穿传统的酿酒酵母厌氧发酵不同，戊糖发酵需要在半厌氧的条件下进行，乙醇的产率与溶液中的溶解氧具有密切的关系，是木糖发酵生成乙醇的重要参数。

工业化发酵生产乙醇的技术，可以为非再生资源的利用开辟了新的途径，并且随着现代生物化工技术日益成熟，越来越引起人们的重视，利用纤维素生产乙醇已经被列入国家发展战略，发展前景和机遇都极好，在这个过程中出现的问题是有些工艺不能完全满足大规模生产的需要，成本价格相对还比较高，另外，固体废弃物中的重要原料物质——木质素利用率比较低，针对这种现象，未来该行业的发展笔者认为应该从下面几个角度入手，提高生产乙醇的效率：①将获得的细菌、真菌和酵母菌进行基因工程的改良，从多方面入手构建和提高对木糖发酵利用率的能力，提高这些微生物耐受乙醇和其他副产物的能力;②在发酵之前需要针对不同的原料进行合理的处理,尽可能的出去酚类物质、糠醛类物质和乙酸类物质,这些方法包括物理的和化学的方法(有机溶剂萃取技术、活性炭吸附技术、真空浓缩技术及离子交换技术等等),也就是在预处理阶段多做一些文章;③能够获得一菌多用或者多菌多用途的能力,开发和筛选一菌产水解酶和发酵酶的能力,或者通过筛选方法获得多菌群的复合能力,尽可能减少生产工艺的复杂性,节约成本,只有这样才有市场竞争力。

参考文献

[1]卞有生.生态农业系统中废弃物的处理与再生利用.北京:化学工业出版社,2000.

[2]杨慧芬,张强.固体废弃物资源化.北京:化学工业出版社,2004.

[3]伍义泽等.沼气新技术应用研究.成都:四川科学出版社,1988.

[4]席北斗,刘洪亮,孟伟等.高效复合微生物菌群在垃圾堆肥中的应用.环境科学,2003,2(1):157—160.

[5]张克强,高怀友.畜禽养殖业污染物处理与处置.北京:化学农业出版社,2004.

[6]仉春华,王文君.生物脱臭技术的现状与展望.环境污染治理技术与设备.2003,4(1):63—65.

[7]张彭义,余刚,蒋展鹏.挥发性有机物和臭味的生物过滤处理.环境污染治理技术与设备,2000,1(1):1—6.

[8]洪蔚.新型生物滴滤池处理含挥发性有机化合物废气.化工环保,2000,20(4):63.

[9]焦仲阳,吴星五.污泥堆肥腐熟度的检测与评价.中国给水排水,2004,20(7):28—30.

[10]张云,刘长礼,张胜等.生活垃圾对环境的污染评价方法探讨.地球学报,2003,24(4):379—384.

[11]赵有才.生活垃圾资源化原理与技术.北京:化学工业出版社,2002.

[12]汪群慧.固体废弃物处理及资源化.北京:化学工业出版社,2004.

[13]魏自民,席北斗,赵越.生活垃圾微生物强化堆肥技术.北京:中国环境科学出版社,2008.

[14]席北斗.有机固体废弃物管理与资源化技术.北京:国防工业出版社,2006.

[15]唐景春.生物质废弃物堆肥过程与调控.北京:中国环境科学出版社,2010.

[16]王国忠,杨佩珍.农业废弃物综合利用技术研究与应用.上海:上海科学技术出版社,2008.

[17]许可,李春光.梁丽珍.固体废弃物资源化利用技术与应用.郑州:

郑州大学出版社,2012.

[18]王绍文,梁富智,王纪曾.固体废弃物资源化技术与应用.北京:冶金工业出版社,2003.

[19]解强.城市固体废弃物能源化利用技术.北京:化学工业出版社,2004.

[20]袁勤生.酶与酶工程.上海:华东理工大学出版社,2012.

[21]郑国璋.农业土壤重金属污染研究的理论与实践.北京:中国环境出版社,2007.

[22]林斌.生物质能源沼气工程发酵的理论与实践.北京:中国农业科学技术出版社,2010.

[23]闵凡飞.新鲜生物质热解气化制富氢燃料气的基础研究.徐州:中国矿业大学出版社,2008.